この本に出てくる主な地名

生命《いのち》の湖
琵琶湖をさぐる

滋賀県立琵琶湖博物館 編

文一総合出版

まえがき

この本は「見えざる湖の生命の物語」と形容したくなりますが、琵琶湖研究の真髄をわかりやすく解説したものです。時間軸としては四〇〇万年、空間軸としては琵琶湖とその周辺にわたる地域を対象に、この広大な時空間の中で展開した生命とその環境の物語のエッセンスを集めたのが本書と言えます。

琵琶湖やその周辺にまだ人の存在を認めない時代から、琵琶湖という恵まれた自然資源を十分生かした人の生活の時代まで、本書ははるか彼方から現在までの「見えざる湖と生命の物語」として書かれています。もちろん現在、琵琶湖が抱えている様々な現代的な難問も何であるか叙述されています。こうした見えない事象を可視化するのが研究であり展示なのですが、本書は博物館での展示のバックグラウンドにある琵琶湖の総合的研究の誌上展示だと考えていただければと思います。そうした琵琶湖研究がいかに地球規模や地域研究の問題発見に大きな役割を果たしているかわかっていただけると思います。その意味では琵琶湖研究の価値の再発見の物語でもあります。

滋賀県の六分の一の面積を占める日本最大の淡水湖の湖岸に琵琶湖博物館はあります。琵琶湖を中心とした人と水の関係の総合的な研究機関として本博物館は開館しました。発足してすでに一四年間が過ぎ、博物館展示のリニューアルを目指して研究と展示の第二段階に入りつつあります。このリニューアルを成功させるかどうかは今後も不断に続く研究にかかっています。
この本はどこから読んでも二〜四頁で話が完結するようになっています。時間的にはるか彼方の地史の物語や、ふだんではあまり見ることのできない微生物や昆虫、そしてよく見かける鳥や植物たちの物語、そしてもちろん人々の暮らしの歴史と現在などの物語が語られています。そしてそれらが全体としてつながりのあるものであることは読み終わると感じとることができると思います。そして琵琶湖研究は大きな謎や解くに値する重要な課題を抱えたものであることをわかっていただければ、琵琶湖研究に関わる博物館としては望外の喜びであります。

二〇一一年三月

滋賀県立琵琶湖博物館
館長 **篠原 徹**

目　次

第５章　湖の環境と人々の暮らし　*145*

第６章　琵琶湖の謎と私たちの暮らし　*177*

第1章

滋賀の大地と琵琶湖のおいたち

1 琵琶湖のまわりのゾウ化石は語る

高橋啓一

琵琶湖の歴史は、約四〇〇万年といわれています。四〇〇万年というのは、私たちの生活の時間単位からいうとあまりにも長い時間なのでピンときませんが、私たち人類の祖先がアフリカでチンパンジーから分かれたのが約七〇〇万年前、そして現在のヒトと同じグループ(ホモ属)があらわれたのが約二四〇万年前といわれています。この時代には、まだ人類はアフリカ大陸から出ていないので、当時の琵琶湖の周辺には人類はいないのですが、ゾウ類、シカ類、ウシ類、イノシシ類、ウサギ類、ネズミ類などの哺《ほ》乳類に加えて、鳥類、ワニ類やカメ類などのハ虫類などが生息していたことは、化石からわかります。

これらの中で、最も注目されるのは、ゾウ類の化石です。というのも、ゾウ類の化石は、種類が豊富で、その種類が時代の移り変わりとともに変わっていくからです。具体的にいうと、約四〇〇万~三〇〇万年前はミエゾウ、約二五〇万~一〇〇万年前はアケボノゾウ、約一一〇万~七〇万年前はシガゾウ(ムカシマンモス)、約六〇万~四〇万年前はトウヨウゾウ、四〇万~二万年前はナウマンゾウが発見されます。このように時代ごとに順番に化石を産出するのは、琵琶湖の周辺だけでなく全国的にみても同様ですが、五種類のゾウ化石が一つの地域で次々と産出するのは、大変まれなことです。

これらのゾウ類の化石を中心にして、同じ時代の大陸の動物相と比較してみると、これらの動物たちが、どの時代にどのようにして日本列島に入ってきたのかを調べることができます。なぜなら、日本列島に生息していなかったゾウ類が突然あらわれ、それまで生きていた種類と入れ替わるという現象は、一般的には大陸との接続により新たな種が移入してきた場合や祖先種から新しい種に進化した場合に生じると考えられるからです。ゾウ類の化石は、日本の動物たちの起源と変遷を教えてくれる最も大切な化石なのです。

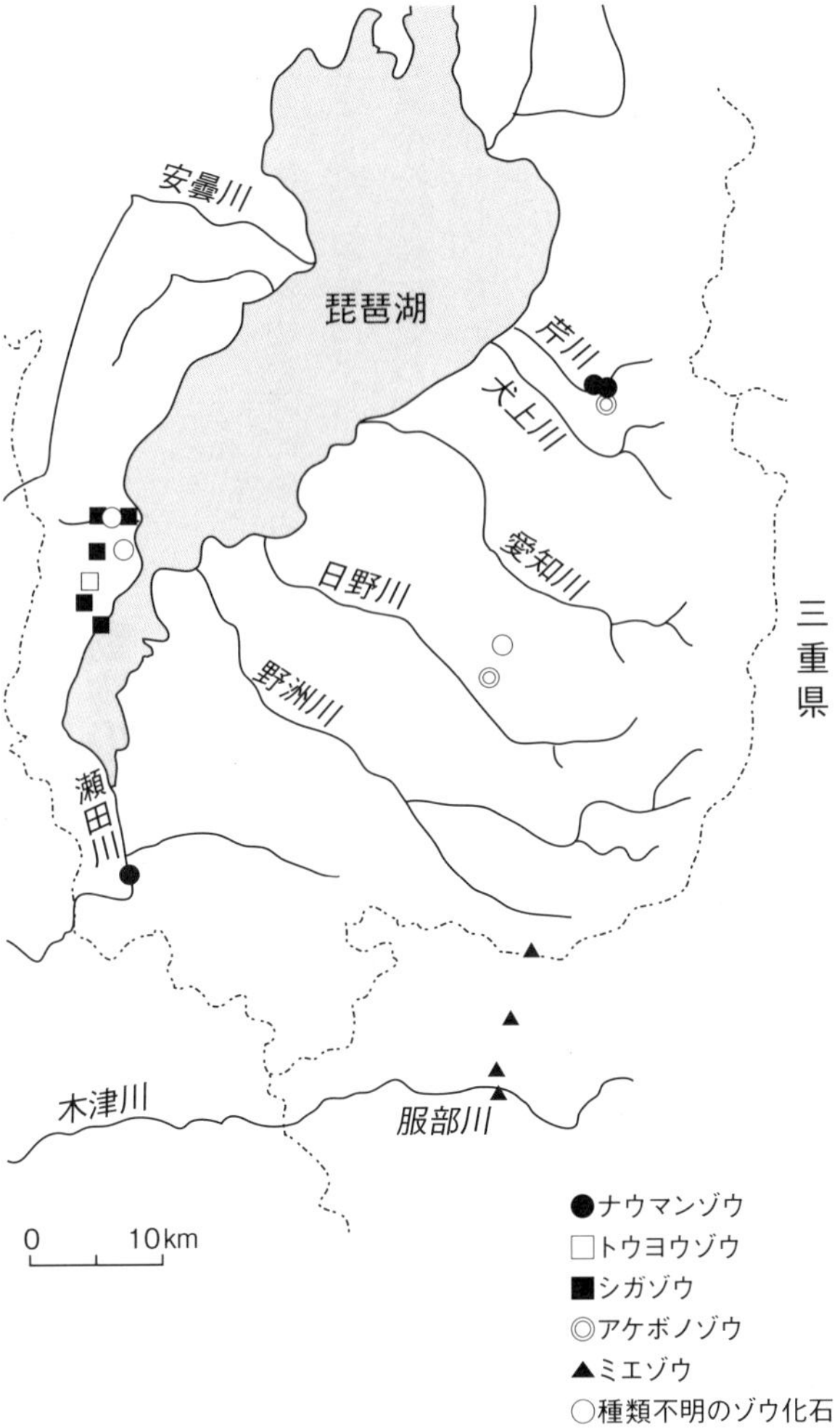

琵琶湖のまわりのゾウ化石の発見場所

2　地球のリズムがおりなす動物の移り変わり

高橋啓一

近年、海底堆積物やその中の化石の研究から、地球規模の気候の変化の様子がわかってきました。それによると、約三〇〇万〜二〇〇万年前ごろに、それまでの温暖な気候から寒冷な気候に変わり始めると同時に、寒暖の大きい変動がみられ始めます。特に約一〇〇万〜七〇万年前ごろからはより気候変動の振幅が大きくなり、寒暖の周期もそれまでは約二万年や四万年だったのが、約一〇万年周期になってきました。

このような気候の変化にともなって、動物相の南北の移動も起こったことは容易に想像できます。気候が暖かくなると南の動物たちはより北にまで分布を広げることができますし、寒冷になるとその逆に北の動物たちがより南にまで広げることができるからです。

一方で、寒冷になると地球規模の大気の循環によって、蒸発した海水はやがて雪や氷の形で大陸に留まることが知られています。そうなると、海水の量が減って大陸と日本列島が陸続きになることもあります。

このように、地球規模の気候の変化で大陸の中を南北に移動していた動物たちは、大陸と日本列島が陸続きになったときに、日本列島にも移住してきました。これまでのところ、約四〇〇万年前に出現したミエゾウ、約一一〇万年前に出現したムカシマンモス、約六〇万年前に出現したトウヨウゾウ、約四〇万年前に出現したナウマンゾウなどの時代にそれぞれ大陸と接続したと考えられます。過去の琵琶湖の中にいた魚や貝なども、このゾウが渡ってきた道に流れていた川をつたって大陸から侵入してきたと考えられています。

コウガゾウ
肩の高さが 3.8 m もある大型のゾウ。中国大陸に生息していましたが，約 520 万年前に初めて日本列島に渡来し，ミエゾウになったと考えられています（琵琶湖博物館の展示）。

3 島化がうみ出す固有な動物たち

高橋啓一

大陸の動物たちは、大陸と日本列島が接続した時に日本列島に移動してきて、日本の動物相の起源になりました。しかし、実際には、同じような種類の日本の動物たちと大陸の動物たちを比べてみると近い種類の動物たちでも少しずつ異なる部分があります。これは、単に大陸の動物たちが日本に移住しただけではないことを示しています。

じつは、日本独特の動物たちが生まれる背景には、日本が大陸から切り離されて島化《しまか》することが大きく関係しているのです。このような大陸の環境とは異なった島の環境のなかで、新しい種が生まれたり、またある種が絶滅したりして現在の動物相が誕生したのです。

約二五〇万～一〇〇万年前に日本に生息していたアケボノゾウは、肩の高さが一・六～二・〇メートルほどしかなく、ゾウ類の中では小型でした。しかし、その頭骨《とうこつ》にみられる特徴から、中国から産出する肩の高さが約四・〇メートルもあるコウガゾウ（ツダンスキーゾウ）と近縁なことがわかっています。一方、中国国内からは、アケボノゾウは発見されていないことから、中国大陸に生息していたコウガゾウが日本列島の中でミエゾウというゾウになり、さらに小型化してアケボノゾウになったようです。

同様のことが、約四〇万年前以降の日本の動物たちを調べた結果にもあらわれています。約四〇万年前以降、大規模に大陸から動物が日本列島に移入《いにゅう》した証拠はなく、孤立化した列島の中でそれまでの動物たちが日本固有の動物たちに変わっていったようです。

このように、約三〇〇万年前から起こった地球規模での気候のリズムは、動物たちの移動をもたらし、断続的に日本列島への動物たちの移入を可能にしました。しかし、その接続時間は地質学的にいえば短く、むしろ日本は列島として存在する時間が長かったようです。このようなかで、移入した種は一方で絶滅してゆき、また一方で固有化していきました。琵琶湖のまわりにある地層には、これらのできごとが見事に記録されているのです。

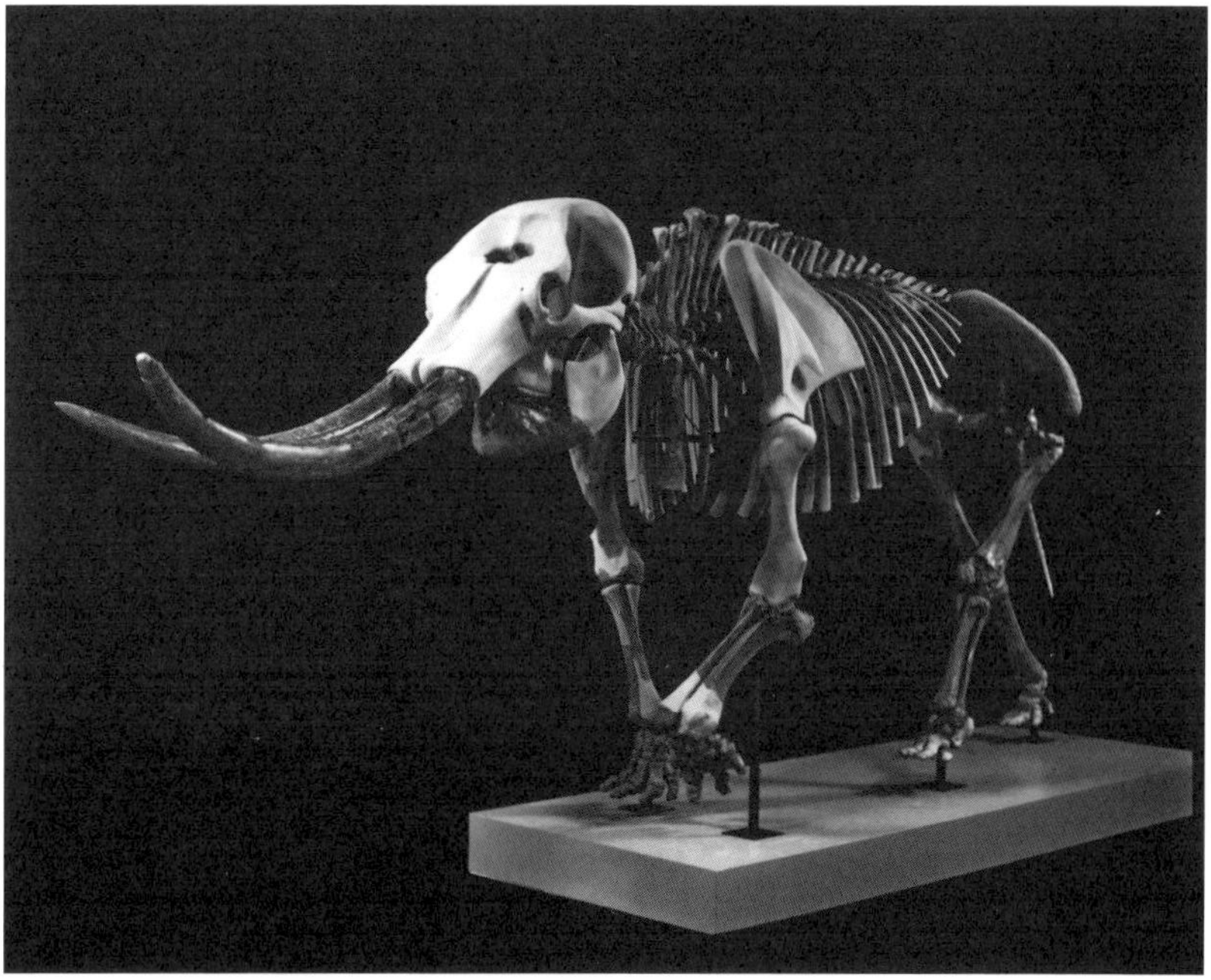
アケボノゾウの骨格復元（多賀町立博物館）

4　地層から過去の環境を読み取る

里口保文

泥や砂、礫《れき》などの土砂は、主に水の流れによって運ばれ、その流れが弱まった場所で堆積[*1]します。こうしてたまったものの上にもさらに土砂が積もっていくと地層ができます。また、地層ができる時に植物や動物の骨、足跡などといった生き物がいた痕跡が残ると、それは化石になります。化石からは、当時の生き物やその生息環境を知ることができますが、地層そのものからでも当時の環境を知ることができます。例えば、泥と泥よりも粒の粗い砂では、運ぶのに必要な力の強さが異なります。それらが地層として堆積する場所まで運ばれてくるために必要な水の流れ[*2]は、砂の方が強い（速い）必要があります。それと同じ水流であれば、泥がたまるには強すぎるため、泥は運ばれてしまい、地層としては残りません。このように地層をつくる粒の大きさから流れの強さを考えることができます。

しかし、粒の大きさからだけでは、地層のある場所が、当時にどのような環境であったかということはわかりません。ですから、地層からもっといろいろな情報を引き出す必要があります。例えば、地層に見られる模様も情報の一つです。特に砂は運ばれてきて堆積する時に、いろいろな模様を残します。その模様からも、その地層ができた環境がわかります。

写真は、約二八〇万年前にあったとされる昔の琵琶湖がつくった地層ですが、中央付

＊1　土砂がたまることを堆積といいます。

＊2　多くの場合水で運ばれますが、砂漠などは風によって運ばれます。

＊3　波の作用が地層に影響する場所には海岸もありますが、対象が昔の琵琶湖でできた地層なので、湖岸としています。

近に波形の模様が見えます。この模様は波の作用でできるので、この地層は波のある場所でできたことがわかります。波の作用が地層に影響するような場所ですから、湖岸[*3]付近ではないだろうか、と推理することができます。

　また、地層の重なりの様子も重要です。地層は下から上へとできるので、より上にある方がより新しい時代にできたものだとわかります。地層の見かけは当時の環境を示しているのですから、地層が下から上へどのように変わっているのかを見ることで、その場所の環境の移り変わりを知ることができます。

波の作用でできた地層
写真中央付近にやや明るい色の波形の模様（ウェーブリップル）が見られます（滋賀県甲賀市甲賀町大久保）。

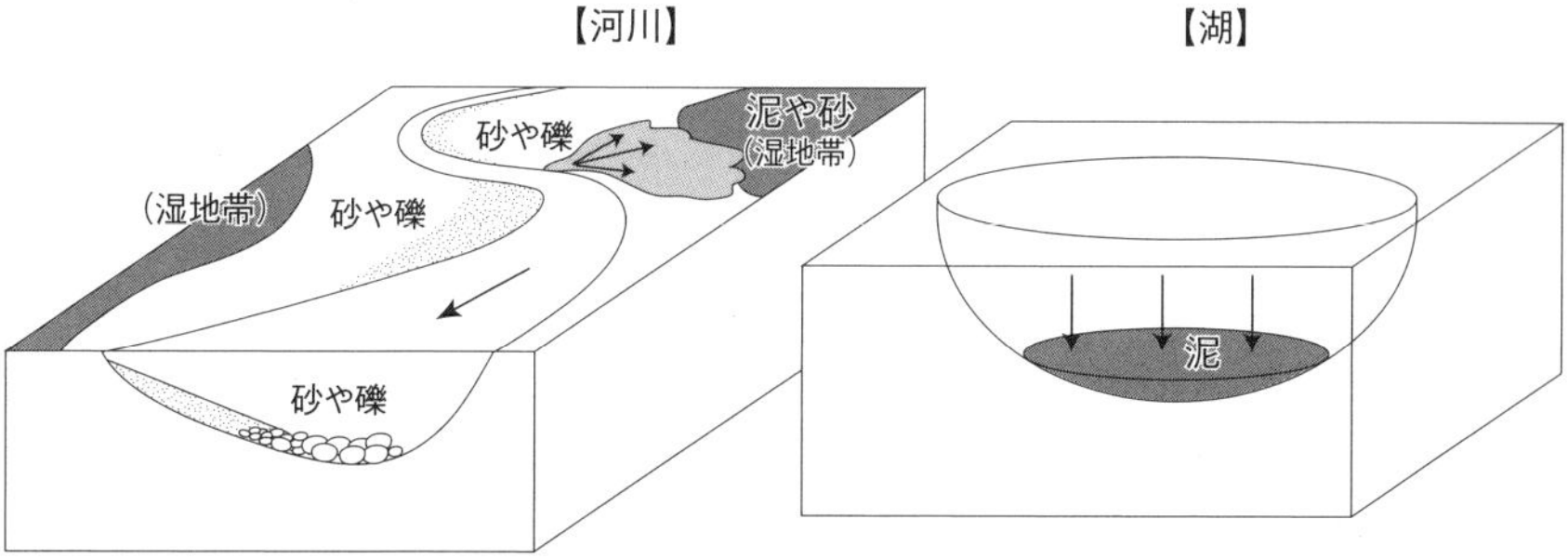

流れの強さによって堆積するものが変わります。河川では強い流れのために砂や礫が堆積します。河川の環境でも，その周辺にある湿地帯は，しばしば起こる洪水であふれ出た水によって運ばれるもの（泥を主体として砂を含むことが多い）が堆積します。河川が流入する沼，湖などでは砂や礫は流入口に堆積し，粒の細かい泥は時間をかけて沖合まで流されながらゆっくりと沈殿し，堆積します。矢印は砂や礫，泥の動く方向を示しています。

5 離れている地層中に「同じ時間」を探す

里口保文

泥や砂が堆積するときは、下から上へと順にたまっていきます。荷物を積み上げたり、雪が積もっていくことを想像すると、決して上に積もった後に下のものが積もることはあり得ないことがわかるでしょう。一見当たり前のように感じるこのことも、じつは地層のでき方を考えるうえでとても重要なことです。なぜなら、地層の下から上への積み重なりは、時間の経過をあらわすからです。ですから、地層の下から上への変化を調べることで、時間を追った環境の変化を知ることができます。例えば、砂層の上に泥層が重なっていたとしたら、その地層ができる環境が、流れのあるところから、流れの少ない環境へ変化したということがわかります（一四頁）。

このように地層からは、ある場所の環境変化を読み取ることができますが、一つの地点からは非常に狭い範囲と、その地層が保存している限られた時間内のことしかわかりません。現在の環境を見渡せば、湖や川が流れる平野、丘陵などの様々な環境がありますす。このような様々な環境は、過去にどういった変化を経てできあがったのでしょうか。それを知るために、広い範囲で地層を調べるのですが、一つの崖に見えている地層は限られているので、同一の時間でできた地層の中に同じ時間を追跡する必要があります。

しかし、地層から当時の環境がわかるということは、逆に考えると、環境が違えばできる地層の見かけも異なるということなので、見かけだけでは同じ時間にできたものかどうかを見分けるのは困難です。地層ができた時間を知るうえで重要な手掛かりになるものとして、日本では火山灰が積もってできた地層（火山灰層）があります。火山灰は、火山噴火（一八頁脚注）で噴出して広い範囲に短時間で堆積します。そのため、同じ火山灰は地層中の同じ時間を示すといえます。

写真は昔の琵琶湖にたまった火山灰の一つです。火山灰は、噴火した火山の違いや時期によって、見かけや性質などに個性があるので、離れた場所のものでも、同じものかどうかを見分けることができます。このことを使って地層中に同じ時間を探し、過去の同時間の広範な環境を理解するのです。

古琵琶湖層群の相模Ｉ火山灰層

写真中央のスケールがある所が火山灰層の底で，出っ張り部分全体が相模Ｉ火山灰層。厚さは約 15 cm あり，ほとんどが降ってきてたまったもの。火山灰層の地層中の見かけや性質を分析して，その個性を調べることで，他の地域にあるものが同じ火山灰層かどうかを見分けます。スケールは白黒の一コマが 1 cm（滋賀県甲賀市甲賀町大原中）。

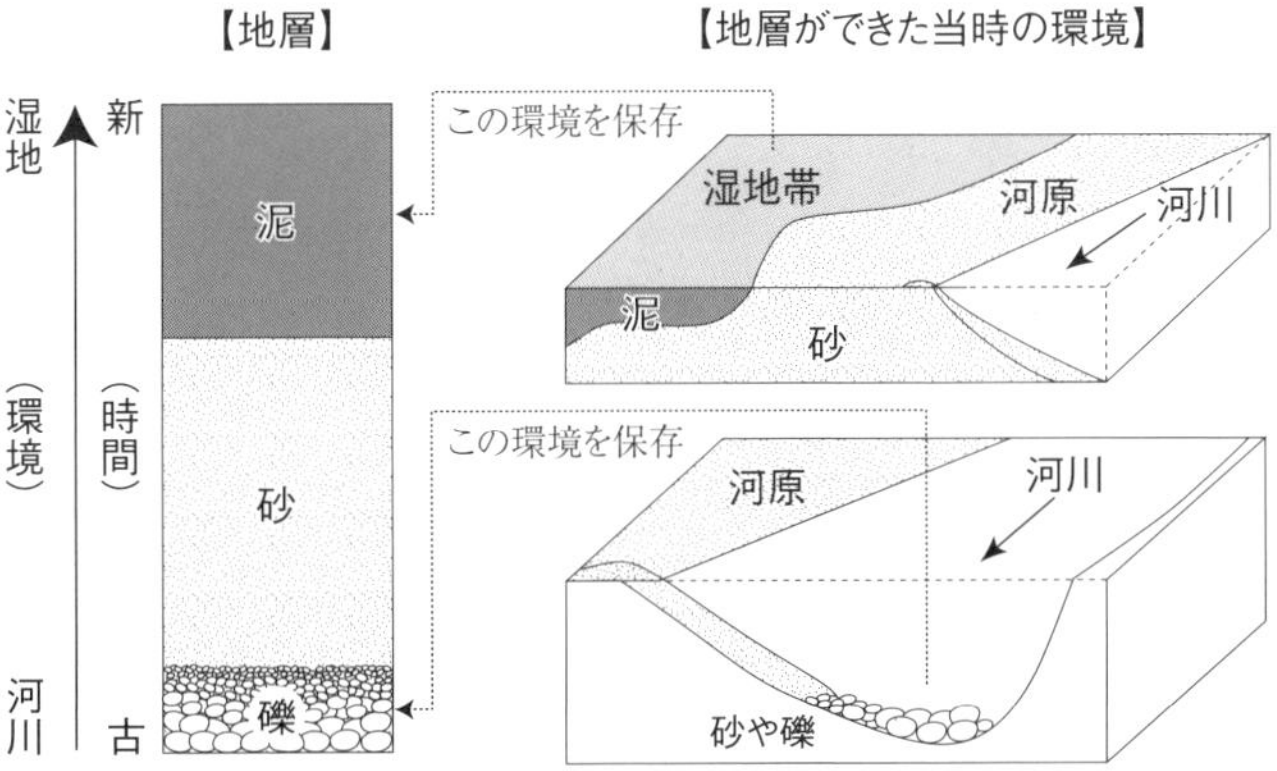

地層イメージ（左）と地層ができる環境イメージ（右）

見かけの違う地層の下から上への積み重なりは，時間の経過による環境の変化をあらわします。ここでの例は，蛇行河川周辺環境での変化をあらわしています。初めは河床で，礫や砂などがたまりますが，流れる場所の変化により流れの中心から離れることで，地層をつくる粒径は小さくなります。その後，流れの場所から離れていくことによって，洪水などであふれた泥などが堆積する河川周辺の湿地帯の環境に変化します。

6 どこを掘っても火山灰

里口保文

このタイトルはちょっと大げさじゃないか、と思われるかもしれません。特に火山が身近にない地域の方たちは、「自分の家の周りを掘ってみても火山灰なんて見たことがないし、大体どこにでも火山があるわけじゃないだろう」と思うことでしょう。確かに本当には「どこを掘っても」というわけではありませんが、ある意味では「どこでも」というのは正しいのです。

日本には多くの火山があり、それらの多くは火山灰を噴出するような爆発型[*1]の火山です。爆発型の噴火が起こると火山灰が噴出して上空に巻き上げられます。上空に上がった火山灰は、風に乗って遠くへ広がっていきます。九州の桜島などは今でも火山灰を噴出していますが、それよりもっと大規模で、私たちがその規模をイメージできないほどの大きな噴火が過去にはたくさんありました。例えば、琵琶湖の湖底でも見つかっている姶良Tn火山灰と呼ばれるものは（AT火山灰ともいいます）、およそ二万九〇〇〇年前に鹿児島湾付近から噴出したもので、九州～本州全域にわたって降ったと考えられています。他にも約七〇〇〇年前の鹿児島県の硫黄島付近から噴出したアカホヤ火山灰（一一一頁図参照）なども琵琶湖で見つかっています。

このことを考えると、過去にさかのぼれば日本のほとんどの場所に火山灰は降ったはずなので、どこを掘っても火山灰があるというのもあながち間違いではありません。ま

＊1　火山噴火そのものが爆発的ではありますが、爆発型ではない噴火とは溶岩が流れ出すようなイメージです。それでも決しておとなしい噴火というわけではありません。

＊2　近江盆地の丘陵に分布する。百万年前から数十万年前までにできた地層は、琵琶湖の前身と考えられる湖やその周辺でできたと考えられており、その地層のことを古琵琶湖層群と呼んでいます。

た、このように広域に火山灰が広がった例は、他に類を見ないというものではありません。例えば、昔の琵琶湖がつくった古[*2]琵琶湖層群にある約一七五万年前の五軒茶屋火山灰は、岐阜県北部で噴出したとされており、大阪、愛知、富山、千葉、新潟などでも見つかっています。おそらくはもっと広域に広がったのでしょう。このように広域に広がった火山灰の存在は、実際には、それぞれの地域で見つかる火山灰の詳しい研究と、離れた地域間で同じ火山灰を探す研究からわかってきます。現在も、広域に広がった火山灰を見いだす研究が進められています。

古琵琶湖層群の五軒茶屋火山灰層
下部にある白い火山灰とその上に暗い色の火山灰という見かけの違う２つの層があることが，この火山灰層の特徴。これと同じものが大阪，愛知，富山，千葉，新潟などでも見つかっていて，現在の岐阜県北部地域で噴火したものとされています（滋賀県湖南市石部緑台）。

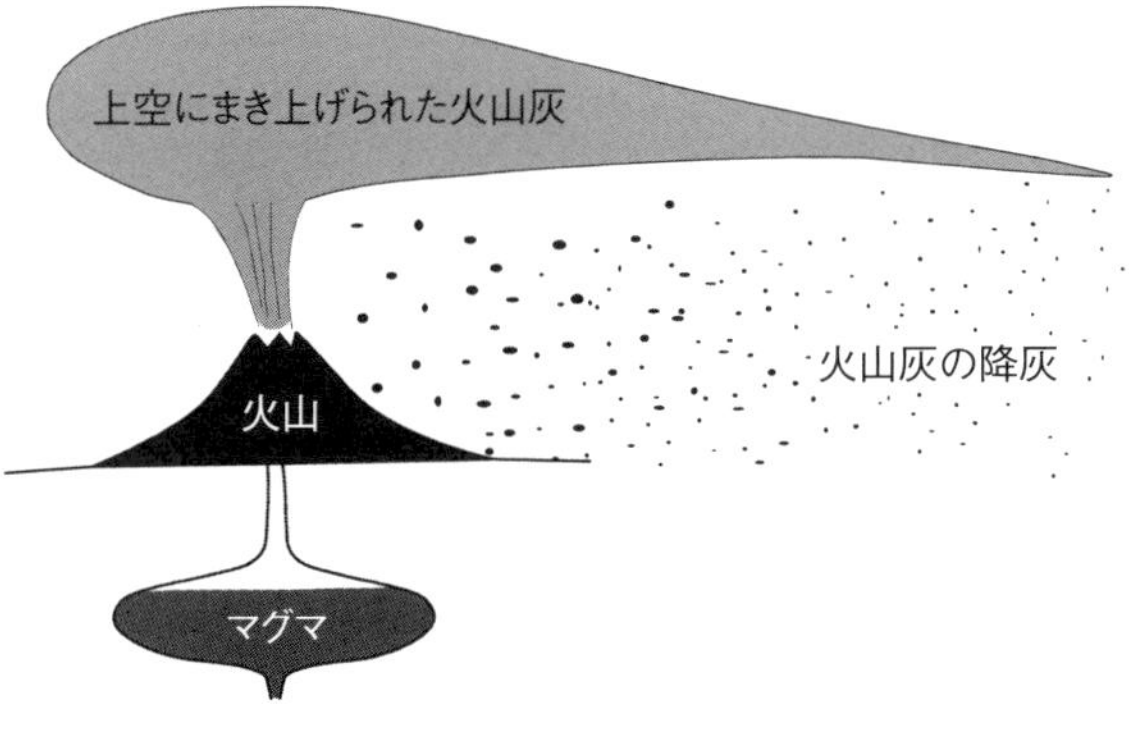

爆発型の噴火のイメージ
火山噴火では地下にあるマグマが噴出します。爆発型の噴火では，マグマは粉々になって噴出するので（霧吹きのようなイメージ），軽石や火山灰といった粒状のものが噴出します。強い力で噴出するために火山灰は上空高く舞い上がり，上空の風に乗って遠くまで（図では右側に）広がり，粒の粗いものから地上に落ちていきます。噴火が爆発的でなければ，マグマはどろどろの溶岩として噴出します。

7 琵琶湖は昔の火山噴火を記録してきた

里口保文

琵琶湖はおよそ四〇〇万年の歴史があるといわれています。現在の琵琶湖がつくっている地層につながる古琵琶湖層群の一番古い地層が、約四〇〇万年前のものだからです。古琵琶湖層群には一三〇ほどの火山灰層があるとされ、現在の琵琶湖湖底にたまっている地層中の火山灰層を含めると、もっと多くの火山灰層があります。つまり、これらの地域に火山灰を降らす火山噴火が約四〇〇万年の間に一三〇回以上もあったということです。

琵琶湖地域の近くには火山がないので、火山灰は遠く離れた地域から飛んできたものだと予想できます。事実、古琵琶湖層群中の火山灰のいくつかは、九州や中部地方から飛んできたことがわかっています。しかし、残りのほとんどはどこの地方から来たのかもわかっていません。この地域に火山灰を降らした噴火がどこの火山で、どれくらいの規模で起きたのかは、一つの地域で調べるだけではわかりません。当時の火山噴火の情報を詳しく知るためには、多くの地域で同じ火山灰を見つけてその分布を調べたり、それぞれの地域での細かな調査や、火山灰そのものの性質を分析する必要があります。

野外での調査は、火山灰層の見かけを詳しく観察することが大変重要です。その特徴が、火山灰層の個性を知る以外に、火山噴火当時の環境を考えるのに役立つ情報を与えてくれます。例えば、古琵琶湖層群の虫生野火山灰層*は三メートル以上もの厚さがあり

＊ 火山灰層の名前は、その火山灰層が観察できる地域の地名がつきます。虫生野火山灰層は滋賀県甲賀市水口町虫生野が名前の由来ですが、地名は「むしょうの」と読むのが正しいです。

ますが、降ってきてたまったのは数センチメートルだけで、ほとんどの部分は流れてきてたまったことを示す細かな模様が見られます。流れてたまった部分を詳しく調べると、この火山灰の大部分は噴火した火山近くから洪水などで流されてきたことがわかります。

火山が近くにないにもかかわらず、琵琶湖はおよそ四〇〇万年もの間、日本のどこかで起こった火山噴火を記録し続け、私たちが解明していない謎を今でも保存しているのです。

烏丸ボーリングコア（琵琶湖博物館の地下から掘りあげた地層）で見られるアカホヤ火山灰層（中央の明るい色の部分）。ボーリング時の変形のため底面が凸の形になっていますが，下の地層から静かな環境で堆積したことがわかります。そのような環境にたまった火山灰は，どのように火山灰が降ってきたかという情報を保存している可能性があります。

古琵琶湖層群の虫生野火山灰層の一部分。この火山灰層は全体の厚さが 3 m 以上あり，写真はそのうちの真ん中付近。速い流れでたまったことを示す細かい縞々模様が見られます。写真の下部のやや粒が目立つように見える部分は，粒の大きさが数 mm の軽石の密集層で，これも流れてきてたまったものです。約 230 万年前のもので，どこで噴火したものかは正確にはわかっていませんが，中部地方ではないかと考えられています（滋賀県甲賀市水口町虫生野にて撮影）。

8 古琵琶湖の時代の植物

山川千代美

古琵琶湖層から産出した大型植物化石は、八〇種類以上確認されています。その中には、フジイマツ、オオバラモミ、オオバタグルミなど絶滅した植物一二種や、セコイア、フウ、ヌマミズキなど日本列島から消滅した植物一六種も含まれています。

古琵琶湖の時代は、主に落葉性のメタセコイアとスイショウ、常緑性のトウヒ属、ツガ属などの針葉樹と、クルミ科、ブナ科、カバノキ科、バラ科、ムクロジ科、マンサク科といった落葉広葉樹とが混合した林が存在していたと考えられます。しかしながら、これらの植物からなる森林は、長い古琵琶湖の時代に、常に同じだったわけではないようです。例えば、約二〇〇万〜一八〇万年前には、第三紀の植物群要素であるメタセコイアやスイショウ、フウなどが消滅しました。逆に、この時代にヒメバラモミやミツガシワなど、第四紀の植物群を構成する種が出現しました。古琵琶湖の時代は、現在私たちが目にする植物へと移り変わる時期にあたります。

このような変化は地球規模で起きた気候変動と関連しています。約三〇〇万年前以前にはアカガシ亜属、クスノキ科など亜熱帯〜暖帯の気候の常緑広葉樹の化石が産出していています。それが北半球で氷床が形成された約二五〇万年前以降の寒冷化現象によって、それまで温暖な気候に生育した植物が消え、かわりにチョウセンゴヨウやヒメバラモミ、ミツガシワなど寒冷な気候に生育する植物が、約二〇〇万年前以降にあらわれています。

古琵琶湖層の大型植物化石の層位分布

大型植物化石の産出データは，琵琶湖自然史研究会（1983, 1987），林（1974），川邊（1981），木田（1994），古琵琶湖団体研究グループ（1983），此松（2004），Miki（1938, 1941, 1948, 1950, 1952, 1955, 1956, 1957, 1958），百原ほか（2001），南澤ほか（2008, 2010），奥山（1981-1990），Takaya（1963），塚腰（1996），山川（2000，未公表），Yamakawa *et al.*（2008）に基づいています。

○●は化石の産出した層準を示します(ただし○は属)。

常緑広葉樹は約四〇万年前になるまで化石では見つかっていません。

植物の消滅と出現の原因は、一般的には気候変動によるものといわれていますが、古琵琶湖層については、約三三〇万年前にシキシマミクリ、アカシコウホネなどの水生植物の種が絶滅するなど、湖の形成と消滅といった地形変化も大きな影響を与えたと考えられます。

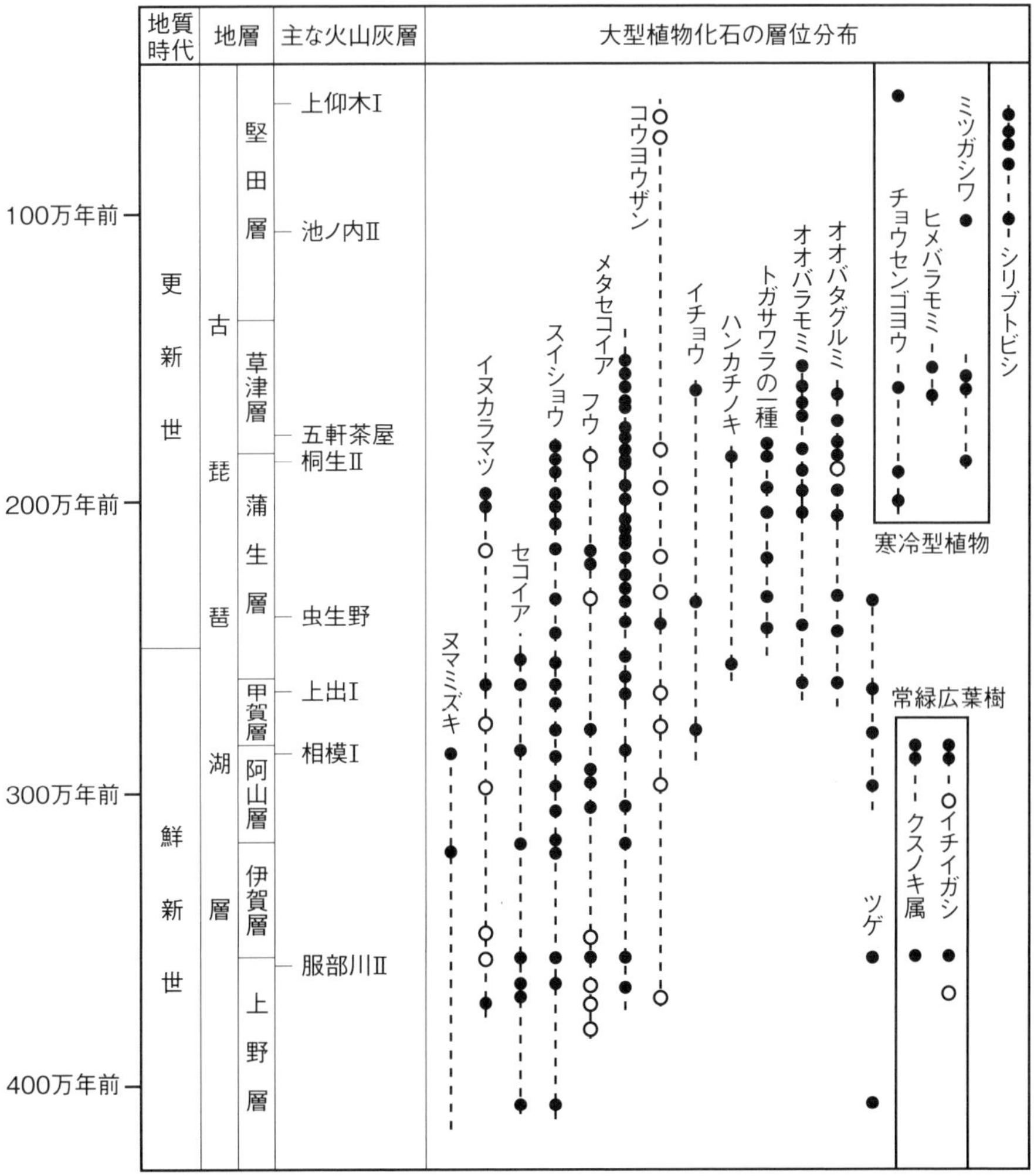

9 植物化石を調べてわかること

山川千代美

地層の中には、植物の様々な器官や部位が化石として保存されています。幹や枝、葉、花、果実、種子など肉眼でわかるものもあれば、花粉、胞子など顕微鏡でわかる小さなものまであります。前者の化石を大型植物化石といい、後者は微化石といいます。また化石の保存状態から、植物そのものが残されている圧縮化石、植物本体は失われていますが、その跡だけが残されている印象化石、植物本体が別の組成に置換した鉱化化石があります。

今から約四〇〇万～四〇万年前（鮮新―更新世）、現在の三重県上野盆地から滋賀県近江盆地の地域に存在した湖沼や河川で、粘土や砂、礫《れき》が堆積しました。この地層は古琵琶湖層といわれ、貝類や魚類、哺乳動物、植物などの化石が豊富に含まれています。

古琵琶湖層に含まれている大型植物化石は、完全に石になっておらず、水分を含んだ柔らかい状態のものが多いです。このような化石は、乾燥に弱く未炭化な圧縮化石であり、泥や砂を洗い落として植物化石だけを取り出して、約七〇パーセントのアルコール水溶液に浸して保存します。取り出した化石は、生物顕微鏡や電子顕微鏡で微細な表皮細胞や内部構造が観察可能になるため、植物の形態や生態について詳しく知ることができます。

植物化石を調べることで、いつの時代にどのような植物が存在したのか（植物相、フ

＊ 約五三〇万年～一万年前までの時代。

ロラ）、どこに分布していたのか（古植生・植物地理）、植物の形や姿、生活はどうだったのか（形態と生態）、種の関係はどうなっているのか（系統・分化）、当時はどのような環境だったのか（古気候・古環境）、どのように植物相が移り変わってきたか（変遷）など、多くの自然の過去の記録を解明することができます。

ほぼ連続的に堆積した古琵琶湖層から産出する大型植物化石は、鮮新—更新世*の植物相やその移り変わり、グローバルな気候変動、そして現在の種の形成時期をひも解いてくれる鍵といえます。

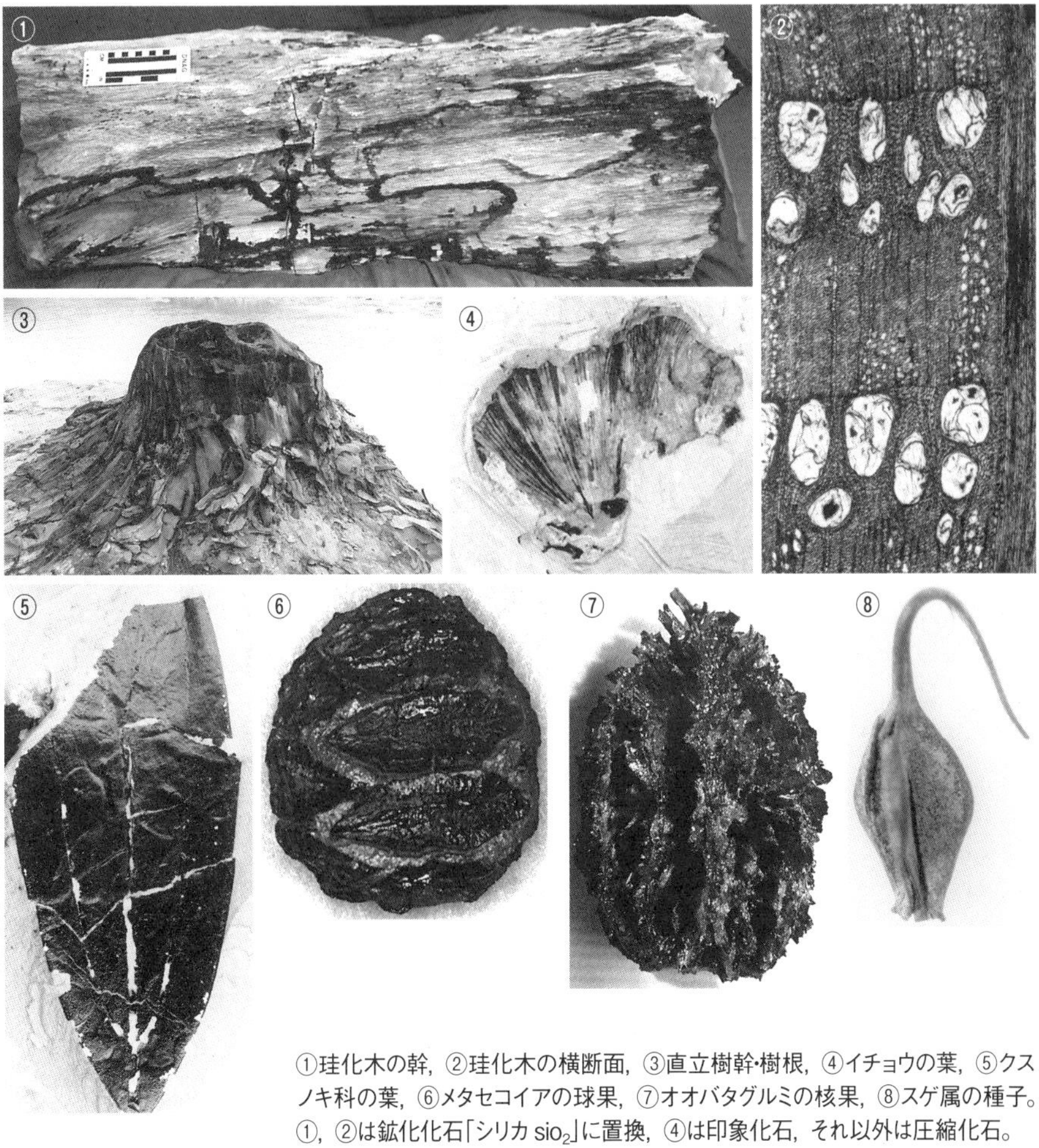

①珪化木の幹，②珪化木の横断面，③直立樹幹・樹根，④イチョウの葉，⑤クスノキ科の葉，⑥メタセコイアの球果，⑦オオバタグルミの核果，⑧スゲ属の種子。①，②は鉱化化石「シリカ SiO_2」に置換，④は印象化石，それ以外は圧縮化石。

10 化石林

山川千代美

化石林とは、過去に存在した森林の樹木が生育した位置で保存されたものをいい、古植生や堆積環境などその当時の環境（古環境）を推定する重要な証拠となります。

古琵琶湖層では、特に河川の氾濫原や後背湿地に堆積したシルト層の中に、保存のよい化石林が残されています。これまでに、樹幹長径が一メートル以上もある巨木の樹幹・樹根化石がいくつも、愛知川《えちがわ》、野洲川《やすがわ》、佐久良川《さくらがわ》（日野川支流）の河床で発見されています。

樹幹・樹根化石は、黒褐色に変色していますが、水分を多く含んだ黄褐色の部分は軟らかく弾力のある状態で保存されています。圧縮を受けて変形していますが、年輪は明瞭で、大型のもので樹齢約四〇〇年以上あると推測されています。

古琵琶湖層では、地層の対比や年代を示す火山灰が数多く挟まれており、そういった火山灰層と化石林を含む地層との上下関係から、化石林が生育していた年代がわかります。愛知川の化石林と佐久良川の蓮華寺化石林は、桐生Ⅱ火山灰層に相当する中火山灰層の上位の地層に含まれていて、今から約一八〇万年前の時代の林といえます。野洲川の化石林は、上出Ⅰ火山灰層を含む地層中にあり、約二六〇万年前の林と考えられます。

これらの化石林を構成する樹種は、木材の組織を調べたり、化石林を含んでいる地層から産出する葉や種子などの化石を調べることでわかります。愛知川の化石林や野洲川の化石林は、湖沼や湿地、河川などの水辺や湿潤な土地に生育する植物で構成されており、そこには、落葉針葉樹のスイショウやメタセコイア、落葉広葉樹のハンノキやトネリコ属、バラ科やモチノキ属が生えていました。林床にはスゲ属、ホタルイ属、ミゾソバ属などの湿性草本が生育していたようです。

このような立派な化石林も、人為的な河岸工事のほか、地層から露出すると風化したり、河川の浸食で流されたり、礫《れき》などの堆積物に埋められたりして姿を消しています。

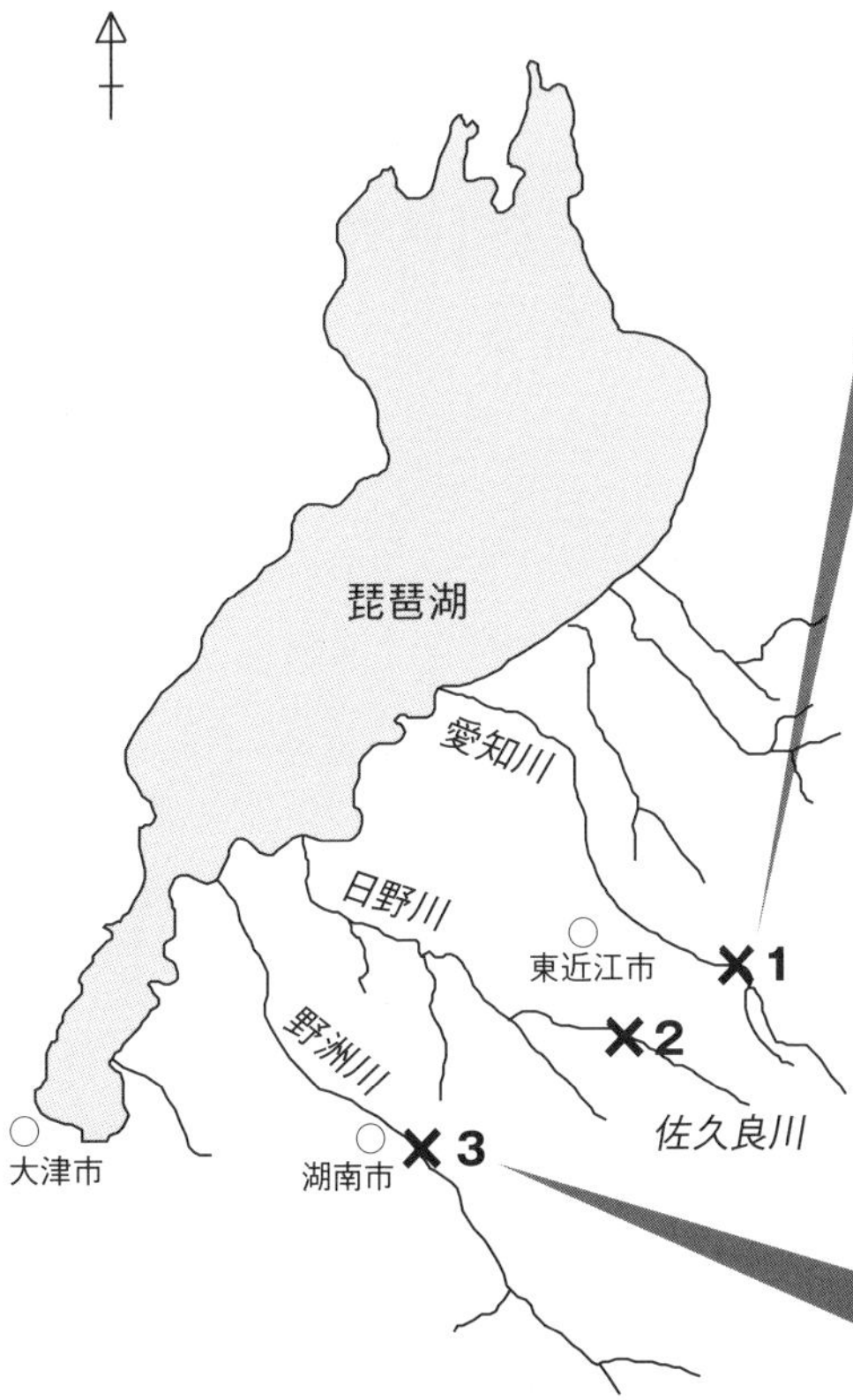

古琵琶湖層の化石林産出地点

1　愛知川の河床（東近江市山上）
2　佐久良川の河床（日野町蓮花寺）
3　野洲川の河床（湖南市朝国）

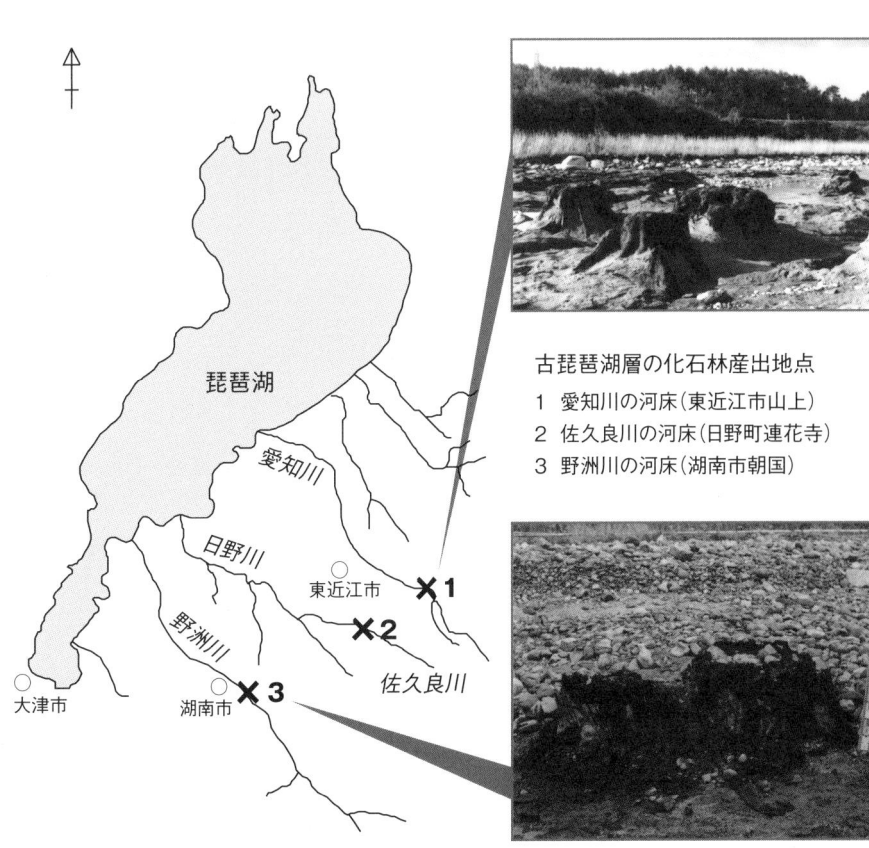

11 森の変化とヒト

宮本真二

第四紀（現在から約二六〇万年前の間）という地質時代において、周期的に繰り返されてきた氷期―間氷期のうち、最も新しい氷期を最終氷期と呼びます。ここでは、この最終氷期を含む過去約一〇万年の間のお話をします。

◆花粉が語る森の変化

まず、「花粉分析」[*1]についてです。木や草の種類が異なると、花粉の姿や形も異なります。この花粉の形態的特徴から花粉の母樹（花粉をつくった木）を知ることができます。つまり、どんな種類の花粉化石が、どれだけ土の中に残っているかを調べることで、当時の植生が復原できるというわけです。また、植物は降水量や温度に敏感に反応することから、植生を復原することで、当時の気候条件が推定できます。

このように、小さくて目には見えない花粉の化石は、地球の過去を雄弁に語ってくれます。

◆森とヒトの変化

次に、縄文時代の森とヒトとの関係を、クリ属の花粉化石から考えます。図では、福井県和泉《いづみ》村の蛇ヶ《じゃか》上池《がみいけ》湿原のボーリング・コア[*2]試料から得られた主な花粉化石と堆積物

＊1　花粉や胞子の外壁は化学的にたいへん強い物質で、長い間保存されます。この花粉や胞子は植物の種類によって形が違い、その違いによって生物顕微鏡や電子顕微鏡で分類（同定）します。植物は気候（降水量・気温）によって分布する場所が違っていますので、過去の地層中から実験処理によって取り出した花粉や胞子の割合や量の違いによって、過去の植物や気候の変化を推定する方法です。

＊2　過去の地層の状態を調べるため、直径数十センチの円形の管（コア）を地下に打ち込んで、その管の中の堆積物を取り出して、各種の分析を行う方法です。

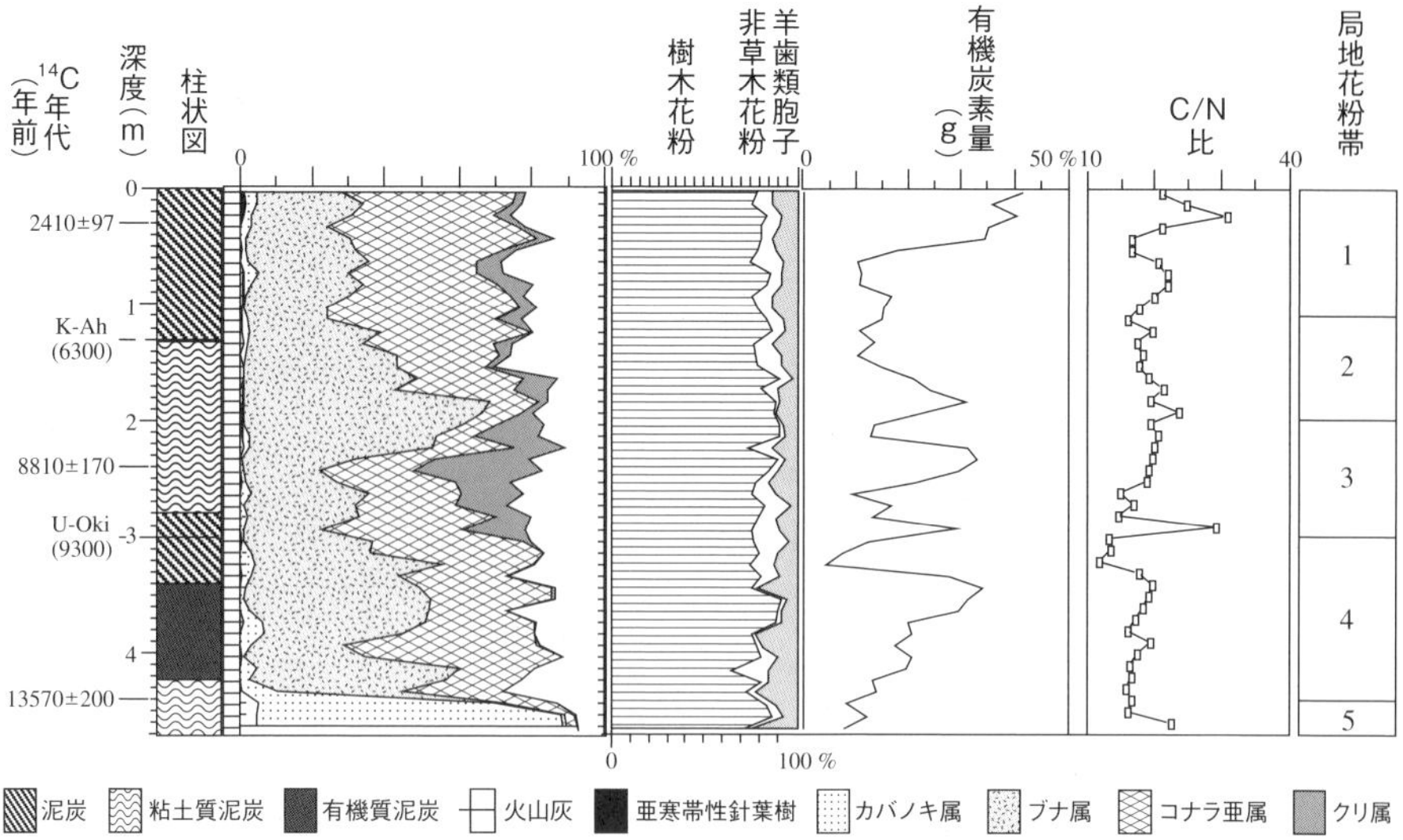

蛇ヶ上池湿原の主要な花粉化石の産出率とC/N比の変化
（宮本ほか、1999を一部改変。年代値は未較正）

中の有機体炭素（C）と全窒素の量（N）の比：C／N比[*3]の変化を示します。年代は、放射性[*4]炭素14（^{14}C）年代測定法によって測定しました。約八八〇〇年前のクリ属の産出割合の増加に注目してください。私は、この変化を縄文時代早期の人々が、森に手を加えた（栽培していた〔半栽培〕のかもしれません）証拠だとみています。理由は、①関東地域などでも同様の花粉化石の産出傾向があること、②クリは縄文時代において、食料のみならず建築材としても重要だったことがすでに報告されていることから、③クリの花粉の生産量は少なく、ここで産出量は異常に多かった、という点です。

＊3　土壌中の有機体炭素量の全窒素に対する重量比です。土壌中での有機物の分解の程度をあらわす有効な指標です。

＊4　生物遺体中の放射性炭素^{14}C濃度が、生物の死後、時間の経過とともに減少することを利用した年代測定法です。一九五〇年から約何年さかのぼったかという表示します。プラスマイナスは測定の誤差です。

12 土地とヒトの変化

宮本真二

琵琶湖を囲むようにして広がる近江《おうみ》盆地の遺跡の事例から、土地の変化と人間活動について考えたいと思います。図は、滋賀県守山《もりやま》市の播磨《はりま》田《だ》城《じょう》遺跡の発掘調査の地質の断面図です。地層の積み重なりを、泥炭や砂などに区分して描いています。またその地層からは木片も発見されており、遺跡ですから、土器なども出てきました。地層は下から上にかけて堆積しますので、その変化を見る場合、下から上にかけて時代が新しくなります。

図の数字は放射性炭素14（^{14}C）年代測定法によって測定した年代値です。これらの情報をもとに、この地質の断面図を解読しましょう。遺跡範囲内では、一番目につくのが、黒く塗りつぶした「泥炭」層です。その下には、「礫《れき》」層、さらに右下には「シルト」、「砂」層や、「木片」が確認されました。また、泥炭層の上には、「シルト－粘土」層や凹状の遺構が検出されています。このような、地層の堆積の仕方と、人が住んだ痕跡としての遺構から次のような推定が可能です。

①約二六〇〇年前までは、活発な河川の活動がありました（地質断面のシルトや砂の層）。そして、少し時代が新しくなりました。②約二六〇〇～二四〇〇年前は、一時的に河川の活動は停滞し、水溜まりのような状態となりました（図の泥炭がたまった時代）。続いて、③約一二世紀以降から、この土地は洪水に覆われないような安定した場所とな

り、中世の人々の生活の場となりました（図の泥炭の上のシルト－粘土層）。しかし少し時代が下ると、④再び洪水に見舞われる土地になりました（図の砂の堆積）。

約二六〇〇年前から現在という、地球の歴史からみると、とても短い間にも、様々な土地の変化が発生し、その変化に対応してきたヒトの歴史がこの図から読みとれ、この地層の積み重なりは、他の近江盆地でも確認されつつあります。

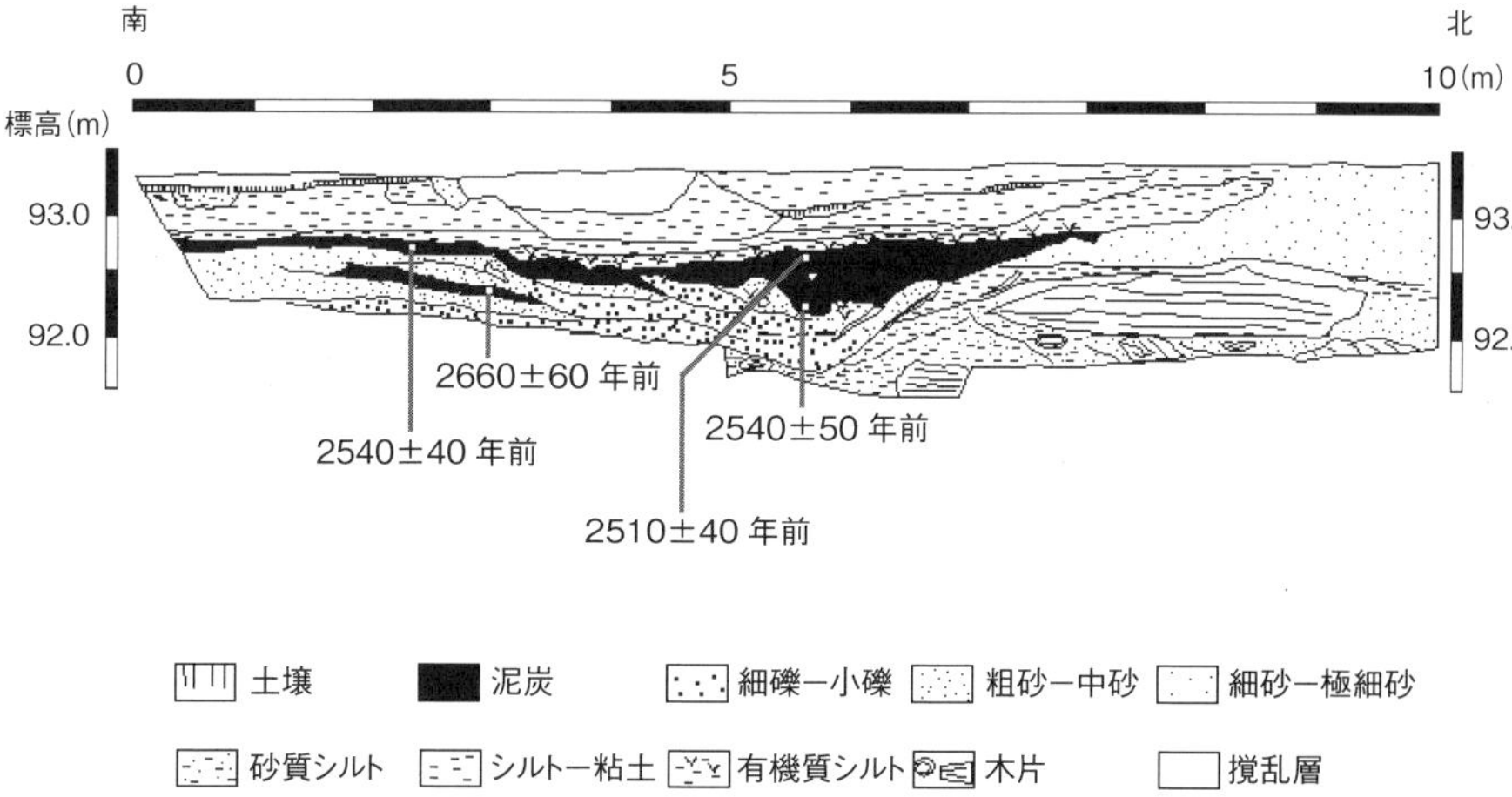

守山市・播磨田城遺跡の地質断面
（宮本ほか，2003を一部改変。年代値は未較正）

A 展示室　約 250 万～ 180 万年前のゾウのいる森を復元

A 展示室　約 180 万年前の化石樹

第2章

淡水の生き物 1
琵琶湖と古代湖

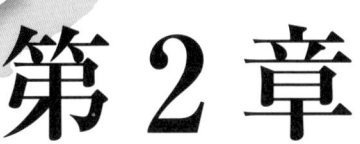

13 田んぼは「ゆりかご」

前畑政善

今をさかのぼること三〇～四〇年前、春から夏の降雨時には琵琶湖からフナ類、コイ、ナマズなど多くの魚が田んぼに入って産卵していました。この時期、人々は田んぼでこぞって魚を追っかけ、とってはおかずにしていました。「おかずとり」は湖畔で毎年のように繰り返されてきた年中行事でした。しかし、そうした光景が見られなくなって時久しいようです。

私は、ここ一〇年あまり田植え時に湖から水田地帯にやってくる魚類について調べてきました。結果はきわめて悲惨でした。水田地帯では、ナマズばかりが目につき、昔多かったといわれるフナ類やコイはごくわずかだったからです。ナマズが増えているのでなく、フナ類やコイの絶対量が減っているのです。琵琶湖で北米産外来種である魚食性のオオクチバスやブルーギルが猛威をふるっているなかで、ナマズがそれほど減っていないのは、この魚が夜行性であるがゆえに、明るい時に活動する外来種の影響をほとんど受けることがなく、他の魚類に比べて数の減少割合が低いからでしょう。さらに驚愕すべきは、水路でとれる魚の九割もが北米原産のブルーギルであったことです。

琵琶湖にすむ多くの魚類は、太古の昔より増水時に湖岸や内湖《ないこ》の新しく水に浸かる場所で産卵していたと考えられます。それがヒトが稲作を始めて以降は、水田をあたかも湖の岸辺のごとく産卵場、仔稚魚《しちぎょ》が育つ「ゆりかご」として利用してきました。戦中、戦後に行われた大規模な内湖の干拓、近年の湖岸や水路のコンクリート化、圃場《ほじょう》整備など枚挙にいとまがありませんが、これらはことごとく彼らの「ゆりかご」を奪ってきたのです。さらにブラックバス、ブルーギルの侵入と繁殖は、これに拍車をかけ、湖の魚たちを壊滅的状況へと追いやっているのです。近年、湖とその周囲の環境をかつての状態に再生させる動きが方々で始められています。私たちができることは田んぼや湖、内湖など「ゆりかご」の再生とその機能の復活であり、また、琵琶湖生態系を破壊に追いやった外来生物の根絶です。しかし、まずやるべきは、今後、私たち自身が自然とどうつき合いたいのか明確な視点を定めることでしょう。ナマズたちは暗にそう語りかけているようです。

水田にのぼるナマズ

田んぼで産卵するナマズ
巻きついているのが雄，他の２匹は雌。

14 真夜中の大産卵―ビワコオオナマズ

前畑政善

琵琶湖は、琵琶湖大橋を境にして北の湖（北湖《ほくこ》）と南の湖（南湖《なんこ》）に分かれます。琵琶湖の本体はもちろん二七三億トンという膨大な水量を貯え、広大な沖合を擁する北湖です。この沖合生態系に君臨するのが全長一メートル余に達するビワコオオナマズです。

このナマズは、従来北湖のみにいると考えられていましたが、最近では南湖のみか瀬《せ》田《た》川とそれに続く宇治《うじ》川、淀《よど》川にも生息し、しかも繁殖までしていることが明らかになっています。また、その産卵期は、従来いわれてきたよりも早い五月中旬から始まり、七月中旬まで続くこと、その産卵は図に示すような一定の順序で行われること、さらに産卵は降雨があって水位が著しく上がり、岸辺の岩場が水に浸かった真夜中に起こることなどがわかってきました。ふだんは一匹狼よろしく単独生活を送っているこのナマズも子孫を残すため、この時ばかりはと方々から馳《は》せ参じ、深夜に大産卵を繰り広げるのです。ただし、大規模な産卵は、湖水位が著しく上昇した夜のみに起こり、年に幾度もあるわけではありません。産卵はふつう夜の一〇時を回るころ開始され、〇時ごろには最高潮に達し、夜明けとともに収束します。親魚が姿を消したあと、産卵場には夥《おびただ》しい数の卵のみが残るのです。「琵琶湖の水位が上がると産卵する」ことをビワコオオナマズは、ヒトという生き物が湖の周りに住みつくはるか昔から毎年のように繰り返してきたのでしょう。昨今、琵琶湖で行われている増水期における低*水位操作は、湖の浅いと

＊ 琵琶湖では、一九九二年に琵琶湖の水位を調節している瀬田川洗堰の操作規則が制定され、六月中旬～一〇月上旬に琵琶湖の水位を基準水位よりも二〇～三〇センチメートル低く保つことが定められていて、この規則に従った水位操作が実施されています。

ころで産卵するビワコオオナマズをはじめ、増水時に産卵期を迎えるコイやフナ類など湖にすむ他の多くの魚類の産卵の機会をゆがめ、あるいは産みつけられた卵や孵《ふ》化してまもない仔魚《しぎょ》を干上がらせます。つまり水位操作は、かれらの種の存続に脅威をもたらしているであろうことは想像にかたくありません。ヒトの都合によって行われている現在の湖水位の調節は、早急に見直さなければならないでしょう。

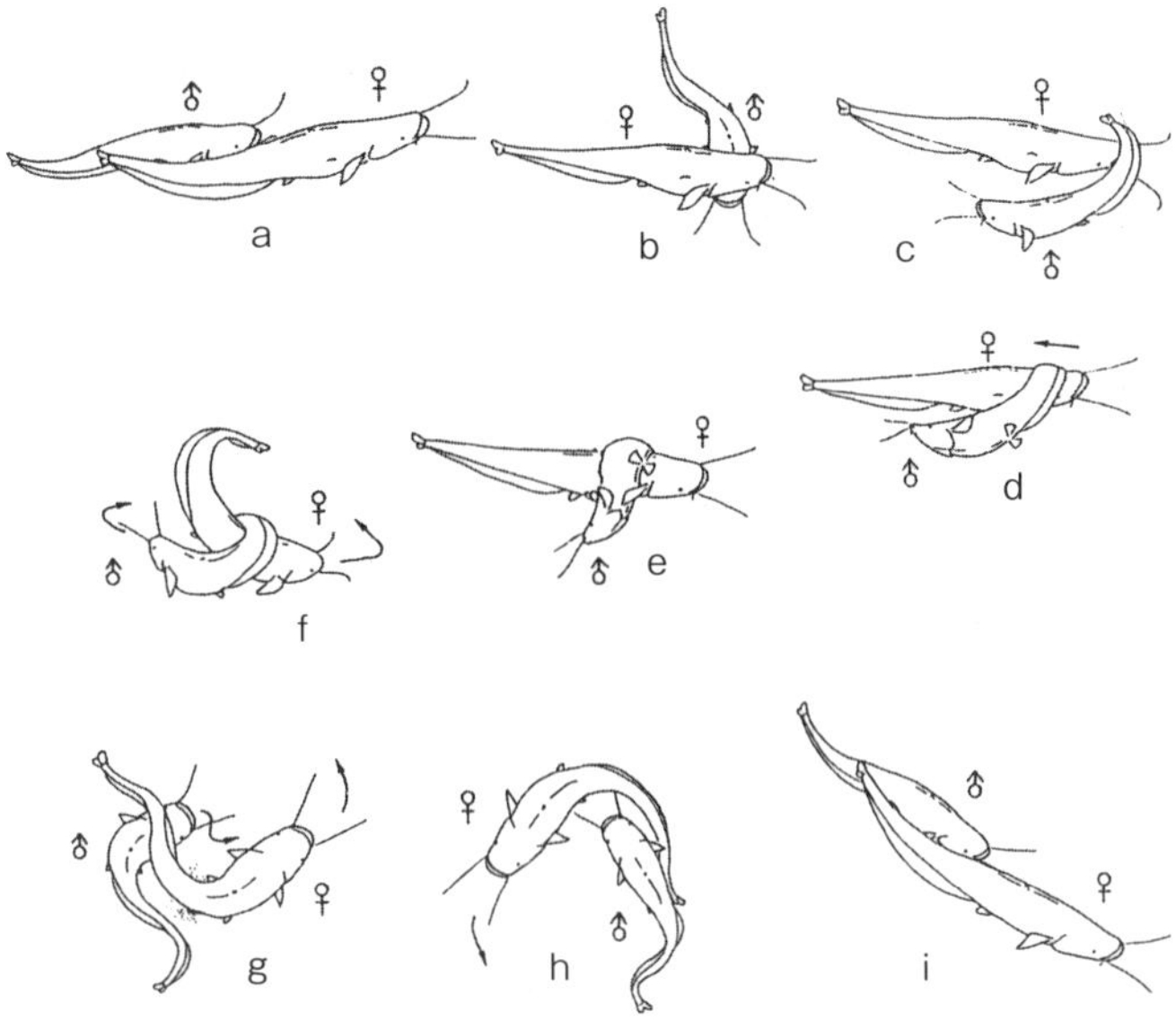

ビワコオオナマズの産卵行動（前畑ほか，1990）

a　♂が♀を追いかける
b　♂が♀の下部へもぐりこむ
c　♂が♀の頭部へ尾柄をからみつかせる
d　♂はからみつかせた尾柄部を♀の胴部へとずらす
e　♂は♀の胴部にしっかりと巻きつく
f　♀は頭部を下げ，尾部を持ち上げる。この時，♂はからみつかせた尾柄を解き放ち，♀の尾部方向へと泳ぐ
g　♂が♀のからだから離れた瞬間，♀は卵を放つ
h　♂♀はその場で水平方向に2回旋回する
i　♂♀とも次の産卵場所へと泳いでいく

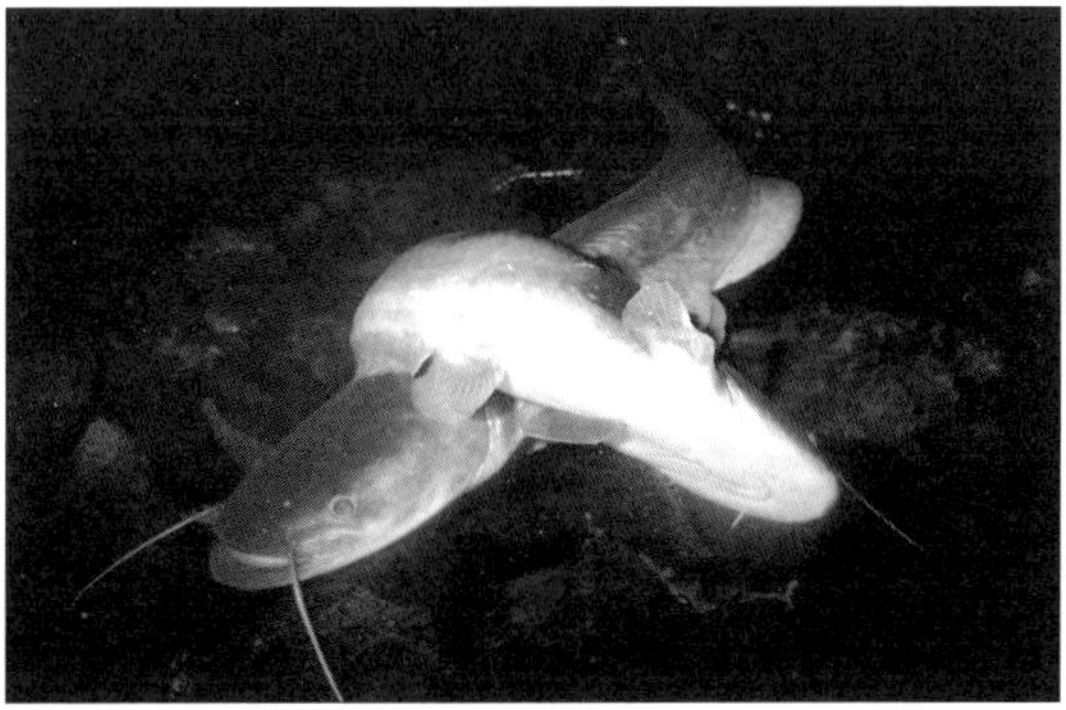

産卵行動中のビワコオオナマズ
巻きついているのが雄。

15 岩場のヌシ――イワトコナマズの繁殖戦略

前畑政善

琵琶湖の北には、海岸で見られるような大規模な岩場が広がっています。そこをすみかにしているのがイワトコナマズです。体長は四〇～六〇センチメートルで、ふつうのナマズと変わりません。その大きな特徴は、眼球が著しく体側寄りにある点です。彼らの生態は長らく謎に包まれていたが、私の七年余に及ぶ観察結果から、その産卵生態が徐々に明らかになってきました。

「ピシャピシャピシャ～」このナマズの産卵は、ビワコオオナマズの産卵時の豪快な水音に比べてまことしとやかです。この岩場のヌシは、他のナマズ類が降雨の増水時に大挙して産卵するのに対して、降雨や増水とはほぼ無関係に、ごく少数個体が真夜中に、そしてひそやかに産卵します。その産卵行動は、ビワコオオナマズのそれと基本的には同じでした。ところが、私の観察場所にはビワコオオナマズも産卵に現れたため、このナマズの産卵に関して興味ある事実が明らかになりました。

二種類のナマズが同じ場所を産卵に利用すれば、両者間で当然のごとく争いが起きます。ただちに想定されるのは、体の小さなイワトコナマズがより譲歩を迫られるということです。したがって、彼らの最適な戦略は相手のいない夜を狙って産卵することではないでしょうか。はたして、そのような予想は見事に裏切られました。むしろ彼らは相手が産卵する夜を狙って頻繁に産卵したのです。むろん、面と向かって戦うことはせず、彼らはビワコオオナマズが産卵場へ姿を現す前後に、あるいはビワコオオナマズが産卵している時であっても、ビワコオオナマズの産卵場所から離れた場所で、またはビワコオオナマズが入れない、うんと浅いところでゲリラ的に産卵したのでした。ビワコオオナマズの卵は粘着性があり、岩の表面にばらばらに産みつけられます。一方、イワトコナマズの卵は粘着性を欠いているために、岩の隙間に落ち込むという特性があります。ビワコオオナマズの産卵があった翌朝には、小魚などが彼らの卵を群がって食べているのが観察されます。ナマズ類の生涯において最初の難関は、小魚、エビ類に狙われる卵の時期です。イワトコナマズがビワコオオナマズと同夜に産卵するわけを、私は、両種の卵の性質や産卵数などから考えて、彼らが自分たちの卵を捕食者の目からそらすためと考えています。弱者にはそれなりのしたたかな戦略があるようです。

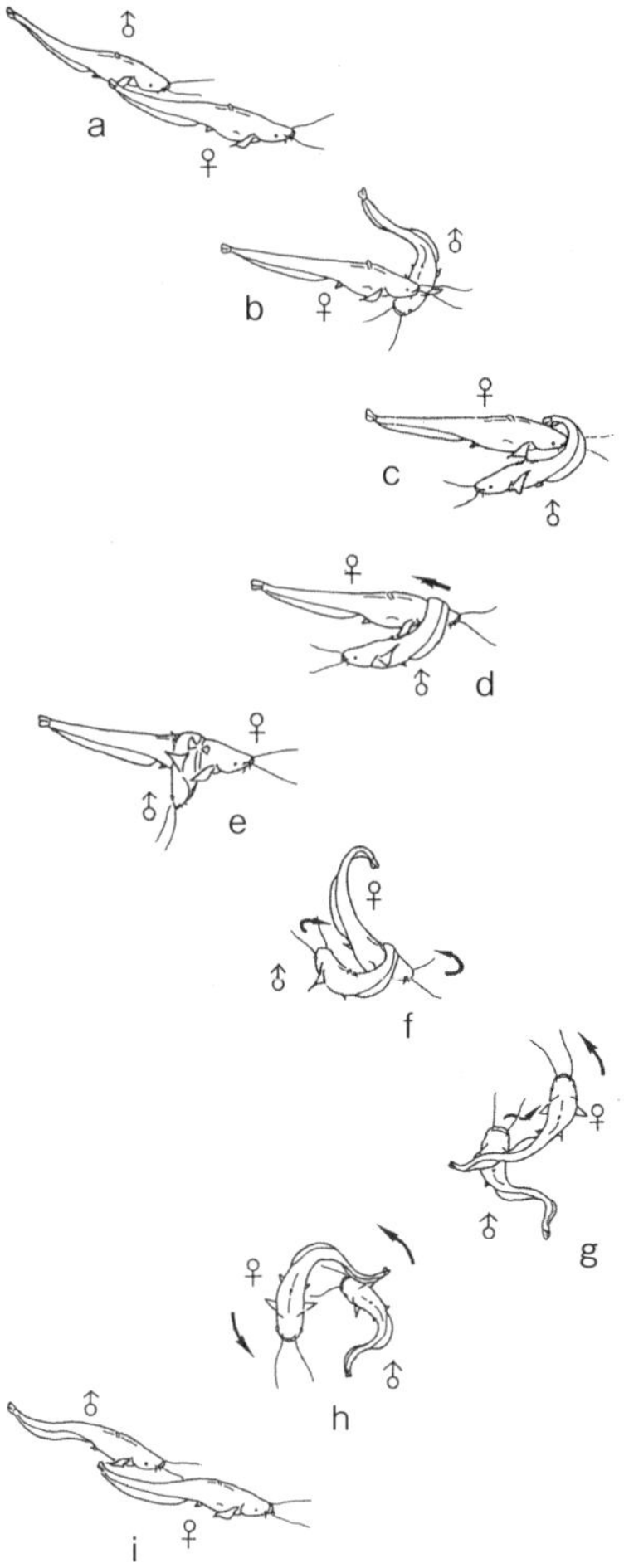

イワトコナマズの産卵行動
行動はビワコオオナマズと同様
(Maehata, 2001)。

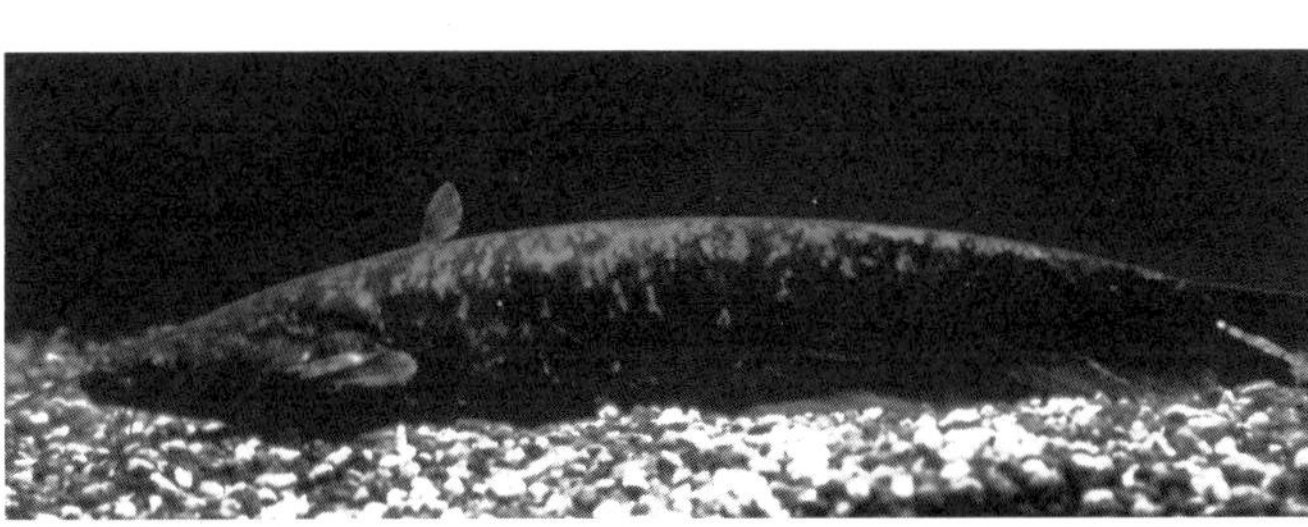

イワトコナマズ
全長 40 ～ 60 cm に達します。

16 ビワマスとは

桑原雅之

日本列島のほぼ中央に位置する琵琶湖には、マスもしくはアメノウオと呼ばれるサケ科魚類が生息していることは昔から知られていました。しかし、これが琵琶湖の固有亜種「ビワマス」として知られるようになったのは、比較的最近になってからなのです。また、ビワマスという名前も、大正から昭和にかけて活躍された大島正満[*1]さんによって命名されました。大島さんは、幼魚期にどちらも朱点があることや、形態的によく似ていることなどから、琵琶湖にすむマスと当時木曽川でたくさん獲られていたカワマス（今でいうサツキマス）を同じものと考え、ビワマスという新種として発表しました。しかし、一九七〇年代になって加藤文男[*2]さんによって両者の詳細な比較がなされ、形態的にも生態的にもビワマスとサツキマスは異なる種類であることが証明されました。さらに、一九八〇年代後半には藤岡康弘[*3]さんによって、ビワマスはアマゴよりも塩分耐性が低いことなどが明らかにされ、現在では両者は亜種の関係にあり、ビワマスは琵琶湖に固有の種類であると考えられるようになったのです。

ところで、琵琶湖は温帯地域にありますから、夏には水面付近の水温は三〇度近くまで上がります。ところが、琵琶湖（北湖の場合）は平均水深が約四〇メートルとたいへん深いため、水深一〇～二〇メートル付近に水温躍層[*4]が形成され、それ以深には年間を通じてほぼ一五度以下の冷水帯が存在します。これのおかげで冷水性魚類であるビワマ

＊1　一八八四～一九六五年。日本に生息するサクラマス群やイワナ類の分布や分類、生態等について研究を行い、その基礎を築きました。

＊2　高校教諭のかたわら、長良川のサツキマスを中心にサクラマス類の生活史や生態の研究を進めました。その一連の研究の中で、ビワマスとサツキマスが異なることを発見しました。

＊3　現滋賀県水産試験場場長。ビワマスの生理生態に関する研究を進め、ビワマスはほとんど塩分耐性をもっていないことや、放流されたビワマスから残留型成熟雄が出現することを発見しました。

スが、琵琶湖に生息することができるのです。ビワマスは、この琵琶湖で約四年間プランクトンやエビ類、アユなどの小魚をたらふく食べて成長し、秋産卵のため流入河川に遡《そ》上してきます。

このころのビワマスはアメノウオとも呼ばれ、体全体が黒地に赤の雲状紋からなる婚姻色で覆われます。特に、オスは両あごが伸び、さらに巨大な牙を持ち精悍な顔つきになります。このアメノウオも、産卵後は力尽きて死んでしまいます。しかし、産みつけられた卵は翌年の早春には稚魚となり、その年の初夏には琵琶湖へと下ってゆきます。そして、また四年ほどたつと産卵のために河川に戻ってくるのです。

琵琶湖で漁獲された降湖型アマゴ（上）とビワマス（下）
近年，琵琶湖でも降湖型アマゴが獲れるようになりました。これは，河川に種苗放流されたアマゴが，琵琶湖に降ったものと考えられます。この写真の降湖型アマゴも，よく見ると胸びれがありません。養殖されている間に，スレてなくなってしまったものでしょう。

＊4　琵琶湖（北湖）のような深い湖における夏期の鉛直方向の水温分布をみると、水温が急激に下がる層があります。これを水温躍層といいます。

17 ビワマスの産卵

桑原雅之

秋も深まってきた一〇月下旬、ビワマスは産卵期を迎えます。

一〇月にはいると、雨の後の増水に乗ってビワマスが河川に遡上してきます。そのため、このころのビワマスは「アメノウオ」とも呼ばれます。このアメノウオは、黒地に赤い雲状紋がはいり、湖内で生活していたときとは見違えるような姿になっています。また、産卵に備えて皮膚は肥厚し、鱗は吸収されて皮膚に埋もれたようになり、特に雄では両あごが大きく伸張し、そのあごには大きくて鋭い牙が生えてきます。

産卵は、まず雌が産卵場所を決めるところから始まります。産卵場所は、水深一〇～五〇センチメートルくらいで、流速が毎秒三〇～九〇センチメートルぐらいの淵尻にある平瀬が選ばれることが多いようです。産卵場所が決まると、雌は横倒しになって尾びれで水底を激しくあおり、細かい砂や泥を払ってすり鉢状の産卵床をつくります。ほぼ数時間から一日かけて、長さ一メートル強、幅七〇センチメートルほどの産卵床ができ上がります。この産卵床をつくる作業は必ず雌だけが行い、雄が手伝うことは決してありません。それではその間、雄は何をしているのでしょうか。まず、体の一番大きい雄はその雌を確保することに躍起になります。一方、体の小さな雄は、大きな雄の目を盗んで雌のそばに近寄り、授精のチャンスをうかがっているのです。そのため、ひっきりなしに雄間の闘争が起こります。雄の大きな牙は、この時に使われるのです。また、雄は産卵床をつくっている雌のかたわらに頻繁に寄り添い、体を震わして求愛をします。こうしてみると、産卵床づくりは行いませんが、雄も自分の子孫を残すのは結構大変なようです。やがて産卵床ができ上がると、そのほぼ中央付近で雌がうずくまります。そうすると雄もそのかたわらに寄り添って、雌雄同時に大きく口を開け、放卵・放精を行います。産卵後、すぐに雌はその少し上流部の水底をあおり、卵を埋めてしまいます。そして次の産卵床の造成にとりかかるのです。こうして三回前後産卵したのち、雌は死んでしまいます。雄の方は、生きている限り産卵に参加しようとしますが、やがて力尽きて死んでしまいます。産卵から一か月ほどで孵化した稚魚は、翌年の一〜三月ごろに砂の中から浮出し、五〜六月ごろには琵琶湖へと旅立っていきます。

産卵期を迎えたビワマスの雄（上）と雌（下）
産卵期を迎えたビワマスは，黒地にピンクの雲状紋で彩られた美しい婚姻色をあらわします。特に雄は，両あごが伸長し大きな牙を持つようになります。このあごと牙は，雌を他の雄から守る時に使われます。また，この時期のビワマスは雨の増水に乗って河川に遡上してくるため，「アメノウオ」とも呼ばれます。

密漁者に殺されたビワマス親魚
10月と11月，ビワマスは産卵保護のため，採卵用の特別採捕をもつ漁師以外は禁漁となります。また，採卵数が目標に達すると，特別採捕も終了し完全禁漁となります。ところが，遡上したビワマスのかなりの個体が，密猟者によって違法に捕獲され，産卵することができないまま殺されてしまいます。写真の個体は，密猟者によってヤスで突かれた後，なんとか逃げおおせたものの，力尽きて死んでしまったものです。

18 魚の耳

秋山廣光

私たち陸上動物、とりわけ哺乳類は立派な外観をした耳（外耳）をもっています。魚類には、このように目立つ耳がありません。もしあったとしても、水中を進むのに抵抗となって泳ぎにくいに違いありません。では、代わりとなるどんな器官を備えて、どのようにして音を聞いているのでしょうか。

魚の体をよく観察すると、頭の後から体側に沿って何やら点々と線のような模様を見つけることができます。じつは、これが魚の耳に相当する器官で、側線と呼ばれています。この点は、鱗一枚一枚に空いた穴（側線孔）で、皮膚の下でそれぞれがつながった管（躯体管）となっています。

この管の内側には、感覚毛と呼ばれる音を直接感じ取る毛のようなものが生えています。また、頭にも何やら溝やらすじが見えますが、これらもほとんどは遊離感丘や管器と呼ばれる聴覚器官の一つです。

人間の耳では、音を集める役目をしている外耳から、音は外耳道を通り、鼓膜に伝えられ、中耳を経て内耳に伝わっています。しかし、もっとおもしろいことに、魚は体内に内耳をもっていることが知られています。魚では伝音器としての外耳と中耳をもたず、直接内耳が外界に接しているような状態になっています。

内耳には、耳石と呼ばれる重りがあり、これで平衡感覚を保っていますが、内耳全体はチューブがつながった形をした迷路器官です。この内耳の内側にも感覚毛が生えているのです。内耳の形やその内部に生える感覚毛の状態は魚種によって様々で、その違いがどのような機能を持っているのか、じつのところほとんどわかっていません。

魚の耳は、卵からかえった小さな時から育つにつれ、形を変えて側線器官などの様々な聴覚器官に変身します。こうしてみると、魚は全身が耳でできているような生き物で興味が尽きません。

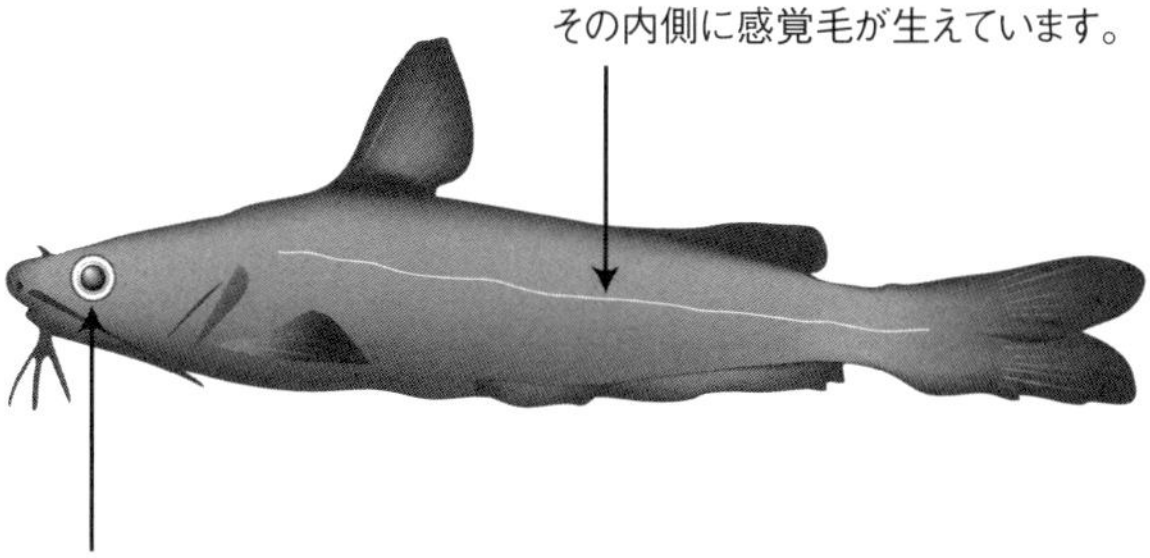
側線(側線孔の列)
この皮下に躯体管があり,
聴覚器官の一つである遊離感丘や
管器はこのあたりにあります。

ギギの耳にあたる器官

19　水中の音と魚の関係

秋山廣光

水は空気より粘り気があり、物が動いたり進むのに抵抗があるため、物が移動すると空中より容易に音が発生します。また、空中より音が伝わりやすいため、水中は、かなりにぎやかであることが想像されます。実際、すべての魚は、体の動きにともない、水との摩擦で何らかの音を発生しています。一つひとつの音は小さくとも、それが群となることで大きな音として聞くことができます。グッピーでは一〇ヘルツ程度の低周波、ティラピア、コイ、ブルーギルでは一〇〇ヘルツ以上の周波数の音が測定されています。同様のことは、イワシ、マアジ、ブリ、マダイ、ヒラマサ、ニジマスなどいろいろな魚種でそれぞれ異なる固有の音として観測されています。一般に、高速遊泳するものでは周波数が高く、泳ぎの遅い魚種では低い周波数となることが知られています。

水は空気より密度が高いため、音は空気中より速く、また遠くまで伝わります。しかし、水中での音は密度の違いから水面下で反射してしまい、陸上にすむ私たちには、あまり聞こえません。また、水中に潜っても耳の中の空気の層が音を反射させるため、水中の音は私たちには、よく聞こえません。水中にすむ様々な生き物たちの中には、水中での音の特性を巧みに利用しているものも知られています。音は、水中の物に当たり、よく反射するため、海洋では自分の位置を決めたり、物を探ることに利用できるので、クジラやイルカではそのような用途のために発達した発音器官や、それらを聞き分ける

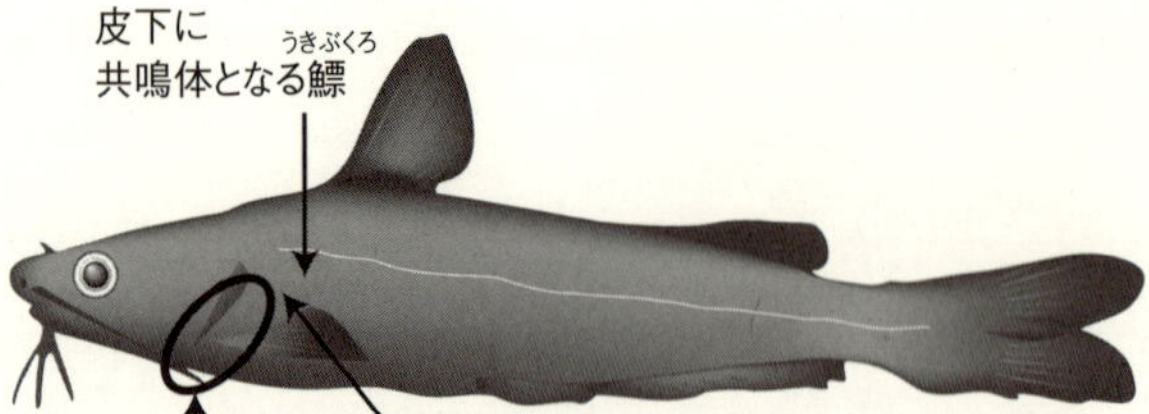

ギギの発音器官

耳を持つことが知られています。

ブルーギル

ニジマス

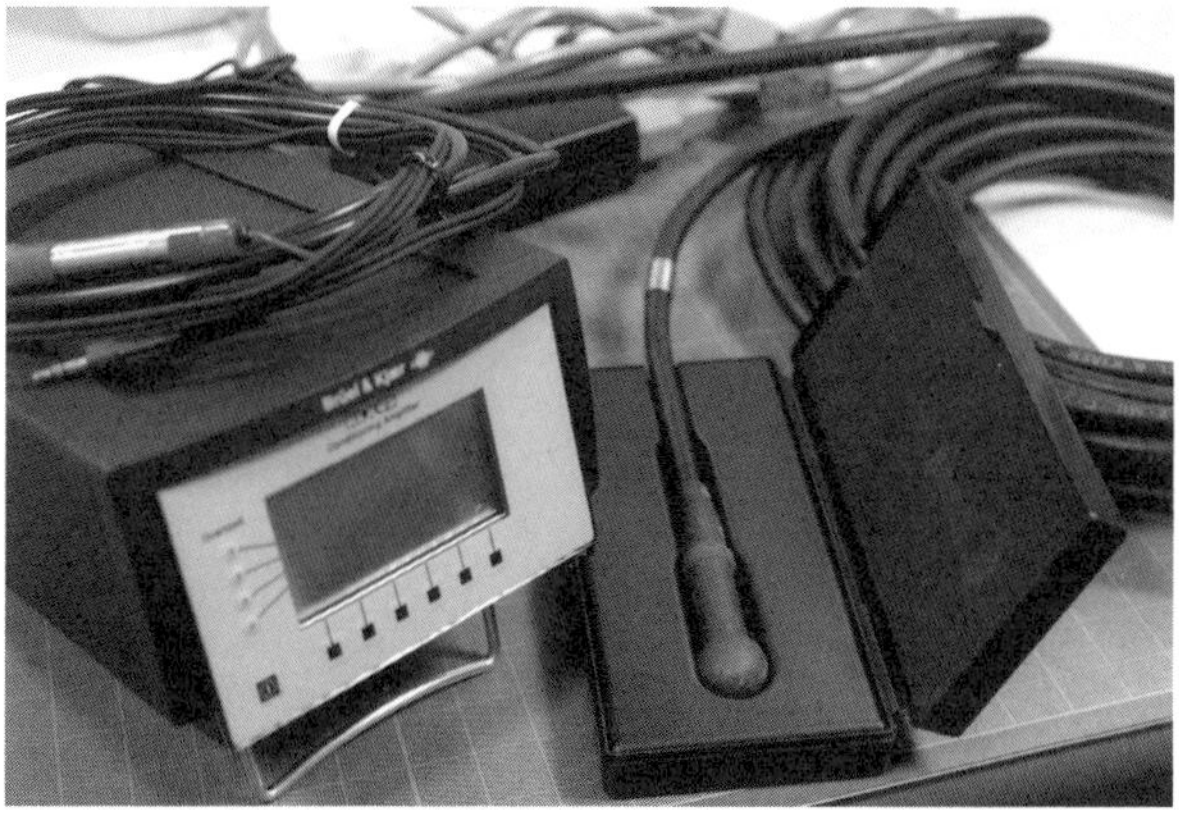
計測器
水中用マイク「ハイドロフォン」（右）
専用アンプ「NEXUS コンディショニングアンプ」ブリュエル・ケァー社（左）

20 魚の声

秋山廣光

魚が日常的に鳴いていても、音は水中で反響して、空気中にはあまり伝わりません。そのため私たちにはよく聞き取ることができません。それでも、特に大きな音を出す海水魚については、何種類かが自発的に音を出している(鳴いている)ことが知られています。海水魚では、ニベやグチ、イシモチが代表的な魚で、グチでは、繁殖期には一斉に発音するため、海全体から大声のコーラスが響きわたることが知られています。

魚が鳴いている場合、いろいろな器官が利用されていますが、私たちの声帯のように発音のためのみに発達した器官はほとんど見つかっていません。発音に利用される器官は、鰾《うきぶくろ》、歯、咽頭歯《いんとうし》、胸鰭関節《むなびれかんせつ》や鰓蓋《えらぶた》などであることが知られています。鰾を利用する魚は、スケトウダラ、コイチ、シログチ、カサゴ、シマイサキです。歯や咽頭歯を利用するものにドンコ、クモハゼが知られ、また関節を利用するものにタツノオトシゴ、カジカの仲間、ギギの仲間が、また鰓蓋の急激な振動を利用するものにイシダイが知られています。しかし、よく観察すると、多くの魚で、この瞬間に発音しているに違いないと思われる口の動きや鰓蓋の動き、体の動きがあります。この時、きっと声を出しているのに違いありません。なぜなら水の中では、大きな動きをすれば、それにともなう音は出てしまうのですから。

ギギは、琵琶湖の中にすむ魚の中では大きな音を出すので有名です。ギギの場合、胸鰭関節の中に音を出す構造があります。魚が鰭を動かす場合、鰭の膜を支える骨の一本一本に筋肉がついていて、それで鰭を微妙にコントロールしています。ギギでは、胸鰭には大きな棘《とげ》があり、その棘を立てた状態で維持できる構造と筋肉をもっています。棘を立てる筋肉には、別な筋肉が付随して、その筋肉のはたらきにより棘がねじれるような方向に力がかかった時、棘の付け根にある骨が収まっている鞘の内側の模様（スジのような凸凹）と擦れ合い、ギーギーという音を発することができます。ギギは、釣り上げられた時に発する大きなギーギーという音からこの名前がついたといわれますが、水中でも喧嘩の時などにこの音を出しています。

ギギ
口髭は８本。脂鰭*があります。中部以西の本州と四国の吉野川に自然分布しています。尾鰭から頭部に向かって一直線に伸びている線が側線器官。夜行性。目は大きいのですが，たいして役立っていないようです。

* サケ科魚類やカラシン亜目魚類，ナマズ目魚類の多くに見られる特徴。特にナマズの仲間では，大きな脂鰭をもつものがいます。鰭を支える骨がなく，脂でできていることがほとんどのため，脂鰭と呼ばれますが，その機能や役割は不明。

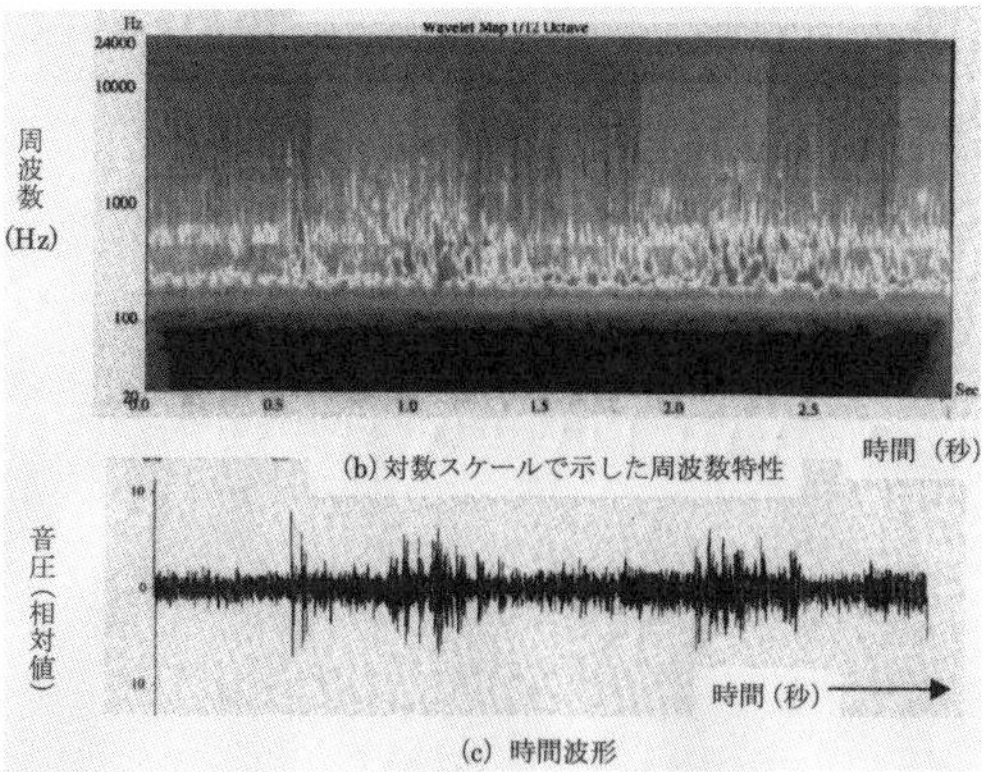

ギギ音
周波数分析機「FFT アナライザー」によるギギ音の解析図。

21 咽頭歯って知っていますか

中島経夫

コイの口の中に手を入れたことがありますか。引っかかりがなく滑らかなことからわかるように、コイの仲間（コイ科魚類）は顎や口腔に一切歯をもっていません。その代わりにノドの奥に、発達した咽頭歯をもっています。これがコイ科魚類の特徴です。

歯は脊椎動物だけがもつ器官です。機能的には、餌を食べる時に使うもので、消化管の先端部（いわゆる口腔やノド）にあります。発生学的に上皮[*1]（外胚葉）と間葉[*2]（中胚葉）の相互作用[*3]によってできあがります。組織学的にはアパタイト（燐酸カルシウム）からなるエナメル質、象牙質という硬い組織でできています。この意味において、咽頭歯は立派な歯です。

ノドにある歯というと、少し変わっていますが、一般に、魚は口やノドのいたるところに歯が生えています。咽頭歯は魚には普通に見られるものなのです。コイ科魚類が変わっているところは、咽頭歯以外の歯を一切もたないことです。顎に歯がないと餌を食べるときに不便ですが、コイ科魚類は上顎を前に突出することによって、餌を吸い込むことができます。そのことによって、顎や口に歯のないことの不利を補っています。

爬虫類や魚類では、一生の間に何回も歯が生え替わります。なぜかというと、体の生長に合わせて、歯を大きくしたり、本数を増やしたりしなければならないからです。コイ科魚類でも、一生、歯は交換を続けます。しかし、稚魚期までに歯の本数が決まりま

＊1　体の内外表面を覆う細胞層。外側を覆うものを外胚葉、消化管の内側を覆うものを内胚葉といいます。

＊2　内外の上皮細胞層の間をうめる細胞。

＊3　上皮間葉相互作用　発生途中の動物の器官のもとでは、上皮細胞と間葉細胞の相互作用によって動物の器官がつくられることが多くあります。歯をはじめ皮膚とその派生物（乳腺、唾液腺、消化器官）などがこのようにしてできあがります。

す。形も成魚になれば、ほぼ一定の形になります。したがって、種類ごとに、歯の本数、配列、形が決まっています。そのため、咽頭歯は、分類の基準として大変便利なものとなっています。

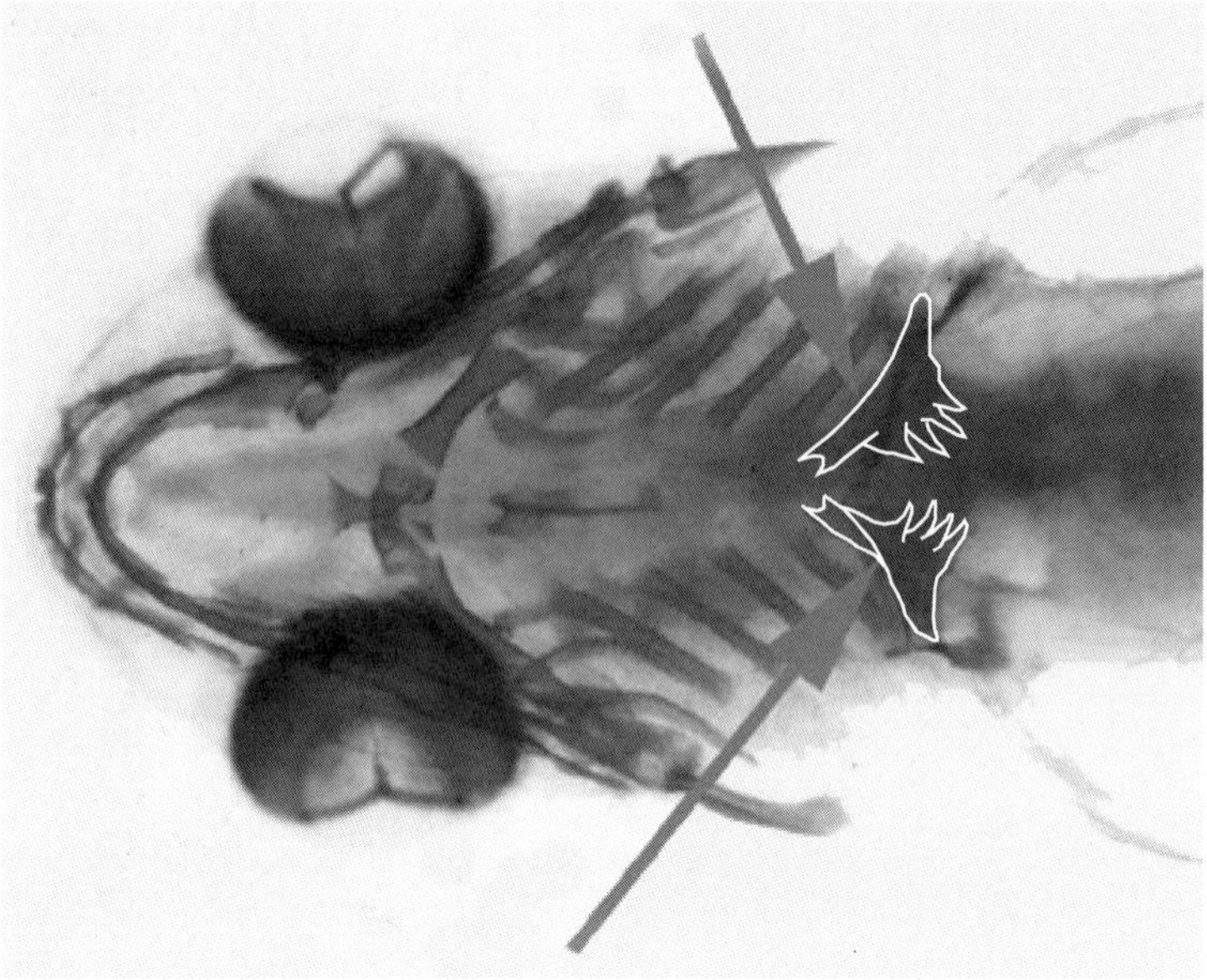

腹側から見たニゴイ仔魚の頭部骨格
骨格を染色液で染め，軟組織を透明化した標本。矢印は左右の咽頭骨を指しています。咽頭骨の上に咽頭歯は生えています。

22 コイ科魚類の咽頭歯から何がわかるか

中島経夫

ヒトをはじめとする哺乳類では、切歯、犬歯、前臼歯、大臼歯というように、部位によって歯の形が変わり、機能を違えています。難しい言葉でいうと異形歯性といいます。魚類や爬虫類では一般に、歯の形は単純（単純歯性）で、部位が違っても形が同じ（同形歯性）です。ところが、コイ科魚類の咽頭歯は、魚類の歯としては珍しく、複雑な形をしていて（複雑歯性）、異形歯性を示すものもあります。

しかし、孵化したばかりの仔魚の咽頭歯は、どの魚をみても、単純な円錐形をした歯です。しかも歯の配列の仕方もほとんど変異がありません。魚の発生が進むにつれて、新しい歯が現れて、順に機能していきます。歯は次第に大きくなり、その種類に特有な形に変わっていきます。ですから、種類ごとにどのように歯の形が変わっていくのかを調べることによって、それぞれの魚の進化を知る手がかりを得ることができます。例えば、コイとフナの咽頭歯の形はまったく違いますが、発生の途中まではお互いによく似ていて、発生過程の最後になって違った形になります。だからお互いに近い仲間であると考えることができます。

また、歯は骨よりも硬く、地層や遺跡の中によく保存されています。化石や遺体として見つかる咽頭歯から、種類を同定することによって、魚類相の移り変わり、当時の環境、当時の人々が、どのような魚を食べていたかというような人々の暮らしの様子が見えてきます。コイ科魚類の咽頭歯は、「湖と人間のかかわり」を探る貴重な研究材料なのです。

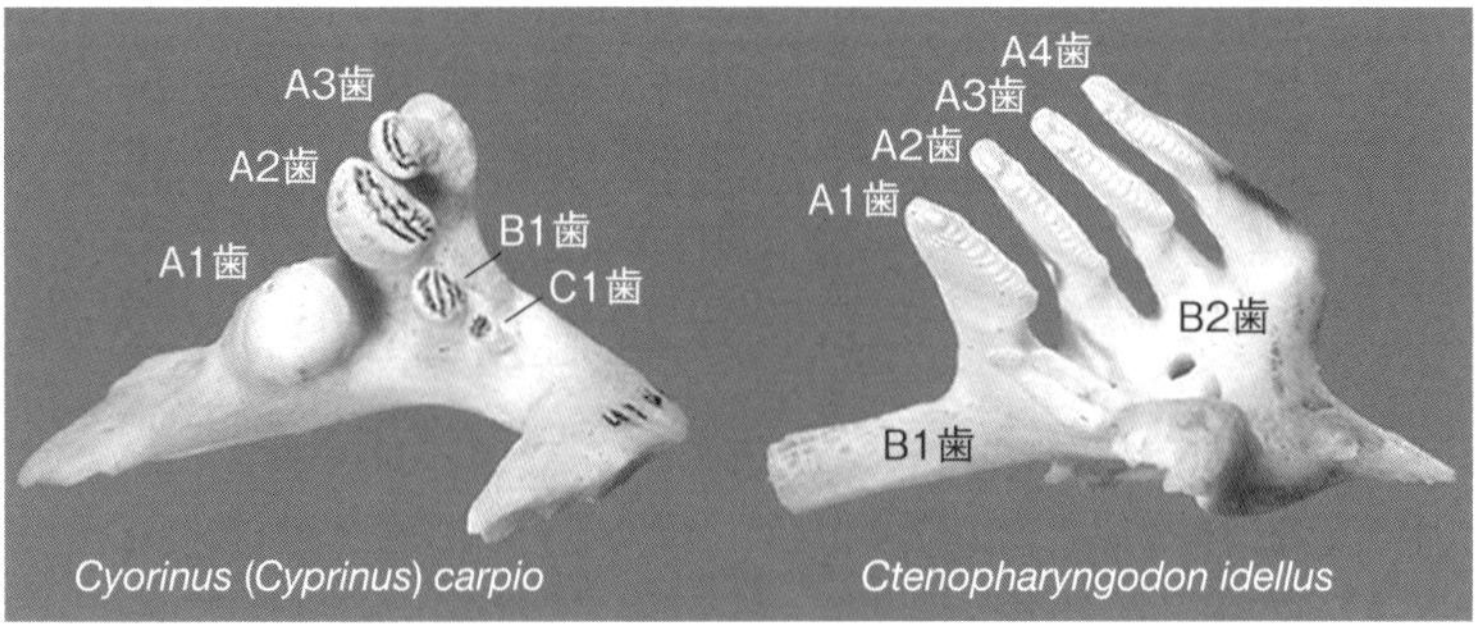

コイ（左）とソウギョ（右）の左側咽頭骨と咽頭歯
コイでは丸い臼歯状の歯で，ソウギョでは薄い歯で歯冠の縁にノコギリ状のギザギザがついています。歯の配列，本数も両者では異なります。

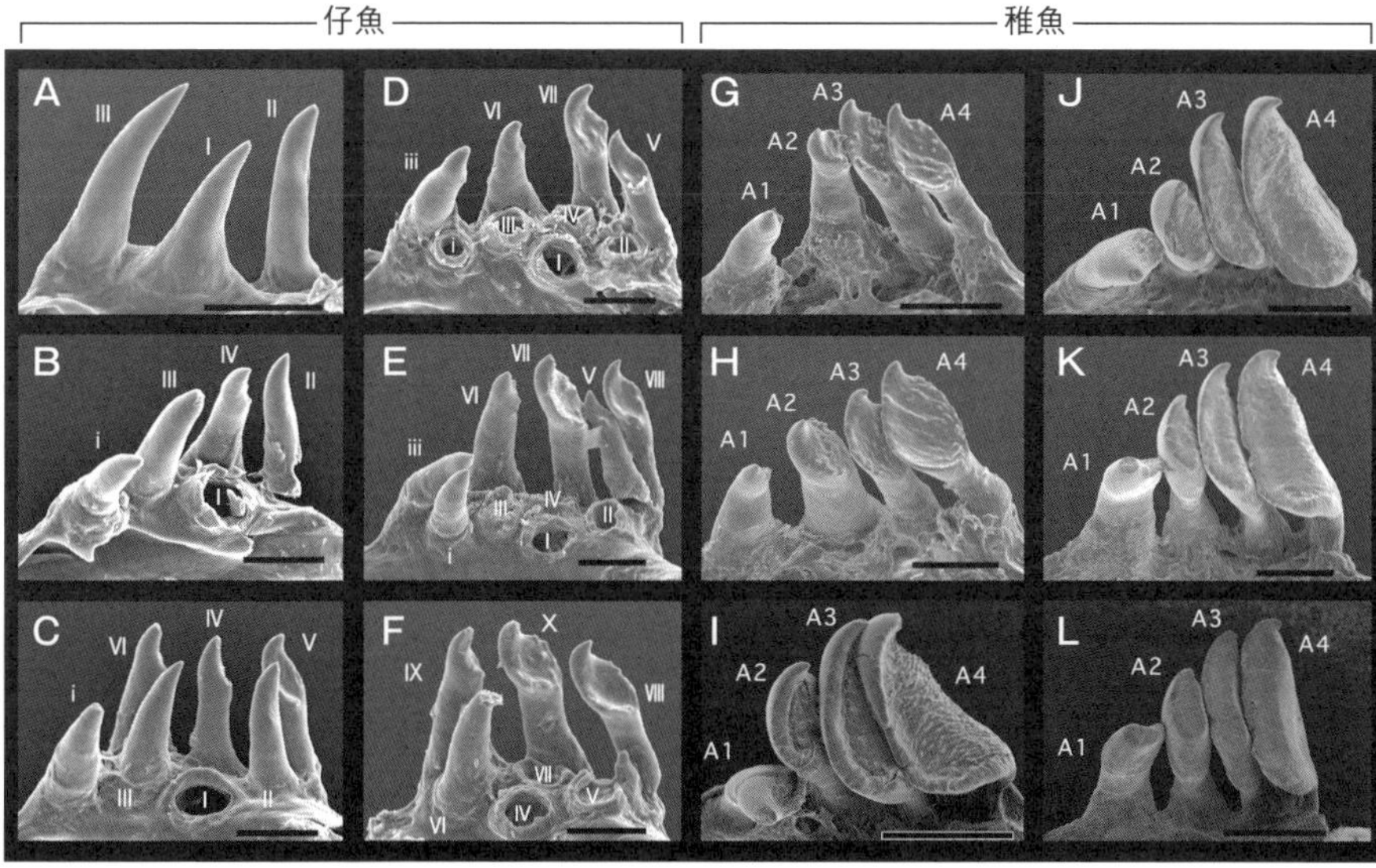

ニゴロブナの左側咽頭歯系の発達
A～Fは仔魚，G～Lは稚魚，歯は交換をくり返しながら形を変えていきます。A～Cぐらいまでは，あらゆる種で，形も配列もほぼ同じです。稚魚になると1列に4本の歯が並ぶ，成魚と同じ配列になります。Iではほぼ成魚の歯の形になっています。

23 咽頭歯から見た縄文・弥生文化

中島経夫

縄文時代や弥生時代の遺跡からもコイ科魚類の咽頭歯が見つかります。咽頭歯を調べると魚の種類を決めることができるので、どんな魚をとっていたのかがわかり、その魚の生態から、漁期や漁法など、その時代の人々の生活の様子をうかがい知ることもできます。とくに琵琶湖周辺を中心とした西日本の縄文遺跡からは、かなりたくさんのコイ科魚類の咽頭歯が見つかっています。福井県の鳥浜遺跡のように海の近くにある縄文遺跡からもコイ科魚類の咽頭歯がたくさん見つかります。そのほとんどがフナ類のものです。

フナ類をはじめとするコイ科魚類の多くは、春から初夏までの雨とかかわって産卵します。一年の周期の中で産卵する時期が決まっていて、人の暮らす岸辺に産卵のために多量にやってきます。食べきれないほどの魚がとれるのです。余った魚を燻製などにして保存加工しておけば、食料の少ない時期を乗り越えることができます。獲物を求めて移動生活しなくても、定住生活ができるのです。採集や狩猟、あるいは魚撈で生活していた縄文人にとって、予測が可能な淡水魚撈は食料の確保を考える時に重要です。春から夏の淡水魚、夏の淡水貝、秋のドングリというように季節的に食料を確保し保存するという生活が、琵琶湖周辺や西日本の淡水魚の豊かな地域にあったように思われます。これらの地域では、水田稲作が行われる弥生時代になっても淡水魚撈が重要でした。魚は川や湖にとりに行くのではなく、イネをつくる水田やその用排水路でとることができます。このように、水田稲作と淡水魚撈は深いかかわりがあるのです。

水田の水路をのぼるナマズ（撮影：中尾博行）

三方湖と鳥浜貝塚のあった場所（○印）

24 琵琶湖から絶滅した魚たち

中島経夫

琵琶湖から絶滅した魚たちはたくさんいます。近年では、アユモドキ、イタセンパラ、ニッポンバラタナゴなどがとれなくなりました。また、アブラヒガイやワタカ、ギギなどもすっかり数を減らしています。

琵琶湖での絶滅は、今に始まったことではありません。一〇〇万年前ぐらいから、山地の上昇と盆地の沈降といった地殻の変動が激しくなり、日本列島の淡水環境は、ゆっくり流れる大河、浅くて広い湖といった大陸的な環境から、河川は短く急流になりました。四〇万年前には琵琶湖も、浅い湖から今のような深い湖に変わっています。このような大きな環境の変化によって、古琵琶湖の時代に生息していた魚たちの多くは、絶滅してゆき、現在、見られるような日本列島の淡水魚類相へと変化していったのです。そして、日本列島の誕生から古琵琶湖の時代まで、主役であったクセノキプリス類やクルター類の多くもこの時に絶滅し、その仲間では、琵琶湖にワタカだけが生き残ったと考えられていました。

しかし、最近になって、琵琶湖周辺の縄文遺跡から出土する咽頭歯の中に、すでに絶滅したと思われていたクセノキプリス類やクルター類のものが含まれていたのです。これは琵琶湖という大きな湖に生き残った特殊な例なのかと思いましたが、琵琶湖地域以外の縄文遺跡からも、現在その地域に生息していないその時代以降に絶滅したと思われる魚たちの咽頭歯が見つかっています。縄文時代以降、琵琶湖や淡水の環境には大きな変化がありません。近代化の中で琵琶湖の環境を改変した現代ではなく、それ以前の時代にこれらの魚たちは姿を消したと思われます。どうしてこれらの魚たちは絶滅していったのでしょうか。その解答は、「27 人間の営みに適応した魚たちとできなかった魚たち」で説明することにします。

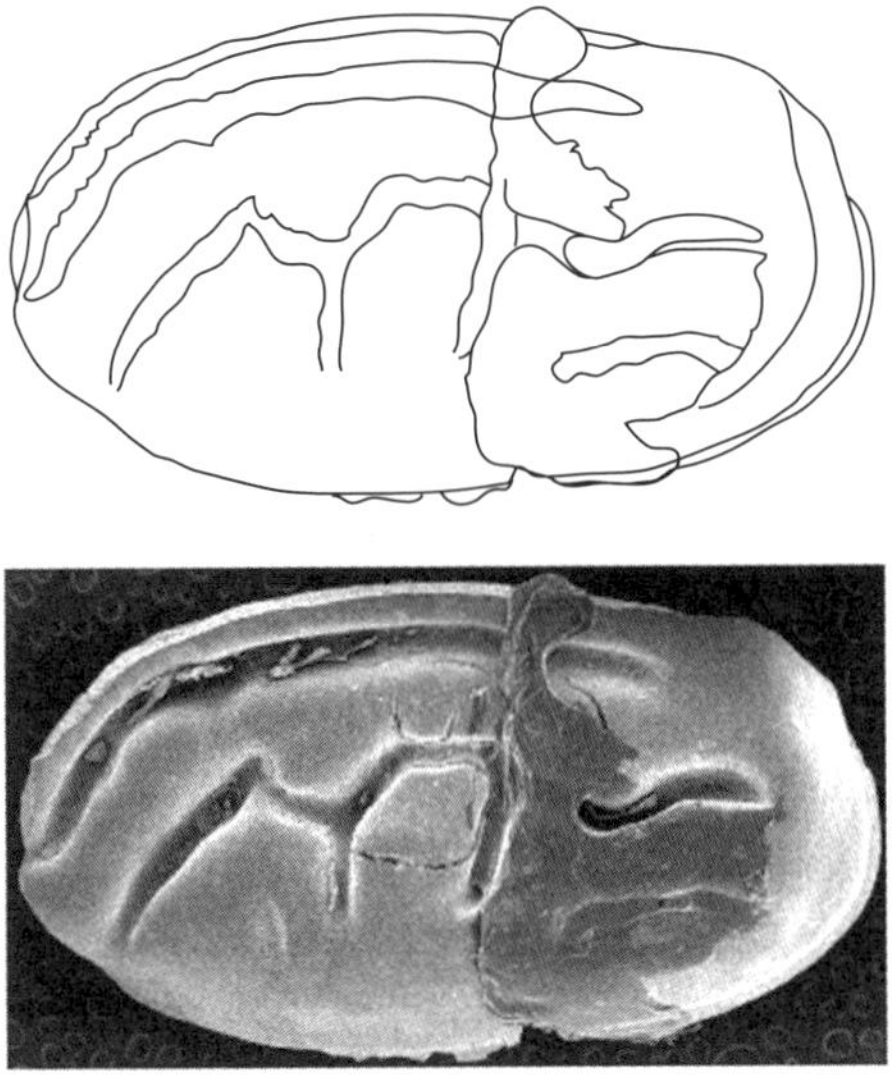

赤野井湾遺跡（縄文時代早期）から出土したジョウモンゴイの咽頭歯。縄文時代には，琵琶湖に 2 種のコイが生息していました。

琵琶湖（古琵琶湖）の魚類相とその生息環境の変遷

年代	時代	魚類相	環境
ー	現在	外来種の影響などで，在来種の多くが絶滅の危機に	淡水環境への人為的な影響が甚大になる
2,000 年前	弥生時代	クセノキプリス類，クルター類の一部やコイ属の絶滅	人為的な淡水環境(水田)
6,000 年前	縄文時代	クセノキプリス類がレリック＊1 として生き残る	日本列島的な淡水環境＊2
50 万年前	更新世	琵琶湖の固有種の出現，クセノキプリス類，クルター類のほとんどが絶滅	琵琶湖の誕生，日本列島的淡水環境
100 万年前	更新世	コイ類（フナ属）が優占する魚類相，クセノキプリス類，クルター類も多い	日本列島的な淡水環境になり始める
400 万年前	鮮新世	コイ類（コイ属）が優占する魚類相，クセノキプリス類，クルター類も多い	古琵琶湖（大陸的淡水環境＊3）の誕生
2,000 万年前	中新世	クセノキプリス類，クルター類，コイ類が優占する魚類相	日本列島の誕生

＊1　レリック：生きている化石。過去に繁栄していた生物が現在も生き残っている場合，それをレリックといいます。過去の時代にもレリックはいたはずです。

＊2　日本列島的環境：河川が短く，高度差があって，流れが速い淡水環境。

＊3　大陸的淡水環境：ゆっくり流れる大河，広くて浅い湖沼。

25 咽頭歯からわかる古琵琶湖の時代

中島経夫

世界中の湖の多くは、後氷期以後に形成され、せいぜい一万年の歴史しかありません。ところが、琵琶湖の歴史はおよそ四〇〇万年あり、今のような琵琶湖になり始めたのも四〇万年前からです。琵琶湖は世界でも有数の歴史の長い湖なのです。このような湖を古代湖といいます。古代湖では、様々な生物が進化し独特な生物相が見られます。

四〇万年より前の昔の琵琶湖を古琵琶湖といい、湖やまわりの河川に堆積した地層を古琵琶湖層群と呼んでいます。古琵琶湖は、初めは三重県の上野盆地辺りにあり、現在の位置に次第に移動してきました。この古琵琶湖層群は地上にも露出しており、ここから魚や貝、プランクトンなどの水生生物の化石が多数見つかります。地層の堆積の仕方、地層に含まれる様々な化石の研究を行って古琵琶湖の環境を復元してみると、古琵琶湖は七つのステージ(図のA~G)に分けられます。

魚も変化していますが、古琵琶湖の魚は、中新世と同様に、コイ類*、クセノキプリス類、クルター類が中心となっています。中新世との違いは、コイ類が最も多くなっていることです。その中で注目されるのがコイ属の化石で、多くの絶滅種が生息していて、古琵琶湖の変化とともに次第に現生のコイが形成されていくことがわかっています。現生のコイがあらわれるのは今のところ五〇万年前以降と考えられます。時代ごとのコイ属の化石の変化によって、古琵琶湖層群の時代を特定することもできるのです。

* コイ類とは、亜科の分類単位を指しています。コイ属、コイと区別して使用しています。コイは種としてのコイになります。クルター類、クセノキプリス類もクルター亜科、クセノキプリス亜科を指しています。

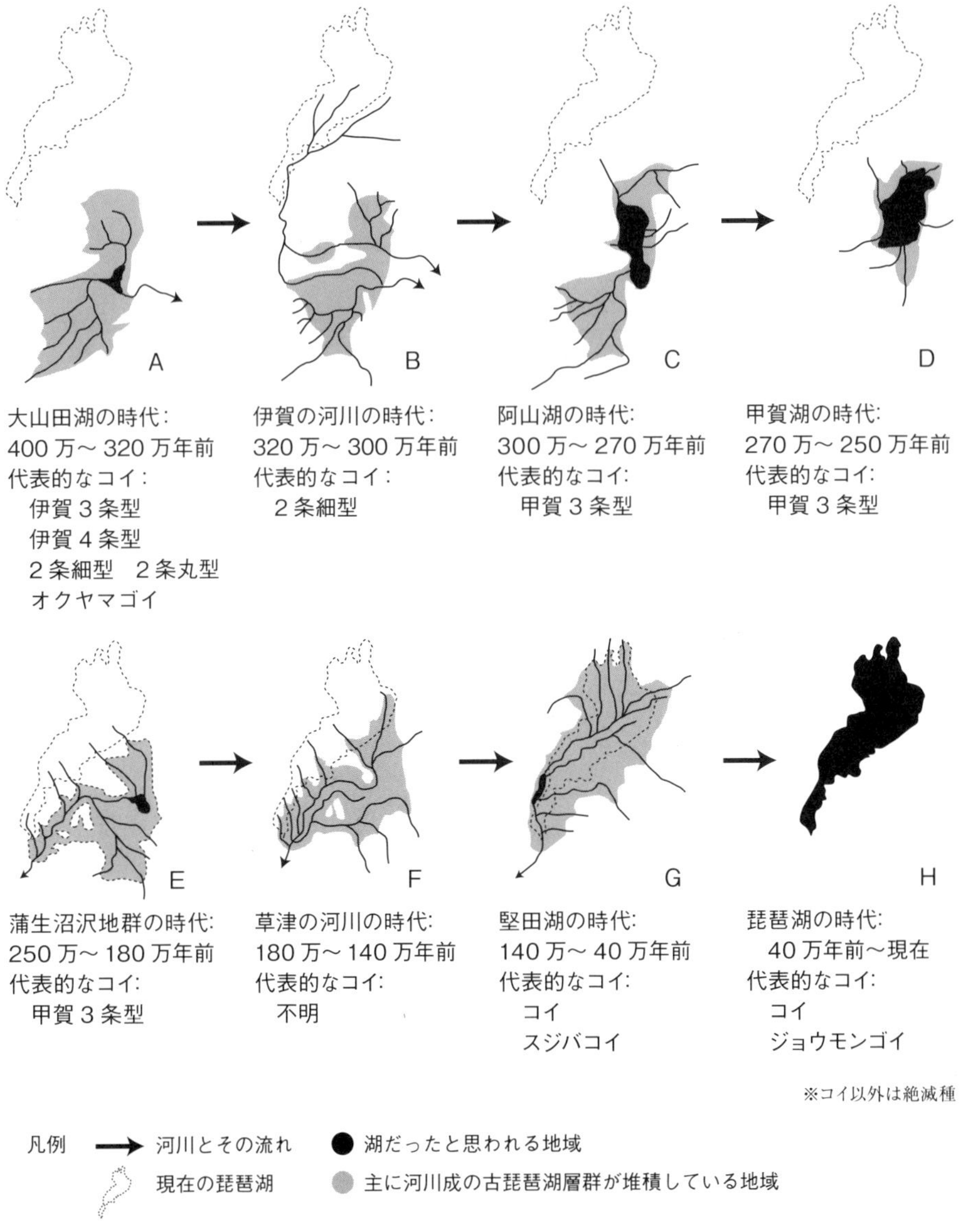
A
B
C
D
大山田湖の時代:
400万〜320万年前
代表的なコイ:
伊賀3条型
伊賀4条型
2条細型　2条丸型
オクヤマゴイ
伊賀の河川の時代:
320万〜300万年前
代表的なコイ:
2条細型
阿山湖の時代:
300万〜270万年前
代表的なコイ:
甲賀3条型
甲賀湖の時代:
270万〜250万年前
代表的なコイ:
甲賀3条型
E
F
G
H
蒲生沼沢地群の時代:
250万〜180万年前
代表的なコイ:
甲賀3条型
草津の河川の時代:
180万〜140万年前
代表的なコイ:
不明
堅田湖の時代:
140万〜40万年前
代表的なコイ:
コイ
スジバコイ
琵琶湖の時代:
40万年前〜現在
代表的なコイ:
コイ
ジョウモンゴイ
※コイ以外は絶滅種
凡例
河川とその流れ
湖だったと思われる地域
現在の琵琶湖
主に河川成の古琵琶湖層群が堆積している地域

古琵琶湖の移り変わり

26 大陸に広がった魚たち

中島経夫

日本の生物は、大陸にその起源があり、大陸と列島が陸続きとなったときに祖先が渡ってきたと考えられています。多くの生物たちはそれで間違いはないでしょう。しかし、コイ科魚類については、その逆のことも起こっていたことがわかっています。

中新世の日本海に沿った地域から、コイ科魚類を中心とする淡水魚の化石がたくさん見つかっています。これらの化石は、クセノキプリス類、コイ類、それにクルター類というコイ科の三つのグループが中心になっています。コイ類とは、コイやフナの仲間です。クセノキプリス類やクルター類は、現在の中国には、たくさんの種類がいますが、日本列島では、琵琶湖に生息するワタカだけがその子孫として生き残っています。

現在の分布から考えると、大陸と陸続きだったころ、ワタカの祖先であるクルター類が、日本列島に渡ってきたように見えます。しかし、中新世には大陸の内部であった中国では、クルター類の化石は見つからず、クセノキプリス類の化石も日本列島ほど多くはありません。中国でクルター類やクセノキプリス類が多くなるのは、後の鮮新世という時代になってからです。このことから、クルター類やクセノキプリス類は、日本列島のあった地域から大陸の内部へと広がっていったことがわかります。

中新世の初め、日本列島はまだ大陸の一部で、列島は、その後、大陸から離れ、フォッサマグナ[*]を境として、西日本は時計回りに東日本は反時計回りに回転して、現在の位置

＊ 日本の主要な地溝帯で、西南日本と東北日本との境となる地域。フォッサマグナの西の端が糸魚川・静岡構造線です。

に落ちつきます。日本列島の移動が始まる前に、ユーラシア大陸の東の縁に大地の裂け目ができ、大規模な湖沼群ができました。そこで、クセノキプリス類、クルター類の多くが分化することによって現在の中国を特徴づける新しい魚たちが誕生することとなったのです。

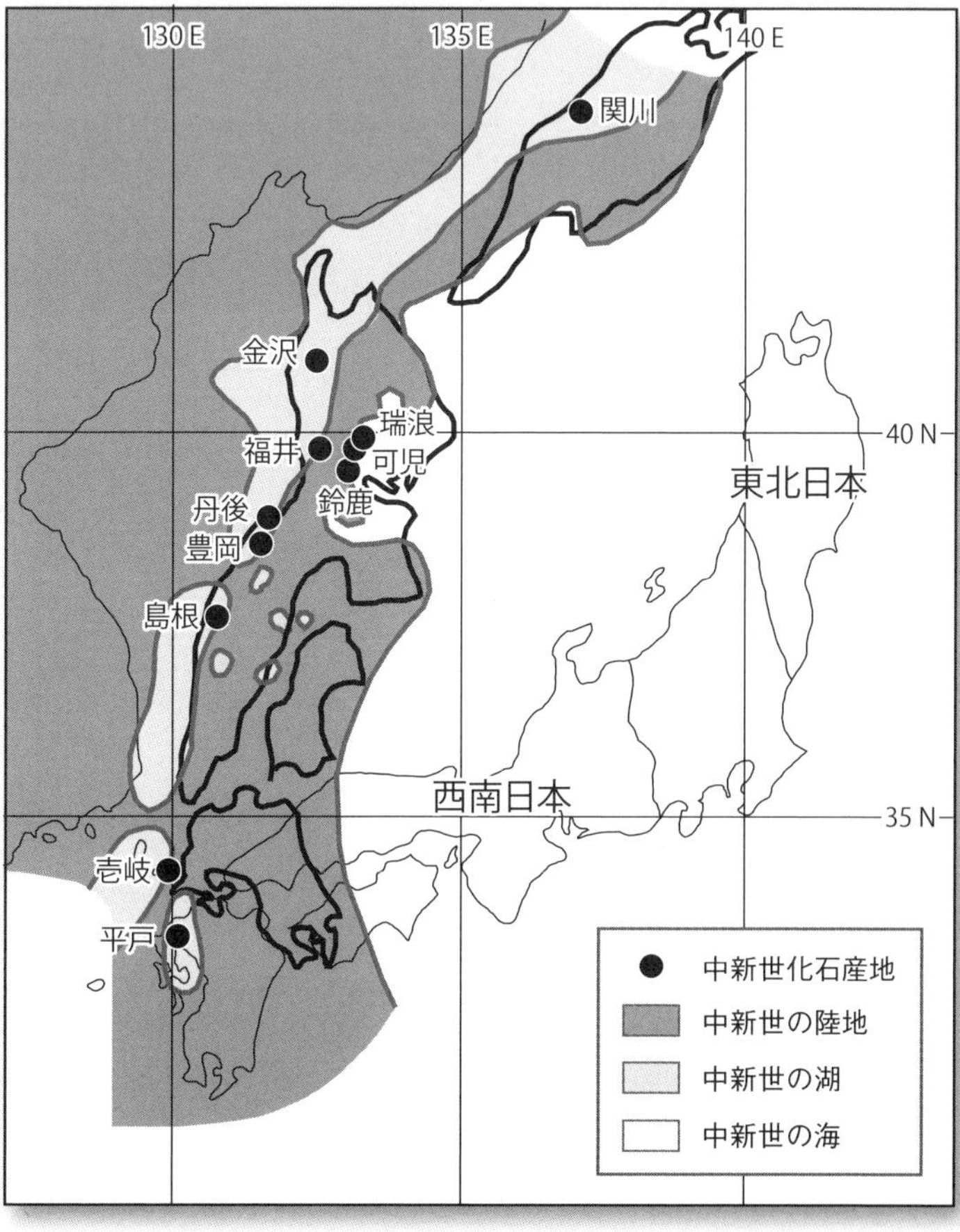

中新世（約 2,000 万年前）の化石産地
現在の地図上に当時の古地理図を重ね，化石産地（現在の地名）をプロットしました。

27 人間の営みに適応した魚たちとできなかった魚たち

中島経夫

市民による身近な環境の調査によって、琵琶湖周辺の水環境に、魚たちがどのような分布をしているかが、明らかにされています。

この調査によって、琵琶湖周辺のデルタ域*は、琵琶湖の沿岸帯と同様に、オオクチバスやブルーギルに占拠され、タモロコやカワムツのような在来種の一部が生息できなくなっていること、その一方で、デルタ域より上流の扇状地域*では、タモロコやカワムツをはじめ、オイカワ、ヤリタナゴ、アブラボテ、メダカ、ヨシノボリといった魚たちが、広く分布していることが明らかにされました。これら在来種の生息環境は、市街地や水田の用排水路で、その多くが、三面コンクリート張りの水路や小河川です。

この事実は、外来種の影響で、在来種が扇状地域のすみづらい環境に追いやられているかのように見えます。しかし、湖東平野での在来種の広い分布は、水田の広がりと深くかかわっています。おそらく、水田を拓く人間の営みにかかわって、歴史的に分布をデルタ域から扇状地域に拡大したのだろうと推定されます。

水田やそれにかかわる水路は自然界にもともとあったデルタ域と同じような一時的水域で、しかも餌も豊富です。このような人為的な水環境にうまく適応して、琵琶湖の沿岸帯からデルタ域に生息していた在来種の多くは、湖東平野に分布を拡大したと考えられます。

＊ 山地を流れる川は、平野部に出ると流れが緩やかになるので扇状地を形成し、さらに湖や海に注ぐところにデルタを形成します。デルタ域は、平野部で最も低い土地で、河川はゆっくりと流れています。

弥生時代から始まる水田を拓く人間の営みに適応した魚たちは、水田やその用排水路を繁殖の場として利用し個体数を増やしました。このように水田環境に適応した魚と適応できなかった魚がいたはずです。これらの魚たちは、互いに競争しながら生活することになります。適応した魚の個体数が多くなれば、適応できなかった魚は競争に負けてしまいます。このようにして、ジョウモンゴイやクセノキプリス類などが絶滅していったのだと思われます。

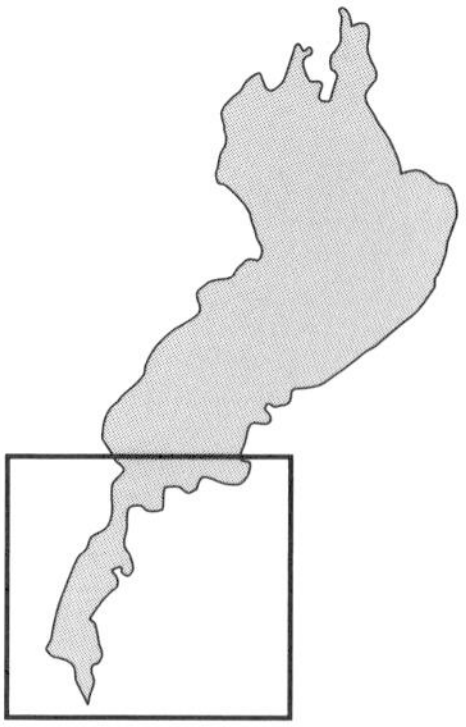

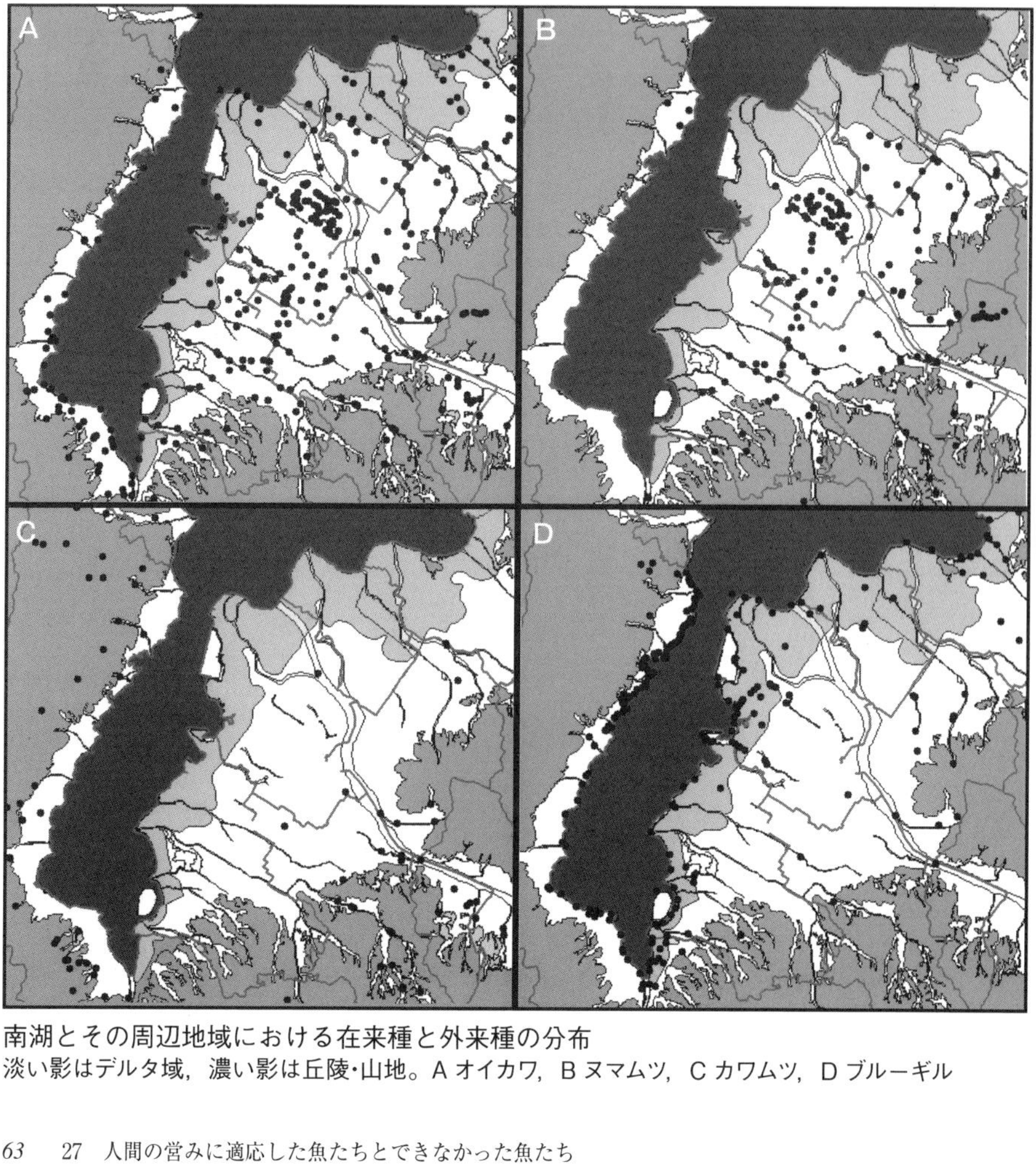

南湖とその周辺地域における在来種と外来種の分布
淡い影はデルタ域，濃い影は丘陵・山地。A オイカワ，B ヌマムツ，C カワムツ，D ブルーギル

28 チョウザメ――絶滅に瀕した魚

アンドリュー・ロシター

チョウザメは、恐竜時代以前に起源をもつ古代的な魚であり、古来よりほとんど変化していません。それらは本当に「生きた化石」と呼ぶことができるほど、尾ひれが不相称で、鱗ではなく鱗甲《りんこう》があるといった、多くの原始的な特徴をもち続けています。ユニークな特徴としては、口吻《こうふん》の下にある電気受容器官を使って、隠れている獲物を察知することができること、さらに生後約六週間までは歯がありますが、そのあと歯がなくなるといったことが挙げられます。和名[*1]はチョウザメですが、サメとは関係がありません。

チョウザメにはいろいろな記録があります。世界最大の淡水魚はロシア産のベルーガオオチョウザメで、体長が五メートル、体重は一・三トンにもおよびます。最も長生きな淡水魚は北アメリカ産のカワリチョウザメで、一一〇年以上も生きます。

チョウザメはすべて淡水で産卵し、その産卵場所はだいたい一定しており、多くは川の上流の急流域にあります。孵《ふ》化した後、いくつかの種はその一生を淡水で過ごしますが、海水へ移動して、産卵期だけ淡水に戻ってくる種もあります。多くの種では、産卵は生後一四年以上たって初めて行われ、その後オスは二～三年、メスは三～五年の間隔で繁殖行動を行い、ほかの多くの魚のように毎年行うわけではありません。

現在生息しているチョウザメは二四種で、それらは北半球だけに見られます。残念ながら現代においては、これらの種のすべてが絶滅の危機に直面しています。多くの河川

*1 サメは軟骨魚類。チョウザメはタイ、マグロ、コイと同じ硬骨魚類です。

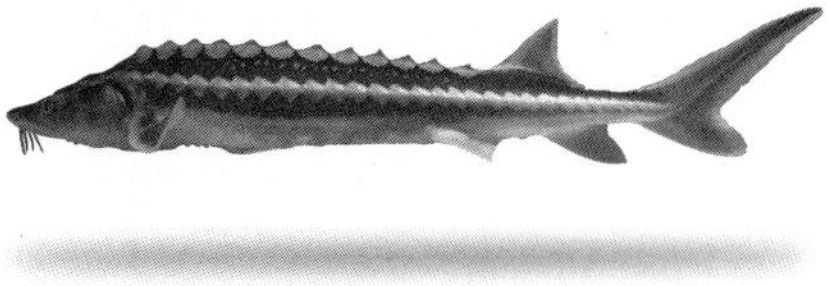
バイカルチョウザメ

ロシアチョウザメ

では、チョウザメは昔からの産卵場所へ向かうのをダムによって妨げられ、産卵ができなくなっています。また、これらの川や湖の多くはひどく汚染されています。最近では、多くの種のチョウザメが乱獲され、特にその卵はキャビアとして売買されています。人間のターゲットとなるのはメスで、卵を採集するために腹を裂かれますが、オスもともに刺し網で捕獲され、息絶えます。前述のように、繁殖期を迎えるのが遅いこと、さらに次に産卵期を迎えるまでに時間がかかることから、チョウザメには個体数を回復するまでに長い時間が必要なのです。早急な保護対策が急務であり、さもなければ数種のチョウザメは絶滅してしまうに違いありません。

また長い間汚染された川や湖にいたために、多くのチョウザメの体内には、多量の汚染物質、特にＤＤＴ[*2]などの殺虫剤、水銀などの重金属が蓄積されています。これらの化合物は魚の体内で結合して脂質となり、特に脂質が集中する卵では体全体に蓄積されている量の八五パーセント以上になります。人間が貪欲に資源（キャビア）を求めた結果、チョウザメを絶滅に追いやり、一方で人間が生息域を汚染したため、それが危険で有害な食べものとなったことは、本当に皮肉なことです。このような状況は、チョウザメにとってはとうてい受け入れられない仕打ちでしょう。

＊2　ジクロロジフェニルトリクロルエタンの略。有機塩素系の殺虫剤で、現在日本では使われていません。

29 アフリカの三大湖に生息するカワスズメ

アンドリュー・ロシター

アフリカの三大湖であるタンガニーカ湖、マラウィ湖、ヴィクトリア湖は、世界でも最大の淡水魚相[*1]を有しており、生息種の数はタンガニーカ湖が三二五種、マラウィ湖が八四五種、ヴィクトリア湖は五四五種です。注目すべきことは、これらの魚類相の大部分を占めるのが、カワスズメ科という一科の魚であるということです。しかも各湖で発見されたカワスズメは、ほとんどすべてが固有種[*2]であり、世界中でも他の地域では見ることができないのです。専門家ではない人にとっては、これが特に意味があることだとは思えないでしょう。しかし、琵琶湖の魚類相（五四種、固有率二五パーセント）や北アメリカ・ローレンシアの巨大湖（一四二種、固有率一パーセント未満）、旧ソ連西側にあたるヨーロッパの全淡水域（三五八種）、および北ヨーロッパにおける淡水・海水の全魚相（約三五〇種）と比較すると、その数字がずば抜けて大きいことがわかります。

さらに驚くべきことは、各湖における全種のカワスズメのうち、研究者によって記載されているのは、まだほんのわずかだということです。つまり、アフリカの三大湖についてのこの数値は、実際よりも少ないのです。研究者による推定では、マラウィ湖に生息するカワスズメは約八〇〇種、タンガニーカ湖は約二五〇種、ヴィクトリア湖は約五〇〇種だといわれています。

カワスズメは、高度な子育て行動を行い、片親または両親が、卵や稚魚の世話をしま

＊1　ある地域に生息している淡水魚の全種類をいいます。

＊2　ある地域にしか生息していない生物（種）。特産種ということもあります。

トレトケファルス

レレウビー

す。ある種のカワスズメは基質産卵型で、岩に卵を産み、それを保護します。また他の種は口内保育型で、口の中に卵を入れ、孵化後に稚魚が自分で餌《えさ》を食べられるようになるまで保護します。マラウィ湖とヴィクトリア湖の固有種は、すべて口内保育型ですが、タンガニーカ湖の固有種には基質産卵型の種も発見されています。

これらの固有種はそれぞれの湖の中で進化し、カワスズメ全体は多様化しています。違う湖では、ある種類の魚の生態的地位を、別の種類の魚が占めることもあります。このように、カワスズメの摂食習慣、行動、体形は非常に多様で、各湖のカワスズメたちは、食物網のほとんどのレベルで相互に影響し合っています。これらの湖には、腐泥食性、藻類食性、草食性、虫食性、捕食性のカワスズメがいます。また、もっと変わったものは他の魚の鱗や眼を食べたり、口内保育型の親魚を飲みこんで、卵や稚魚を吸い出して食べたりします。

古代湖は生物の進化の博物館です。種がどのように進化し、互いにどのように共存しているかということは、現代の生物学が取り組んでいる重要な課題です。今後、アフリカの三大湖に生息する多様なカワスズメを研究することによって、進化過程や種を多様にする要因について、さらに高度な理解が得られるでしょう。

30 古代湖― 生物学の宝庫

アンドリュー・ロシター

地質年代*でみると、ほとんどの湖は非常に若く、約一万～一万五〇〇〇年前、最後の氷河期の後にできたものです。しかし、少数ですが、一〇万年以上生き続けた湖もあります。このように長い歴史をもつ湖を「古代湖」といいます。古代湖は、世界で二〇ほどしかありません。古代湖は世界中に散在しており、それらの地理、気候、規模、水深、地形など、湖沼の特徴はじつに様々です。最古の湖はバイカル湖で、湖齢は二九〇〇万年以上です。二番目はタンガニーカ湖で、九〇〇万～一二〇〇万年です。琵琶湖は現在の位置にきてからは約四〇万年と若いのですが、その前身の湖は四〇〇万年前に誕生し、古代湖の一つに数えられています。

淡水生物にとって湖は河川や湖などからある程度隔離された環境です。このような環境は陸上植物にとっての島とよく似ています。ダーウィンが進化論を発想したガラパゴス諸島のように、古代湖も様々な生物の進化の舞台となります。前の章で述べたアフリカの三大湖もその例で、豊富で多様な生物相を有し、その一部は地球上で他の地域にみられない固有なものです。このように古代湖は生物学的には非常に重要で、進化と生態学の研究にとって、すばらしい「自然の実験室」なのです。

国際的に「生物多様性の保全」に向けての関心が高まるなか、古代湖は生物多様性の宝庫として注目を集めています。古代湖をもつ数か国がその重要性を認識し、湖とその

＊ 地球の誕生から現在までの長い時代を地質時代といいます。地質時代を生物化石の様相などから相対的に定めたものが地質年代です。

生物相を保護するために対策を講じたのは喜ばしいことです。他の古代湖についても、政府や組織によって、同様の対策がとられることが望まれます。古代湖という、かけがえのない「生物学の宝庫」を未来に残すため、早急に断固とした行動を起こす必要があるのです。

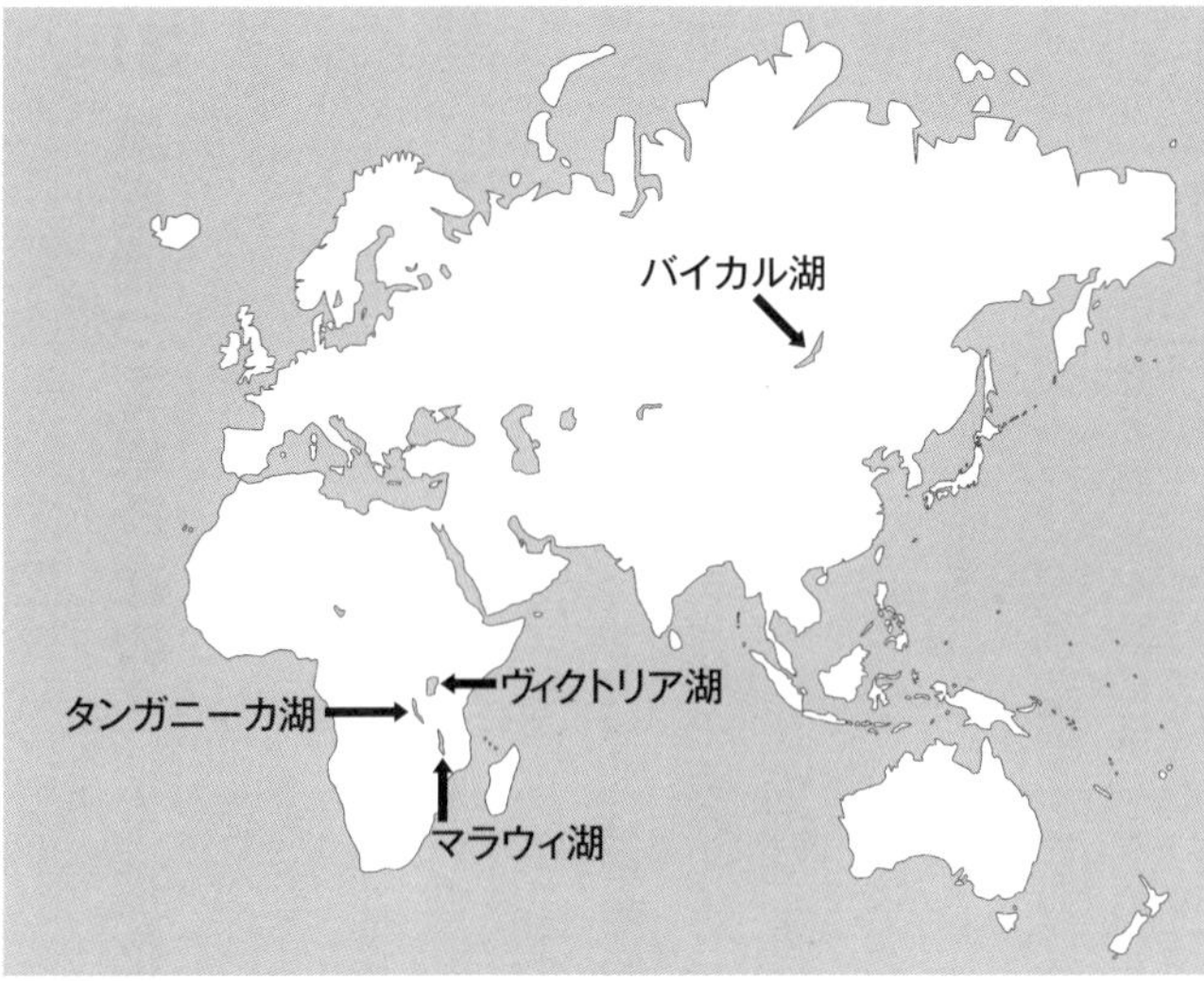

バイカル湖とアフリカ三大湖の位置

31 単細胞って単純なの？ ―進化した生物 繊毛虫

楠岡 泰

繊毛虫《せんもうちゅう》はゾウリムシに代表される単細胞の原生生物で、水中や土壌中に生息しています。繊毛虫の体のまわりには細かい毛（繊毛）が生えており、それを動かして、移動したり、細かい餌をろ過しています。単細胞の原生生物というと、とても原始的で単純だというイメージがあり、「あいつは単細胞だから……」といった表現もあります。しかし、繊毛虫は単細胞だからこそ複雑なのです。人間をはじめ、多細胞生物では、光を感じる細胞、ホルモンを分泌する細胞、運動をつかさどる細胞など、それぞれの細胞が役割分化しており、多数の細胞が協調し合って、一つの個体を形成しています。それに対し、繊毛虫では重力を感じることも、タンパク質をつくることも、運動することも、たった一つの細胞で行っています。

ゾウリムシの体の構造を図に示します。一つの細胞の中に消化器官（細胞口、食胞、細胞肛門）、運動器官（繊毛）など様々な細胞器官が存在します。多細胞生物をたくさんのトランジスター、コンデンサー、抵抗などの部品を組み合わせた旧式のコンピュータに例えるとすると、繊毛虫は一つのＬＳＩ（大規模集積回路）にすべての機能をもたせた最新式のコンピュータに相当するのではないかと私は考えています。そういう意味では繊毛虫は人間とは別の方向に最も進化した生物の仲間かもしれません。

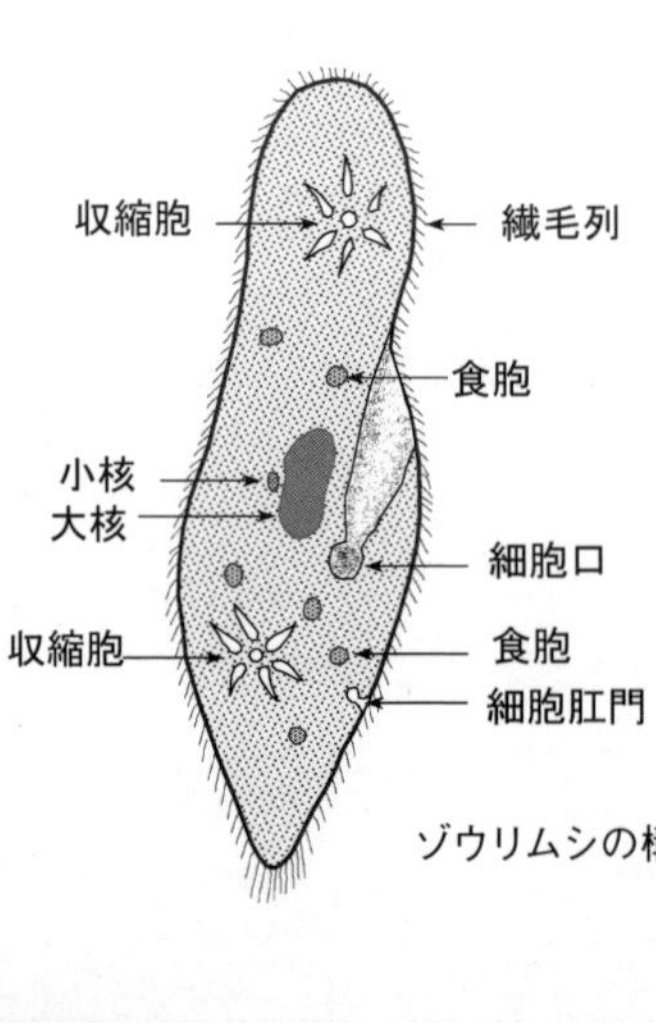

ゾウリムシの構造

繊毛虫の特徴の一つとして、基本的に複数の核をもつことが挙げられます。ゾウリムシには図のように大核と小核があり、大核はタンパク質の合成など細胞の機能にかかわっており、小核は遺伝情報を保持する役目をもっています。種類によってはもっとたくさんの大核をもったものがあり、一つの細胞で様々な機能を果たすのに役立っていると思われます。

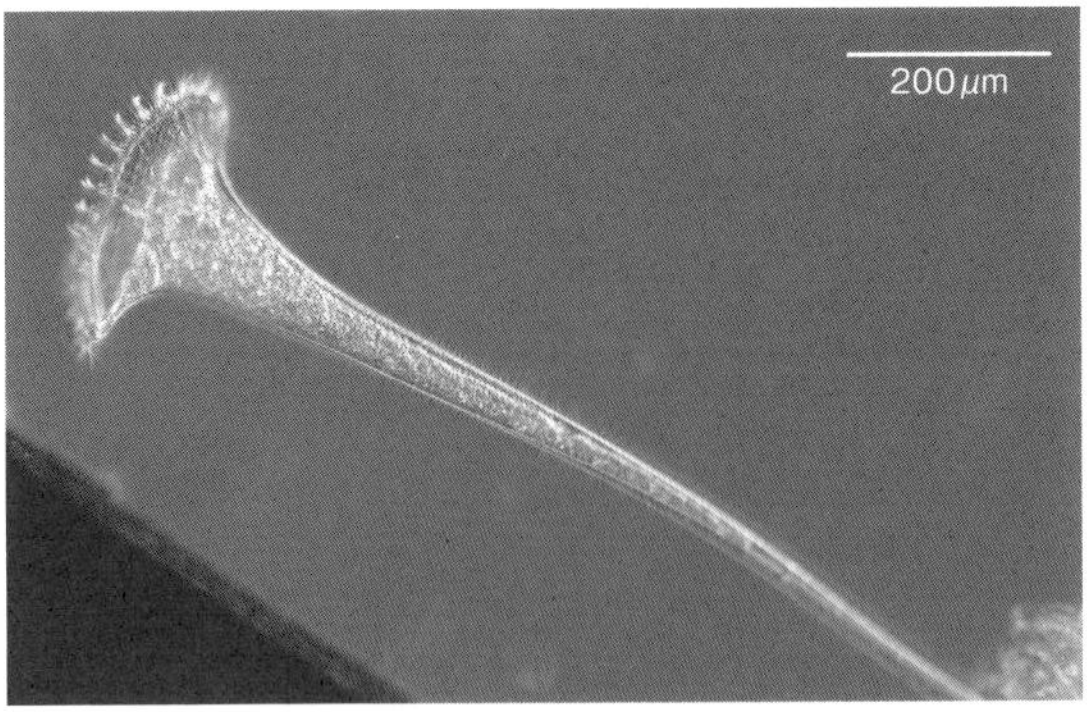

ラッパムシ
長く伸びた体はまるで楽器のラッパのようです。

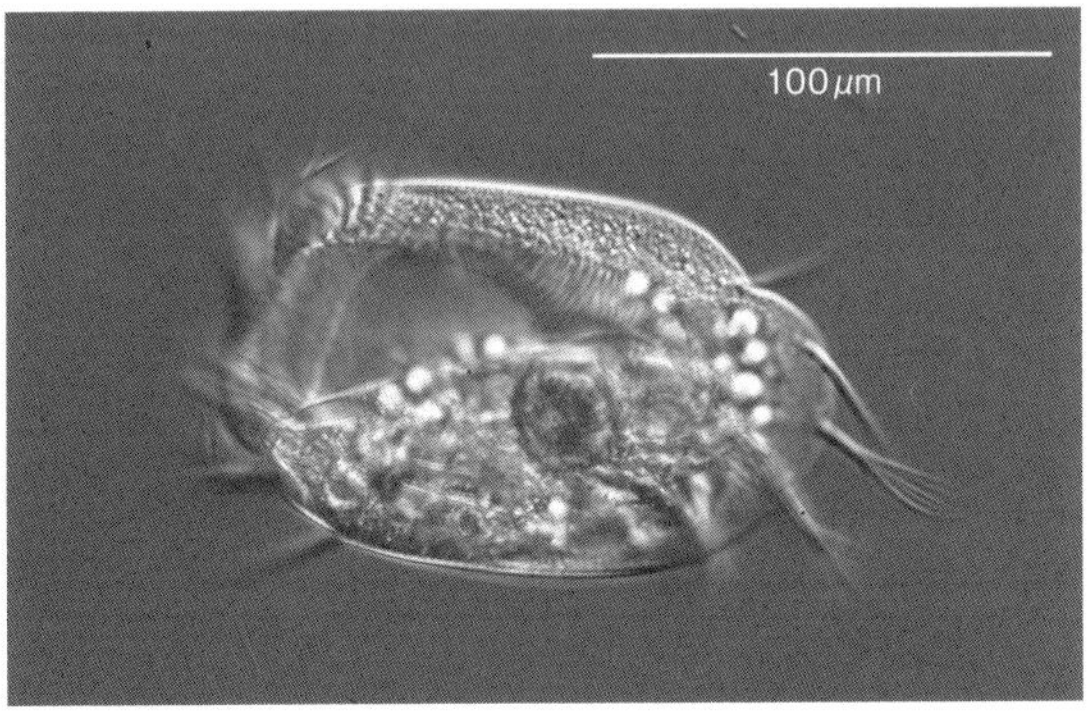

ユープロテス
繊毛が融合していてまるで脚のようになっていて，水草などの上を歩きます。

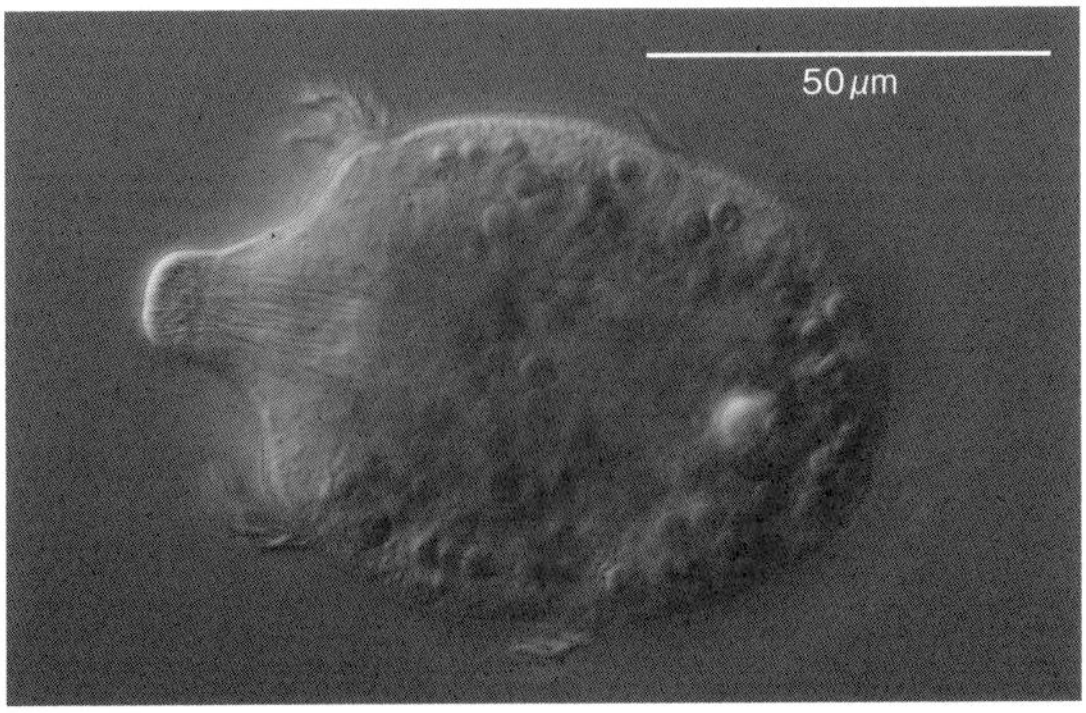

ディディニウム
肉食性で他の繊毛虫を食べます。写真の種は共生藻類をもっています。

32 琵琶湖生態系における繊毛虫のはたらき

楠岡 泰

よく、教科書的な食物網《しょくもつもう》（連鎖）の図に、湖沼では太陽の光を浴びて植物プランクトンが増殖し、それをミジンコなどの動物プランクトンが食べ、その動物プランクトンをさらに小型の魚類が食べるといった構図が描かれています。しかし琵琶湖の植物プランクトンを観察すると、ミカヅキモなどの大型の植物プランクトンや糸状に長く伸びる珪《けい》藻類《そうるい》など、ろ過捕食性[*1]のミジンコにはほとんど食べられない種類が多量に出現します。では、これらの大型植物プランクトンはまったく捕食されないのかというと、実際には繊毛虫《せんもうちゅう》が捕食しているのが観察されます。その光景を顕微鏡でのぞいていると、まるで『星の王子さま』にでてくるウワバミがゾウを食べるシーンの絵にそっくりで、大きな植物プランクトンを飲み込んだ繊毛虫が薄い膜状に伸びている状態が見られます。

次に小型の繊毛虫が何を食べているかというと、多くの種類は細菌を食べています。湖水中には陸上由来（下水、森林、農地など）の有機物、魚や動物プランクトンの死骸や排せつ物、植物プランクトンや水草の生産物など、様々な有機物が溶存体[*2]（水に溶けた状態）、または懸濁体《けんだくたい》（小さなつぶ）として存在します。これらの有機物は細菌の餌になり、細菌は繊毛虫や鞭毛虫《べんもうちゅう》（むちのような長い毛をもった原生生物）の餌になります。小型の繊毛虫や鞭毛虫は肉食性の繊毛虫やワムシ類、ミジンコ類の餌になり、それらはさらに大きな動物の餌になります。植物プランクトンの光合成から始まる食物網に対し

＊1　フィルターフィーダー。水の中の小さなプランクトンなどをろ過して食べることです。

＊2　植物プランクトンや水草は溶存有機物（水に溶ける有機物）を排出します。また、遺骸も分解され、溶存有機物や小さな粒状の有機物になります。

て、細菌から始まる食物網を微生物食物網と呼び、最近、その重要性が明らかになってきています。

琵琶湖のように群体性[*3]や大型の植物プランクトンが多い湖では、ミジンコ類にとって、繊毛虫や鞭毛虫の重要性がより増している可能性があります。

＊3　小さな個体がたくさん集まって集団をつくること。多くの単細胞生物では群体内のすべての個体はクローン（同じ遺伝子をもっている）です。

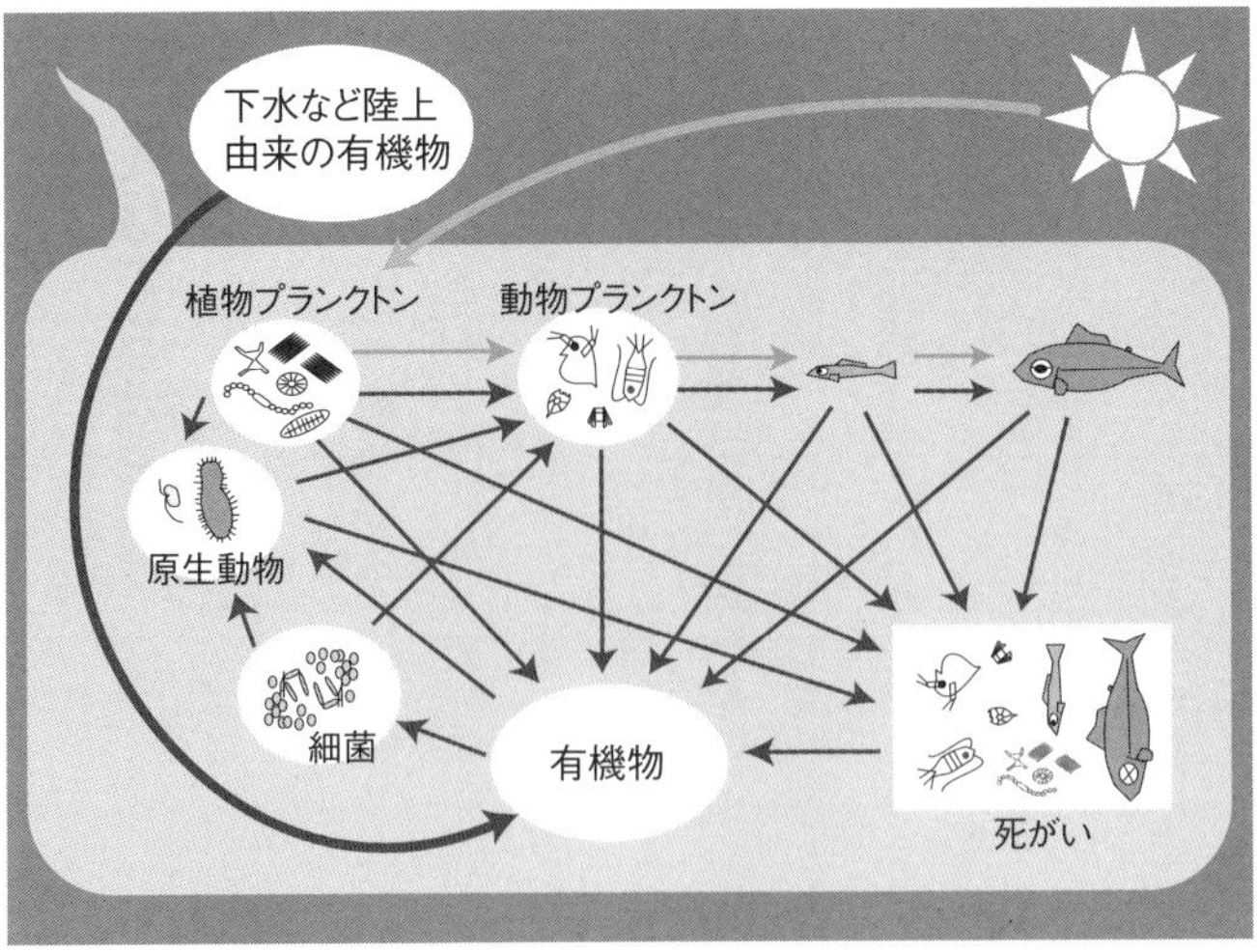

微生物食物網

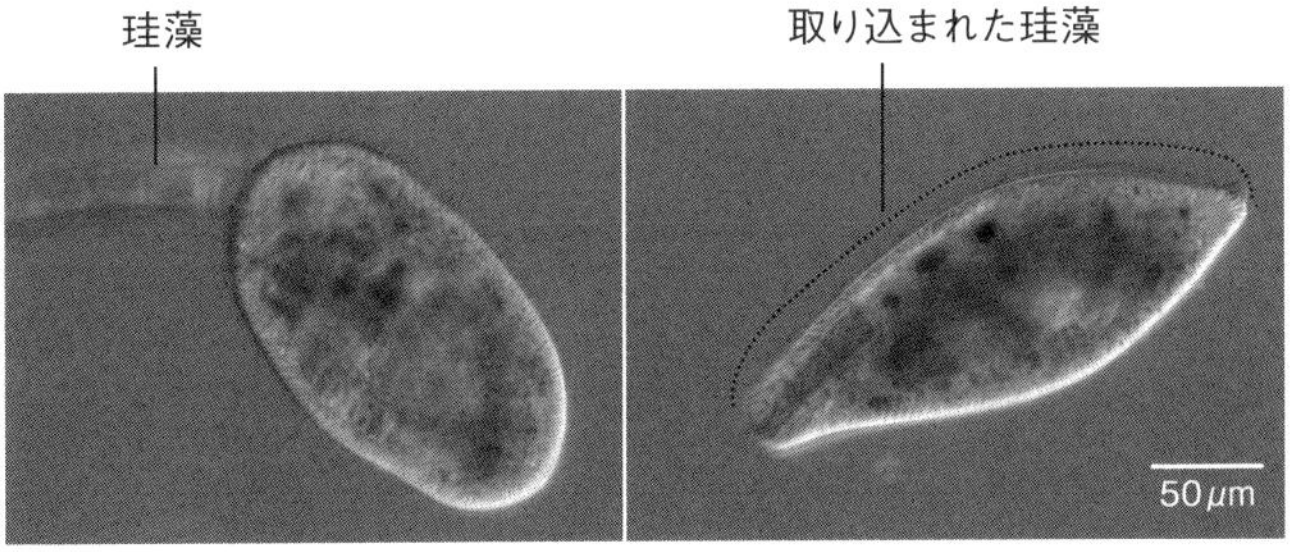

フロントニアの餌の取り込み
（左）フロントニアが長い糸状の珪藻を取り込んでいるところ，（右）自分の体長より長い珪藻を取り込み，体が長く伸びたフロントニア。

33 変身する繊毛虫

楠岡　泰

繊毛虫《せんもうちゅう》には環境の変化に対応して、形態が変化する種類がいます。最も多く見られるのは、シストと呼ばれる休眠体をつくるものです。餌が枯渇したり、水がなくなったりすると、繊毛虫は丸くなり、硬い殻をつくってシストに変身します。いったんシストになると、場合によっては数年間もその状態で生き続けることができます。特に土壌中にすむ繊毛虫の多くがシストをつくることが知られています。雨が降ると、土の粒子の間に水が溜まり、そこが繊毛虫の生息場所になります。シストで眠っていた繊毛虫は活発に活動を開始し、条件がよければ一日で何世代も繰り返すことができます。土が乾燥してくると、すぐにシストをつくり、また、休眠します。そして、次に雨が降るまで乾燥に耐えながらじっと待ちます。シストは非常に小さく軽いため、風で運ばれたり、鳥や昆虫について水塊から別の水塊へと運ばれたりします。花を生けている花瓶に繊毛虫が発生したりするのは、シストが原因ではないかと考えられます。

シストをつくる以外でも変身する繊毛虫がいます。捕食者がいると、体の幅を広げたり、トゲが大きくなる種類があります。これは捕食者が出す化学物質に反応して、形態変化をおこし、食べられにくい形態に変化しているものと思われます。

琵琶湖にも変身する繊毛虫が見つかりました。*Pelagodileptus trachelioides* という大型の繊毛虫を琵琶湖から単離し、それが何を食べているのかを調べるために、様々な餌で培養していたところ、体の先端にある吻《ふん》と呼ばれる餌を捕らえるための突起が、培養条件によって異なることを見つけました。琵琶湖でもそうですが、餌が豊富にある条件下で培養すると、吻の長さは体長の四分の一程度でしたが、餌が乏しい条件で培養すると二日で体長の二倍以上にも伸びていました。餌が豊富な条件では吻が短くても十分餌を捕らえることができるのが、餌が乏しくなると、吻を伸ばし、捜索範囲を広げているのではないかと考えられます。

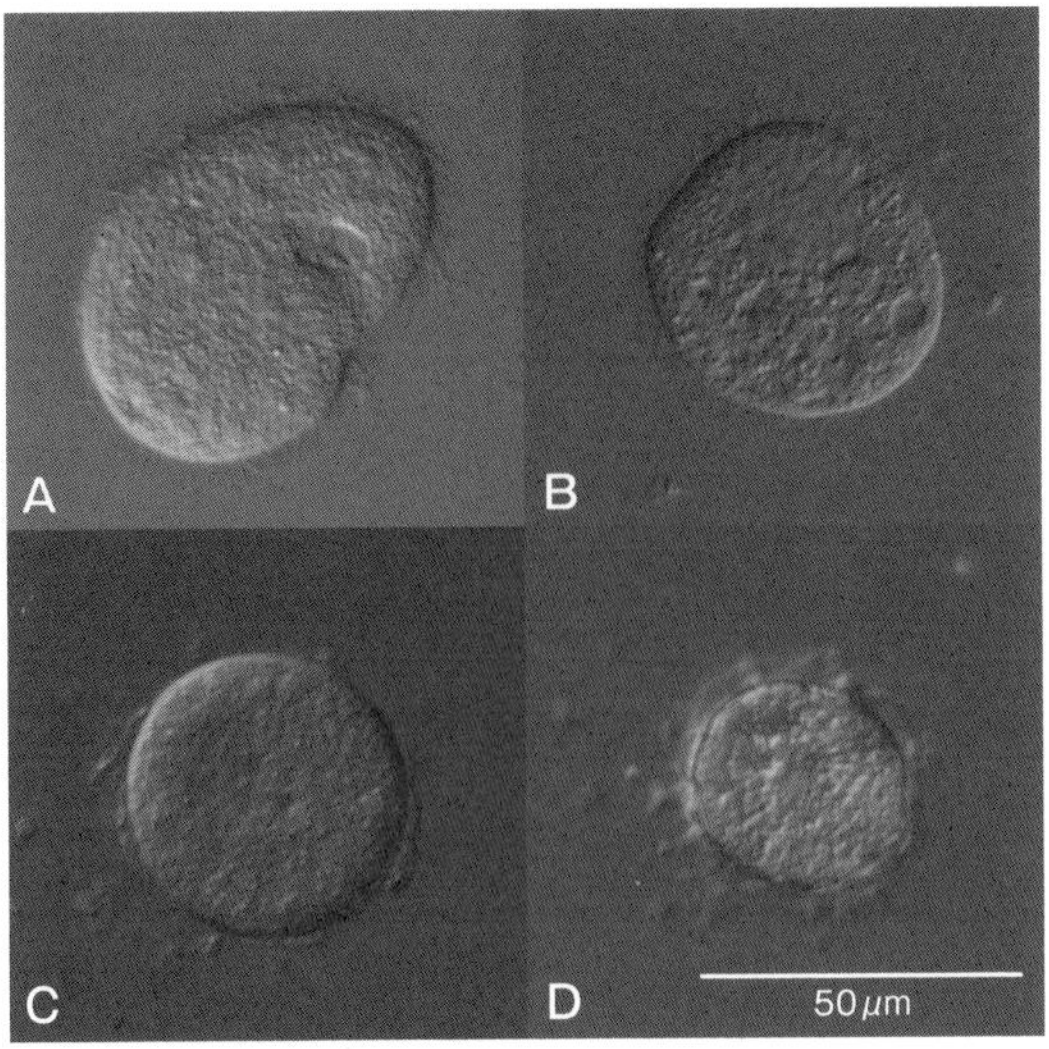

コルポダのシスト形成
A 活発に活動している時のコルポダ
B 体が丸くなってきたが，体表に繊毛が残っています
C 繊毛がなくなり，細胞の外側に膜が形成されます
D 乾燥したシスト

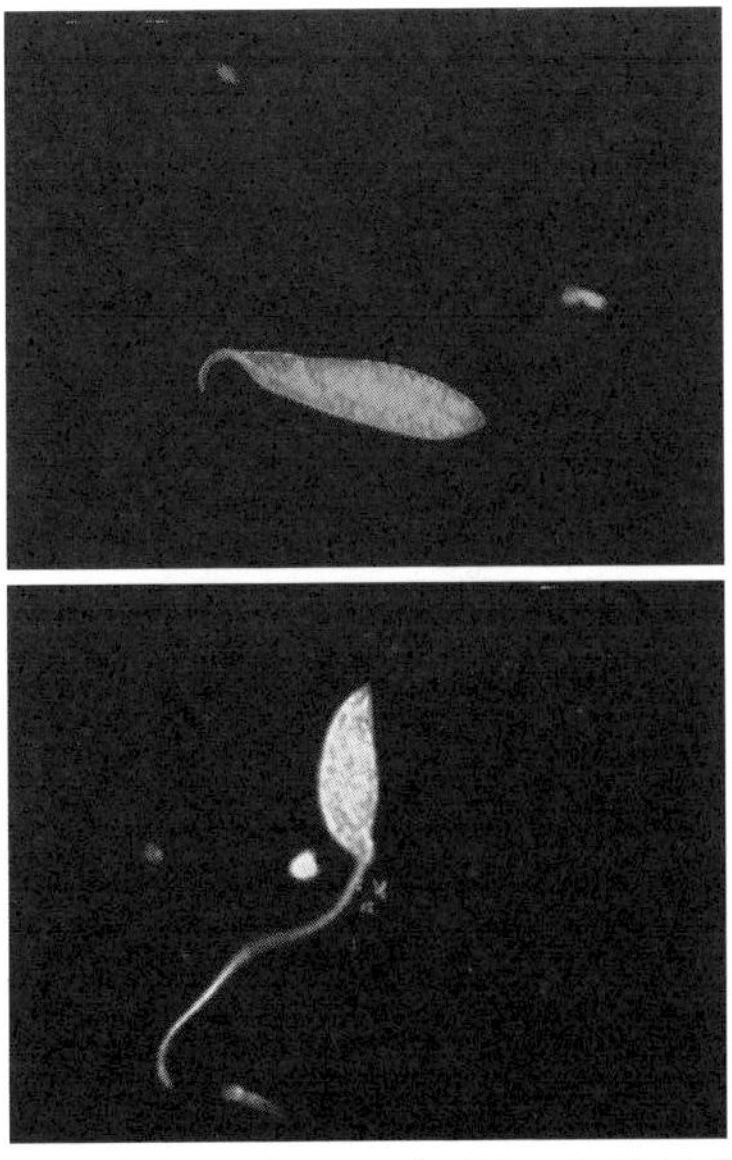

ペラゴディレプタスの吻が短い状態（上）
および，伸びた状態（下）

水族展示室　琵琶湖の固有種ビワマスの群れ

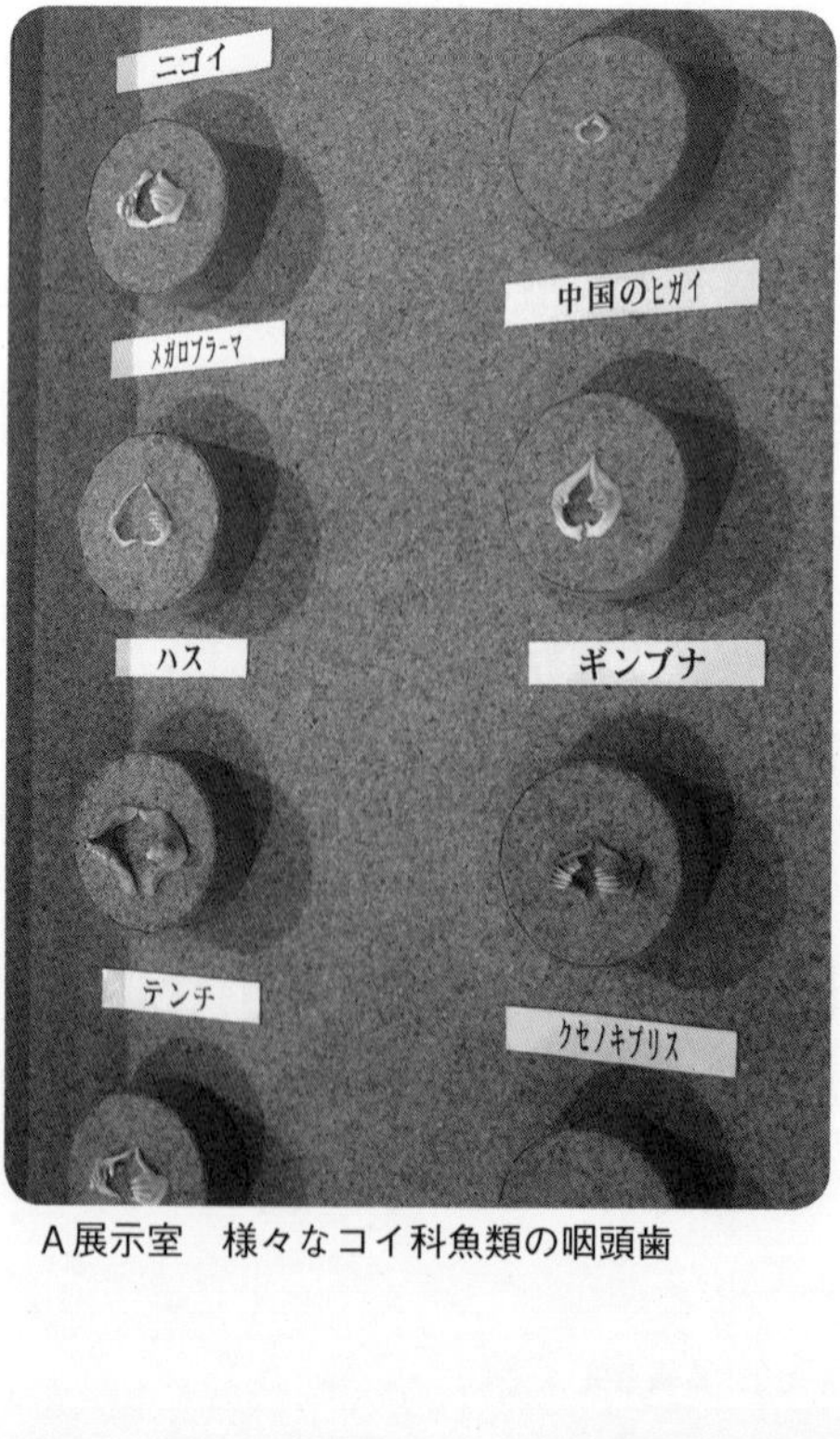

A展示室　様々なコイ科魚類の咽頭歯

第3章

淡水の生き物2
琵琶湖を取り巻く環境

34 珪藻の暮らし方①　珪藻はプランクトン？

大塚泰介

珪藻《けいそう》についてご存知の方も多いと思います。非常に小さな単細胞の生物で、大きさは〇・一ミリメートルに満たないものがほとんどです。陸上の植物と同じように光合成をしますが、緑色というよりは黄色っぽい色をしています。細胞をオパール[*1]の殻が覆っていて、その形や微細構造は種によって様々に異なります。水と光があるところなら、ほとんどどこにでもいます。私は、この珪藻を研究しています。

私が自分の研究を人に説明するとき、しばしば以下のような会話になります。

私「珪藻を研究しています」
相手「プランクトンの研究ですか」
私「いいえ、プランクトンの研究はしていません」
相手「？・？・？」

読者の皆さんにも、「珪藻はプランクトンではないのか」と疑問に思う方が少なくないでしょう。確かにプランクトンの珪藻もいます。しかし、すべての珪藻がプランクトンというわけではないのです。

プランクトンとは、水中を漂って暮らす生物のことです。動物でも植物でも、あるいは菌類でも細菌でも、水中に暮らしていて、潮流や湖流に逆らうほどの遊泳力がないものは、すべてプランクトンです。また、大きさも関係ありません。例えば、日本海にす

＊1　二酸化珪素と水からなる非晶質（アモルファス）のこと。材質的にはガラスとほぼ同じ。

＊2　植物では、種より下位の分類ランクとして亜種・変種・品種があり、この順に違いの程度が小さくなります。ただしその定義については、研究者によって意見が分かれています。

むエチゼンクラゲは、かさの直径が一メートル以上になりますが、潮流に逆らうほどの遊泳力がないのでプランクトンです。

一方、どんなに小さくても、水中に漂っていないものはプランクトンではありません。潮流や湖流に逆らって泳ぐことができるものを「ネクトン」、水底にすむものは「ベントス」と呼ばれます。

じつは、珪藻の大部分はプランクトンではなく、ベントスなのです。琵琶湖からはこれまでに、五〇〇種以上[*2]（変種・品種を含む）の珪藻が報告されていますが、そのうちプランクトンと考えられるのは約五〇種で、全体の一割以下にすぎません。残りの種は、底から巻き上げられるなどして一時的にプランクトンになることがあっても、基本的にはベントスと考えられます。

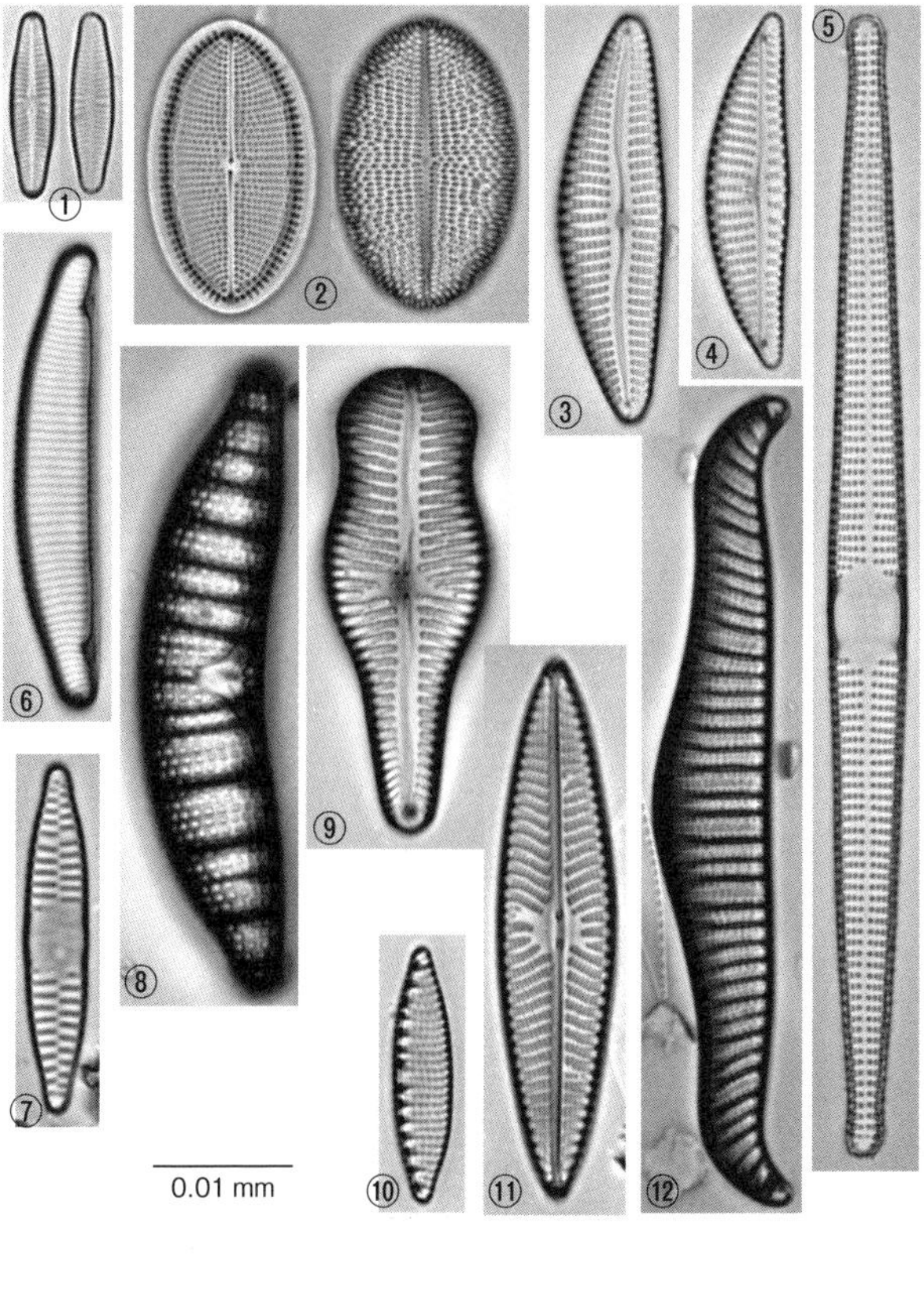

琵琶湖の代表的な付着珪藻
殻の形状によって種を同定するため，薬品処理によって細胞質を除いています。

①ホソミツメケイソウ *Achnanthidium minutissimum*
②ナミマイゴフダケイソウ *Cocconeis plecentula*
③クチビルケイソウの一種 *Cymbella neoleptoceros*
④クチビルケイソウの一種 *Encyonema simile*
⑤ハリケイソウの一種 *Ctenophora pulchella*
⑥イチモンジケイソウの一種 *Eunotia incisa*
⑦オビケイソウの一種 *Fragilaria vaucheriae*
⑧ハフウケイソウの一種 *Epithemia adnata*
⑨クサビケイソウの一種 *Gomphonema truncatum*
⑩ササノハケイソウの一種 *Nitzschia amphibia*
⑪ニッポンフネケイソウ *Navicula nipponica*
⑫クシガタケイソウの一種 *Rhopalodia gibba*

35 珪藻の暮らし方②

付着珪藻の生活

大塚泰介

ベントスの珪藻《けいそう》は何かに付着していることが多いため、一般に「付着珪藻」と呼ばれています。付着する場所は石、砂、泥、植物……と様々です。他の珪藻に付着する珪藻もいます。

付着珪藻は、基本的には自らが分泌した粘質ではり付くのですが、付き方は様々です。べったりと密着するもの、細胞の一端ではり付くもの、細胞どうしがつながって鎖状に伸びるもの……。粘質が長く丈夫な柄に変わり、その一端で付着しているものもいます。

珪藻には、ゆるく付着して、動きながら暮らしているものもいます。動く珪藻は、粘質を細胞内から「縦溝」を通して体外に分泌し、物にはり付いています。この粘質を縦溝に沿って動かすことによって動いていると考えられています。動きはゆっくりしていることが多く、たいていは分速一ミリメートル以下ですが、小型の珪藻では一秒間に自分の長さと同じくらい移動するものもあります。これをヒトの大きさに直して考えると、歩くのと同じくらいの速さということができます。珪藻が動く様子を顕微鏡で見ていると、スーッ滑るように動くもの、体をゆすりながらモコモコと動くものなど、種によって様々な動き方をします。

また、動くことができる珪藻の中にも、動くことが得意なものとそうでないものがいます。動くのが得意な珪藻は、泥や砂の上に多く暮らしています。こうした場所では、

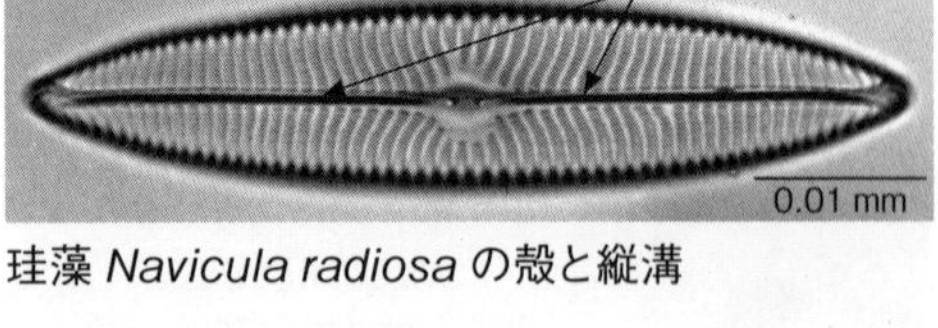

珪藻 *Navicula radiosa* の殻と縦溝

珪藻は埋もれてしまう危険と隣り合わせですが、動く能力があれば自力で光が当たるところへと脱出できます。しかしその一方で、動くのが得意な珪藻は、付着力があまり強くありません。そのため波当たりが強い石の上などではがされてしまい、あまり増えることができません。そういう場所では動くのが得意でない代わりに付着力が強い、密着型や柄をもった珪藻が多くなります。

なお、前述のような滑走運動では、あまり遠くへ移動することはできません。遠距離の移動、例えば石から石への移動は、主に水に流されることで行っています。

付着珪藻の生活型
①密着型（マイゴフダケイソウの一種）②叢生型（ハリケイソウの一種）③棲管型（クチビルケイソウの一種）④樹状型（クチビルケイソウの一種）⑤鎖状群体型（オビケイソウの一種）⑥泥からカバーグラスへ移動してきた様々な珪藻（①〜⑤は走査型電子顕微鏡写真。⑥は光学顕微鏡写真）

36 珪藻は種多様性のチャンピオン

大塚泰介

水中から、直径五センチメートルほどの石を拾い上げたとします。石の表面がぬるぬるで茶色っぽかったら、そこにはたくさんの珪藻《けいそう》がついています。その数はしばしば一億を超えます。そして種類数は、一〇〇を超えているかもしれないのです！

一つの石についている珪藻の全種類を調べ上げるのはたいへんなことです。京都の賀茂川の石から採れた珪藻サンプルを調べたときには、一つの石からとれたサンプルを顕微鏡で一週間見続けて一万四千四〇〇個を調べ、八〇種類が出てきたところで疲れ果ててギブアップしました。結局、観察することができた珪藻は、一つの石についていた珪藻の数万分の一にすぎませんでした。全部見たとすれば何百年もかかっていたでしょう。しかし、この観察精度では、サンプル中に一万個含まれていた種類でも見逃している可能性の方が高いのです。そこで、種類数と個体数の関係をモデルに当てはめて、全体で一〇一種類という推定値を算出しました。他の場所で採れたいくつかのサンプルでも、結果は似たようなものでした。これと同じ調査を琵琶湖で行ったとしても、やはり同様の結果になると思います。

このように、珪藻、特に付着珪藻（八〇頁参照）には非常に多くの種類がいます。ある高名な珪藻学者は「珪藻は種多様性のチャンピオン」であると評しました。酒の席ではありますが。

現在、地球上に現存する珪藻の種類数は、一万〜二〇万種程度であると推定されています。昆虫（一〇〇万種以上）にはかないませんが、一つの綱（「哺乳類」「単子葉植物」など同レベルの分類単位）としてはトップクラスの種類の多さです。種類数の推定値に開きがある原因として、一つの種類に複数の名前がつけられていることが多いこと、また地域によって形が少しずつ異なる珪藻を、同種と扱うべきか、それぞれ別種とするべきかについて、決まった見方がないことが挙げられます。そして何よりも、未発見の種がどの程度あるかわからないことが、珪藻の全種類数を推定しにくくしている最大の原因です。

その一方で、琵琶湖から二〇〇八年までに報告されている珪藻は五〇〇種あまりにすぎません。一つの小石に一〇〇種、世界では何万種もいるにしては、少なすぎると思いませんか？

その最大の原因は、十分に調査されていないことにあります。例えば、ロシア陸水生物学研究所のS・I・ゲンカル博士[*1]は、琵琶湖で採集されたわずか四本のサンプルを観察し、九七種を同定しただけで、その中に琵琶湖新産種[*2]が三二種も含まれていたことを報告しました（二〇〇三年）。

琵琶湖にどんな種類の珪藻がいるか、まだまだわかっていません。今から研究を始めても、琵琶湖新産種を報告するのは決して難しいことではありません。ぜひ挑戦してみましょう。

＊1　ロシア科学アカデミー・陸水生物学研究所主任研究員・教授。主として中心類珪藻の分類学を研究。
＊2　新産種とは、その地域から初めて学術的に報告された種のこと。

37 琵琶湖のプランクトン珪藻① 最近わかった新種

大塚泰介

前世紀の終わり、西暦二〇〇〇年末の話です。琵琶湖から二種の珪藻《けいそう》が新種として報告され、スズキケイソウ、スズキケイソウモドキと名づけられました。この種名は、滋賀大学教授として長年琵琶湖と向き合い、生態学および環境教育に多大な貢献をした、故鈴木紀雄博士[＊1]にちなんだものです。新種報告をしたのは、琵琶湖博物館（発表当時）の辻彰洋博士[＊2]と、カリフォルニア科学アカデミーのJ・P・コサイオレック館長[＊3]です。

「この時代になって発見された新種ならば、きっと珍しい種類なのだろう」と思った人も多いでしょう。しかし、ともに琵琶湖ではごく普通に見られるプランクトン珪藻です。その存在は以前から多くの人に知られており、いくつかの本や論文には写真や図も載っています。それがなぜ新種なのでしょうか。

じつは、別の種と勘違いされていたのです。今までこの二種は、それぞれアメリカ合衆国に生息するカスミマルケイソウの仲間と同じであるとされてきました。辻博士らは電子顕微鏡を用いて、アメリカ合衆国のカスミマルケイソウの仲間二種と、琵琶湖でそれと同じ種とされていたものを比較観察しました。すると、それぞれ殻の微細構造が違うことがわかったので、新種としたのです。

この二種は最初、琵琶湖の固有種とされていました。しかし現在では、琵琶湖に近い余呉湖《よごこ》にも生息し、かつては三方五湖《みかたごこ》（福井県）にもいたことがわかっています。さら

＊1 滋賀大学名誉教授。一九九九年没。生態学、環境教育学。「琵琶湖環境権訴訟」の原告側証人を務めるなど、琵琶湖の環境保護でも著名。

＊2 琵琶湖博物館特別研究員（一九九七〜二〇〇二）を経て、二〇〇二年より国立科学博物館植物研究部。

＊3 ミシガン大学を経て、一九八九年よりカリフォルニア科学アカデミー。一九九八年より現職。

に二〇〇三年には、国立科学博物館の加藤[*4]めぐみ博士らが、この二種がじつは同種であるとする論文を発表しました。辻博士らがこの二種を区別するのに用いた形質は連続的なものであり、区別の基準にならないというのです。はたして同種なのか別種なのか？

今後のさらなる検討が待たれるところです。

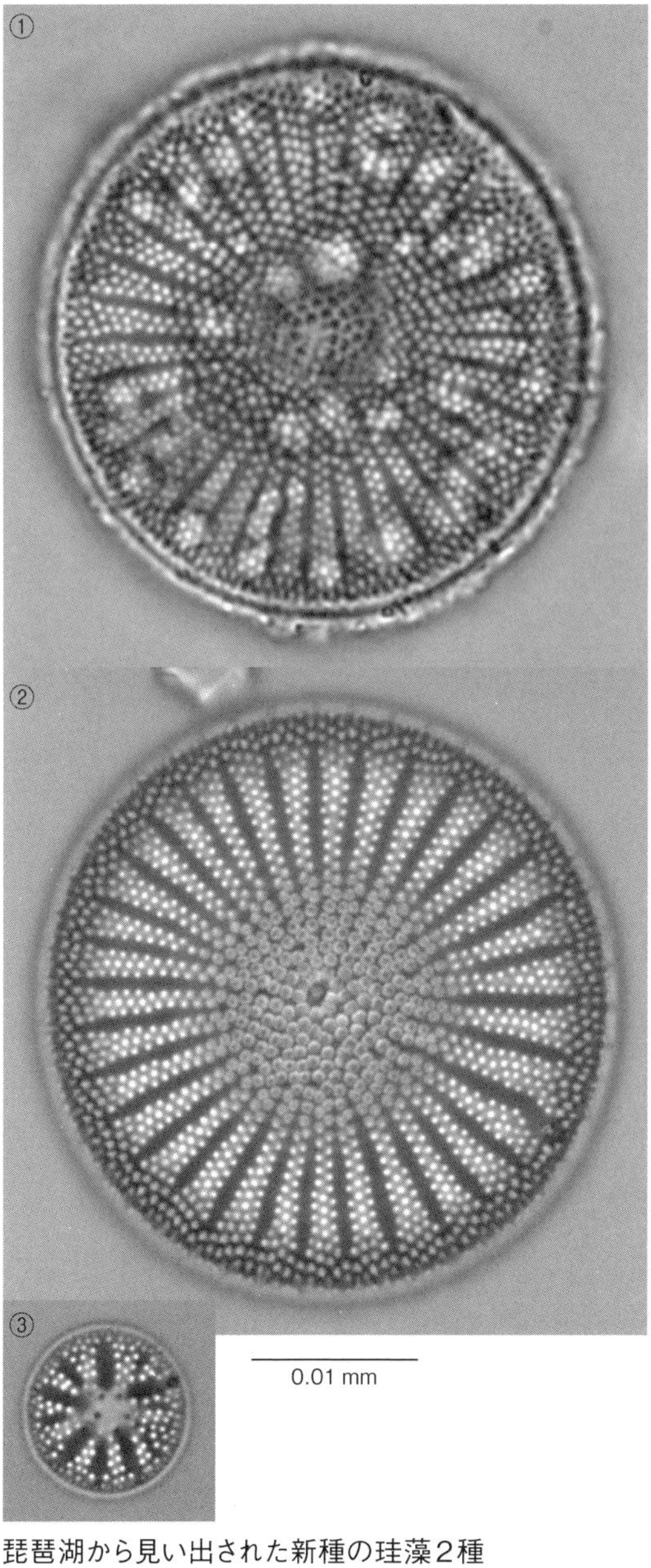

琵琶湖から見い出された新種の珪藻２種
①②スズキケイソウ *Stephanodiscus suzukii*　③ススﾞキケイソウモドキ *Stephanodiscus pseudosuzukii*（①は生きた細胞，②③は細胞質を除いた殻だけの写真）

＊4　現　斎藤めぐみ。日本学術振興会特別研究員（受入機関：国立科学博物館）を経て、二〇〇六年より国立科学博物館地学研究部。

38 琵琶湖のプランクトン珪藻② 分布と季節変動

大塚泰介

二〇〇〇年に新種報告されたスズキケイソウとスズキケイソウモドキは、ともに北湖の冬と春を代表するプランクトン珪藻《けいそう》です。いままで、どちらも南湖ではあまり見られませんでした。しかし最近では、ともに北湖では減ってきている一方で、スズキケイソウモドキは南湖で多く見られるようになってきました。

琵琶湖には、スズキケイソウ、スズキケイソウモドキのほかにも、いろいろな種類のプランクトン珪藻がいます。北湖のプランクトン珪藻としては、ほかにオビケイソウとニッポンニセタルケイソウが代表的な種です。オビケイソウは、琵琶湖以外でも様々な湖沼で普通に見られる種です。北湖だけでなく南湖でも多くなることがあり、しかも季節を問わず出現します。ニッポンニセタルケイソウ[*1]は琵琶湖の固有種と考えられています。かつて冬に著しく優占していましたが、一九九〇年ごろから著しく減少しています。

南湖で多くなるプランクトン珪藻には、オビケイソウの他にナナメタルケイソウ、ホシガタケイソウなどがあります。いずれも多くの湖沼で普通に見られる種です。ナナメタルケイソウは夏から秋に多く見られます。ホシガタケイソウは冬から春に多く出現し、一九九〇年代以降、北湖でも春に優占することが多くなってきています。

また南湖では一九九〇年代から、カスミマルケイソウの小型種[*2]が、冬から春にかけてたいへん多くなってきています。これが水質汚濁の兆候であるという人もいますが、実

＊1　*Aulacoseira nipponica* には、手元の文献を見る限りでは種に対応する和名（日本語の名前）がなく、「イトケイソウの一種」となっていました。そこで、新しく「ニッポンニセタルケイソウ」という和名を提案します。

＊2　*Stephanodiscus minutulus*、*S. hantzschii* など。

際のところはよくわかっていません。

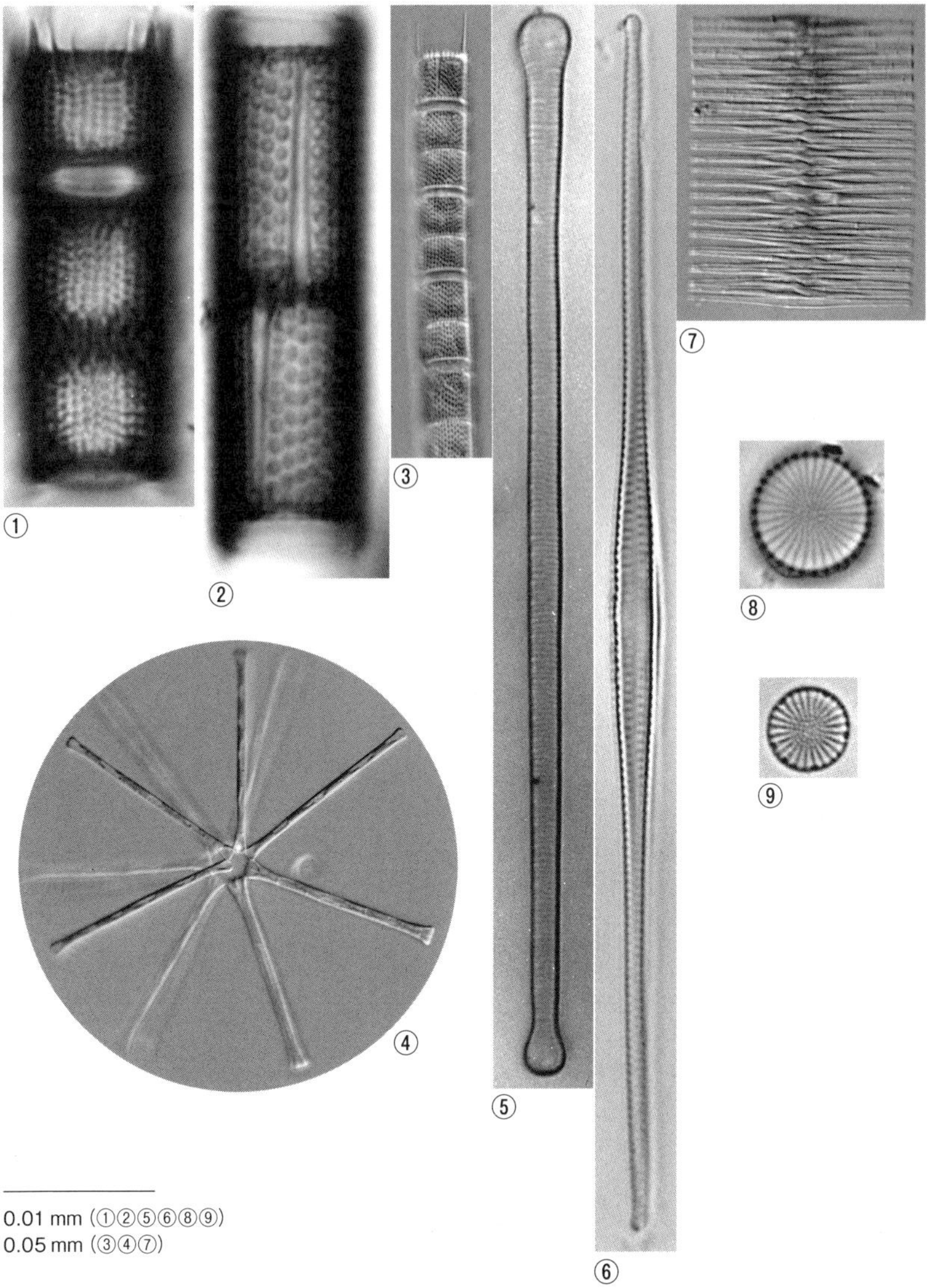

琵琶湖の代表的なプランクトン珪藻
①ニッポンニセタルケイソウ *Aulacoseira nipponica*
②③ナナメタルケイソウ *Aulacoseira granulata*
④⑤ホシガタケイソウ *Asterionella formosa*
⑥⑦オビケイソウ *Fragilaria crotonensis*
⑧カスミマルケイソウの一種 *Stephanodiscus hantzschii*
⑨カスミマルケイソウの一種 *Stephanodiscus munutulus*
(③④⑦は生きている群体，ほかは細胞質を除いた殻だけの写真)

39 カイエビ類と水田の関係

マーク・J・グライガー

カイエビ類は、水田の中でよく見かける生き物です。同じ大型鰓脚《さいきゃく》類の仲間で、その近縁種であるホウネンエビやカブトエビと同様に、ほとんどの種は一時的な水域*に生息しています。水域が数週間保たれると、泥の中で水をもっていた卵から幼生が孵化し、脱皮を繰り返して成長し、成体になって新しい卵を産みます。日本ではこれまでに、雪解け水や台風の雨によってできた池といった天然の一時的水域のみでの生息が記録されているのは、ヤマトウスヒメカイエビだけです。東アジアの稲作地帯では、水田が一時的な水域の役割を果たして、天然の一時的水域よりも広く安定した環境を提供します。

滋賀県南部の水田では五月上旬から六月下旬まで続く灌漑《かんがい》期に、四種類のカイエビ類を見ることができます。それらはカイエビ、トゲカイエビ、ヒメカイエビの仲間、タマカイエビです。カイエビとトゲカイエビは、ホウネンエビやカブトエビとは異なり、比較的長生きで、田んぼの水が完全になくなるまで生き続けます。二、三種のカイエビが同じ水田に生息していたり、隣り合った水田に別々の種が生息していたりすることもあります。一つの水田に、何年も続けてこれらのエビがあらわれるかどうかは、はっきりとはわかりません。また、水田が一時的に小麦などほかの作物に転用された後に、元の水田に戻ると、これらのエビが再びあらわれることがあります。というのは、その卵は乾いた泥の中でも休眠卵となって何年も孵化を待つことができるからです。カイエビ類

＊ 雪解け水、河川の氾濫、降雨などによってできる池など、通常は水が存在しない場所。水田も灌漑時だけ水域となる一時的水域です。

は、水田という人間がつくり出した一時的水域にうまく合わせて生活をしています。

秋の稲刈りが終わると水田には水がなくなります。しかし、秋雨が続き、水たまりができると、また幼生が孵化して成長し、卵を産むこともあります。人間の稲作の事情よりも自然現象に左右されているわけです。日本に稲作がもたらされた弥生時代よりも前から、カイエビ類は一時的水域での生活をしていたのです。

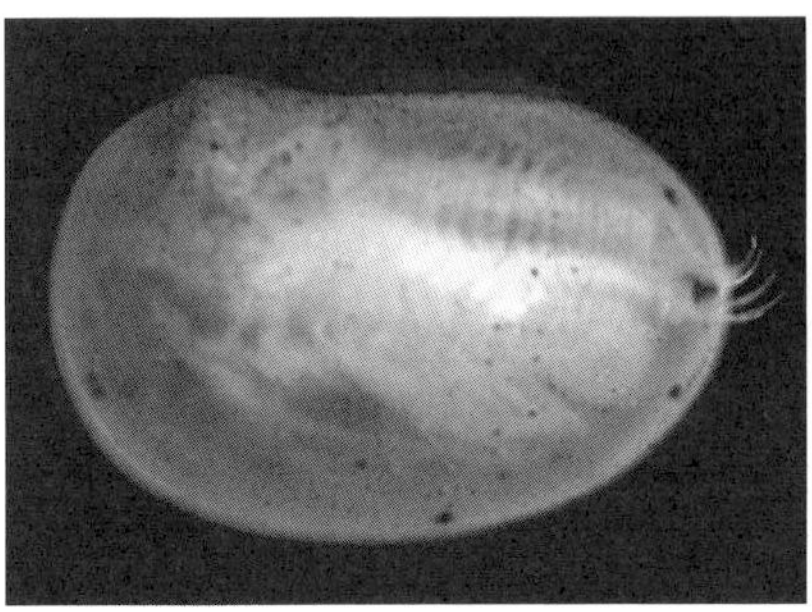

カイエビの雄（頭は左，全長 7 mm）。

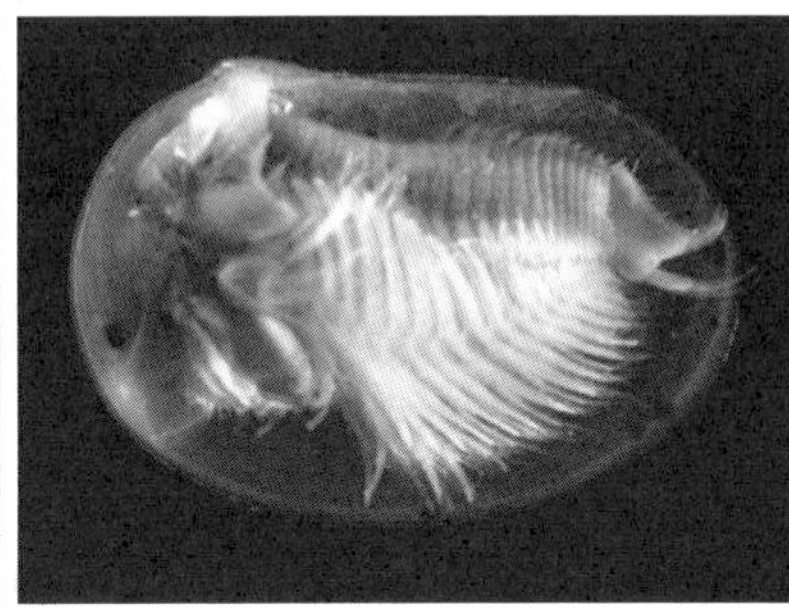

貝殻をはずしたカイエビの雄（頭は左，全長 7 mm）。

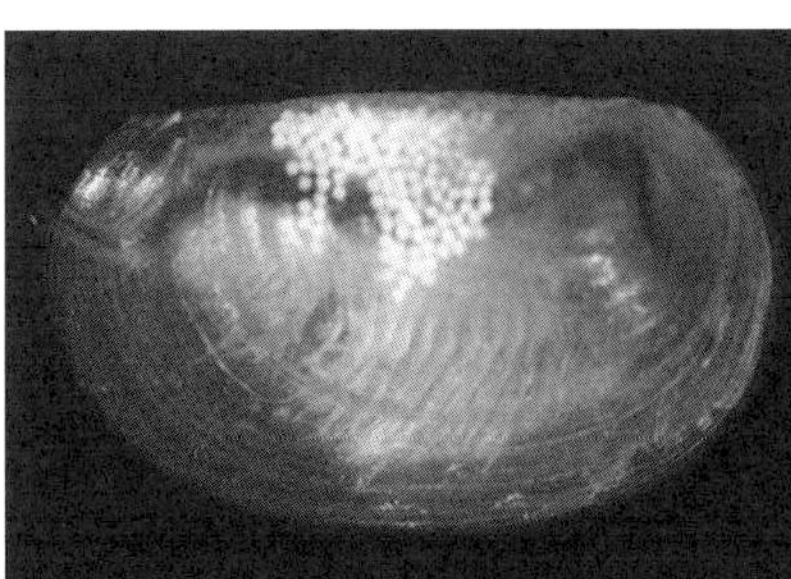

トゲカイエビの雌。小さな白い卵が見えます（頭は右，全長 6 mm）。

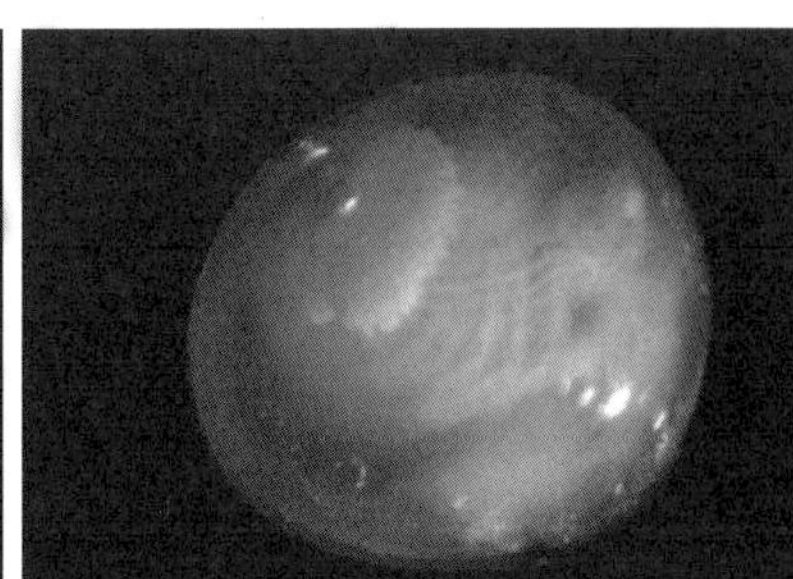

タマカイエビの雌。中には，卵のかたまりが見えます（頭は右，全長 4.6 mm）。

滋賀県の水田におけるカイエビ類３種

40 日本のカイエビ類の分布

マーク・J・グライガー

日本に生息するカイエビ類は、カイエビ、トゲカイエビ、タマカイエビ、ヒメカイエビの四つの科が知られています。前の三つはそれぞれ一属一種です。ヒメカイエビ科の中は二属に分かれ、そのうちヒメカイエビ属の分類はまだはっきりしませんが、その中に二、三の種があるようです。ヒメカイエビ科の一種であるヤマトウスヒメカイエビのみが、栃木、群馬、青森各県の四か所の天然の池だけに生息しており、ほかのカイエビ類はすべての種が水田に生息しています。日本各地の博物館や琵琶湖博物館に収集された標本や文献を調べた結果、日本のカイエビ類の分布が詳しくわかってきました。

カイエビとタマカイエビは、東北地方から関西まで、トゲカイエビは東海地方から関西、瀬戸内海周辺、九州北部に分布しています。ヒメカイエビ属は分類がはっきりしていないので分布の状況は複雑です。

ミスジヒメカイエビとムスジヒメカイエビは同一種であると言われていますが、標本の比較によってそのことが確認されたわけではありません。ミスジヒメカイエビは、茨城、群馬、神奈川、大阪、兵庫、広島、福岡、長崎で、ムスジヒメカイエビは、栃木、奈良、大阪、広島、福岡で報告されています。また、群馬と徳島、さらに、関東、中部、関西、中国、四国の瀬戸内側、九州で新たにヒメカイエビ属の分布が記録されました。これらのことから、ヒメカイエビの仲間は関東から九州まで連続して分布していることがわかりました。ところで愛媛産のヒメカイエビの一種は、北南米に分布する種とミトコンドリアＤＮＡの配列が同じでした。新たな種があるのかもしれません。現在、ヒメカイエビの分類を進めながら、種の分布を調査しています。

　また、日本のいくつかのカイエビ類が、中国や韓国で記載された種と同一であるという議論がおこっています。それぞれの標本を詳しく調べることによって、カイエビ類の東アジアでの分布がはっきりしてくるはずです。

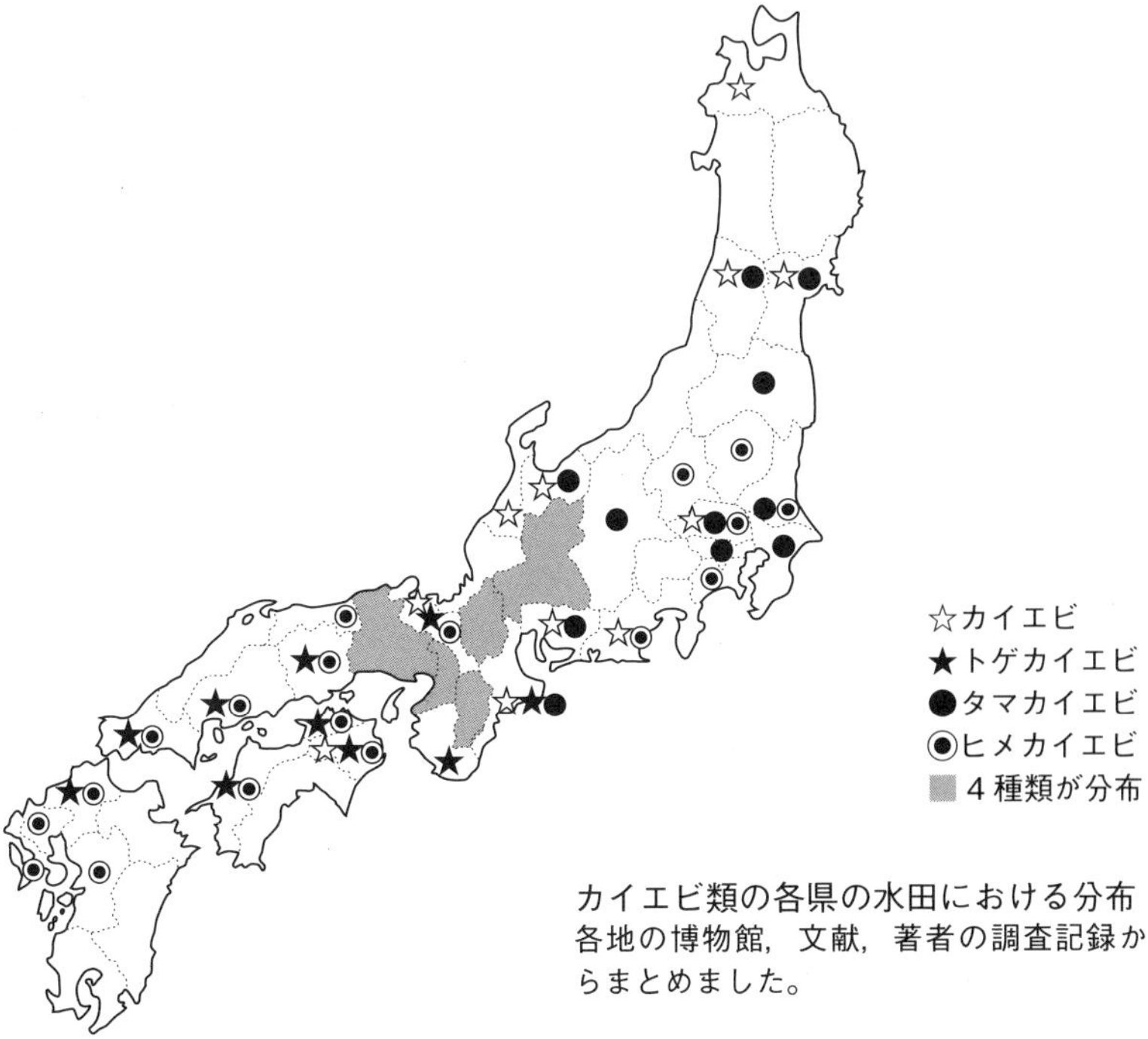

カイエビ類の各県の水田における分布
各地の博物館，文献，著者の調査記録からまとめました。

4種類のカイエビ類の分布

	東北	関東	中部 東海	北陸	関西	中国	四国	九州
カイエビ	○	○	○	○	○	−	−	−
トゲカイエビ	−	−	○	−	○	○	○	○
タマカイエビ	○	○	○	○	○	−	−	−
ヒメカイエビ	−	○	○	−	○	○	○	○

41 「希少種」である滋賀県産ヒメカイエビの仲間

マーク・J・グライガー

一九九九年から琵琶湖博物館フィールドレポーターなどとともに田んぼの生き物調査を行ってきました。一九九九年の調査で、ヒメカイエビは、大津市内の四か所の水田から見つかり、滋賀県内初の正式な記録になりました。市街地の水田での発見だったことから、都市開発による絶滅のおそれがあり、滋賀県レッドデータブック[*1]に「希少種」として載せられました。このヒメカイエビはミスジヒメカイエビであると思われますが、日本におけるヒメカイエビの分類はまだ確定されていませんので断定することができません。

二〇〇〇年の調査では、一〇か所以上でこの種を発見しました。大津市の今宿や坂本(湖西)から、瀬田川沿いの大石竜門町にかけて、細長い帯状の分布をしていることがわかっています。これらの採取地の多くは、圃場整備がされていない水田であったり、多くが都市やその郊外、農村にわずかに残っている水田であるため、圃場整備や都市開発による生息水田の消失が心配です。実際に三か所の水田が埋め立てられてしまいました。その後の調査で、大津市南部の田上と上田上の数か所、大津市北部の伊香立、高島市、東近江市、甲賀市、米原市、長浜市の各一か所において、ヒメカイエビが新たに発見されました。これらの地点の多くは広々とした田園の中にあり、滋賀県におけるヒメカイエビの分布域は、最初に考えられていたものよりかなり広いと思われます。しかし、

＊1　滋賀県自然保護課(二〇〇〇)「滋賀県で大切にすべき野生生物二〇〇〇年版　目録・解説書」および滋賀県生きもの総合調査委員会(二〇〇六)「滋賀県で大切にすべき野生生物　滋賀県レッドデータブック二〇〇五年版」。

大津市が分布の中心であり、その他の採集場所はまだ少ないため、県内での絶滅の可能性があることに変わりがありません。

ヒメカイエビは、滋賀県に生息する大型鰓脚類《さいきゃくるい》[*2]の中で、最も調査が困難なグループです。カイエビやトゲカイエビよりも小さく（体長はふつう六ミリメートル以下）、色は緑がかった透明なので発見しづらいからです。しかし、産んだ白色の卵の集まりは、水田で容易に見つけることができます。四月下旬～五月に田植えが始まるころ、ヒメカイエビは、同地域の他の大型鰓脚類よりも早く成長して成体となりますが、寿命も短いのです。このことも発見をむずかしくしている理由の一つです。水田に水が張られて一〇～一四日以内に採取されなければ、このヒメカイエビは姿を消してしまい、他の種が大きく成長するので、採集者の目はそちらに移ってしまうでしょう。

＊2　カイエビ、カブトエビ、ホウネンエビなどの甲殻類。

滋賀県大津市内の水田におけるヒメカイエビの一種（滋賀県の希少種）とその典型的な生息地

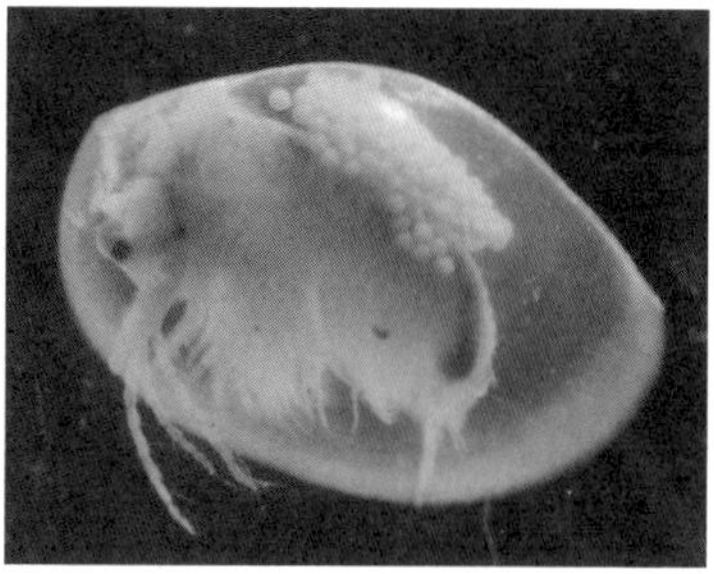

ヒメカイエビの雄雌同体
貝の中に卵のかたまりが見えます。

JR 大津京駅付近の田んぼ

大津市穴太の田んぼ
現在は駐車場になってしまいました。

42 正体不明の侵入者―外国産シジミ類

松田征也

最近、西日本各地の河川で、在来のマシジミとは色や形の違うシジミが見られるようになりました。それらは外国産のシジミ類です。なぜ外国のシジミ類が日本の河川にいるのでしょうか。じつは、シジミ類は食用として外国から大量に輸入されているのです。そして、その選別屑*を河川に投棄したり、外国産とは知らずに放流する人たちがいるようなのです。現在、沖縄・岡山・兵庫・大阪・京都・滋賀・三重・徳島・高知・茨城などの各府県の用水路や河川で外国産のシジミ類が見つかっています。滋賀県では一九九四年に大《おお》津《つ》市南郷《なんごう》の瀬田《せた》川で見つかったのが最初で、その後も県内各地で確認されています。シジミ類は、分類・生態学的に研究が進んでいないことから、輸入されているシジミの種を特定することは難しく、在来の生態系に与える影響についても予測されていません。しかし、外国産のシジミ類が定着したところでは、在来のマシジミが姿を消すなどの事例がすでに報告されています。

外国産のシジミ類が輸入されるようになった背景には、日本のシジミ漁獲量の減少があります。漁獲量の減少は、環境改変による漁場の荒廃が関係すると考えられます。日本の自然環境が守られていれば、外国産シジミ類の問題は起こらなかったかもしれないのです。

＊ 食用に利用されるシジミのうち、小さいものや死んでいるものなどを選別したもの。

外国産のシジミ（左）とマシジミ（右）

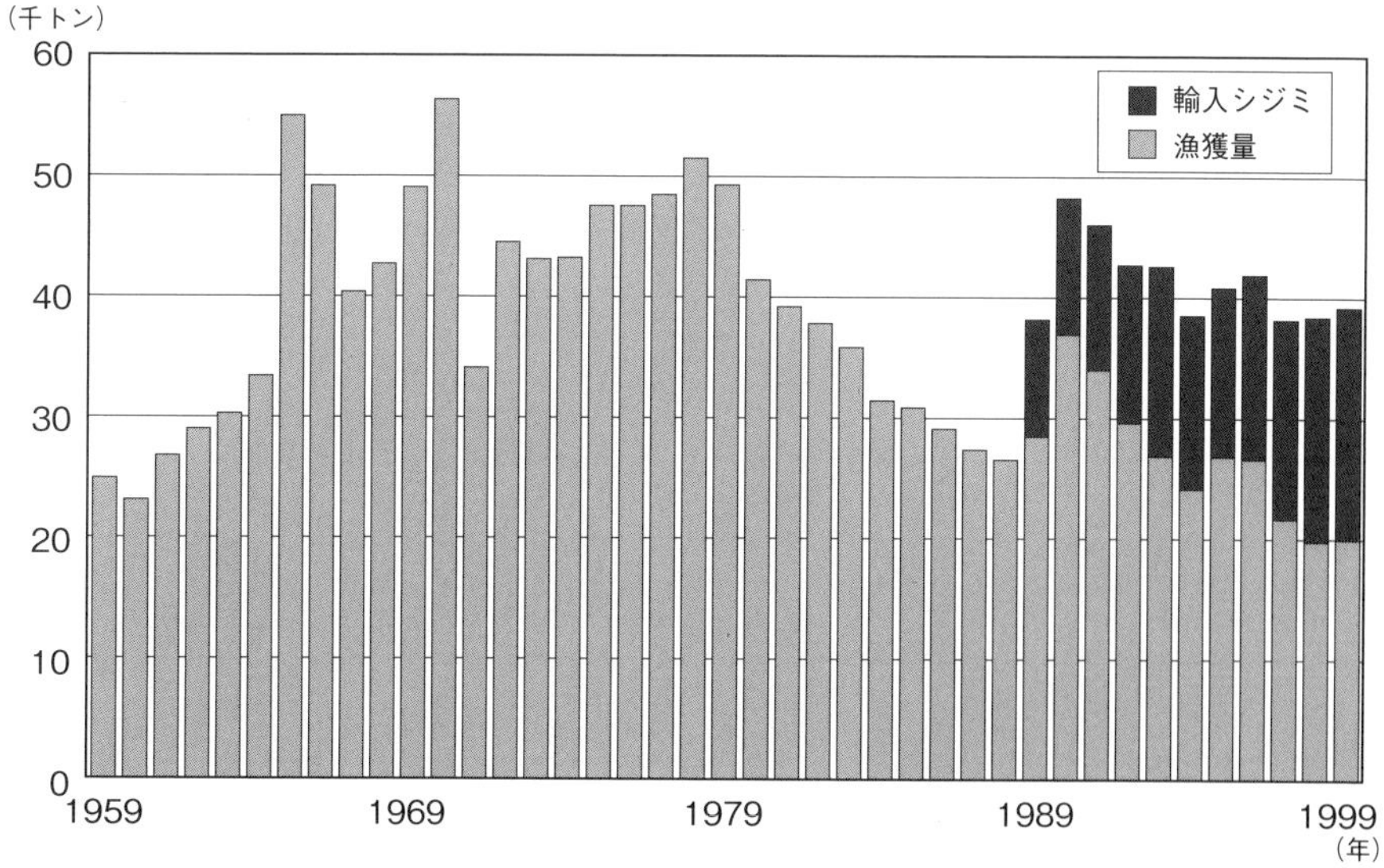

シジミの漁獲量と輸入量の経年変化
（参考資料：「漁業・養殖業生産統計年報」「日本貿易月表」より編集）

43 鮮紅色の卵を産む――スクミリンゴガイ

松田征也

＊スクミリンゴガイとは、アルゼンチン原産の巻貝です。日本では一九八一年ごろから食用を目的として養殖されるようになりました。当時は有望な養殖種として各地で養殖されていましたが、次第にスクミリンゴガイの養殖は衰退してしまいました。その結果、放棄された養殖場から逃げ出したものが、河川や水路などに侵入して野生化するようになったのです。スクミリンゴガイは繁殖力が旺盛で、温暖な気候条件の九州地方などで大量に繁殖しました。そして、植物を好んで食べることから、水稲の早苗やイグサなどの農作物を食べ、農業被害が出るまでになったのです。

滋賀県では、一九八六年に野洲《やす》市（旧中主《ちゅうず》町）の養殖場から隣接する家棟《やのむね》川に逃げ出したものが、繁殖するようになりました。県下では大増殖することなく、家棟川周辺だけに生息するものと思われていましたが、二〇〇〇年に大津《おおつ》市膳所《ぜぜ》公園の琵琶湖畔で、木杭やヨシの茎についている鮮紅色の卵塊が見つかりました。このとき、成貝は見つからず、その後卵塊も見られなくなりましたが、その後、二〇〇一年には守山市の野洲川と大津市（旧志賀町）小野池先の琵琶湖、二〇〇五年には彦根市の野田沼、二〇〇九年には守山市内の用水路でも生息が確認されるなど、分布域を拡大していることから、今後の動向を注視すると同時に、早急に駆除を実施する必要があります。

＊ 通称、ジャンボタニシとも呼ばれています。

水管を伸ばしたスクミリンゴガイ

スクミリンゴガイ

石垣に産みつけられたスクミリンゴガイの卵塊

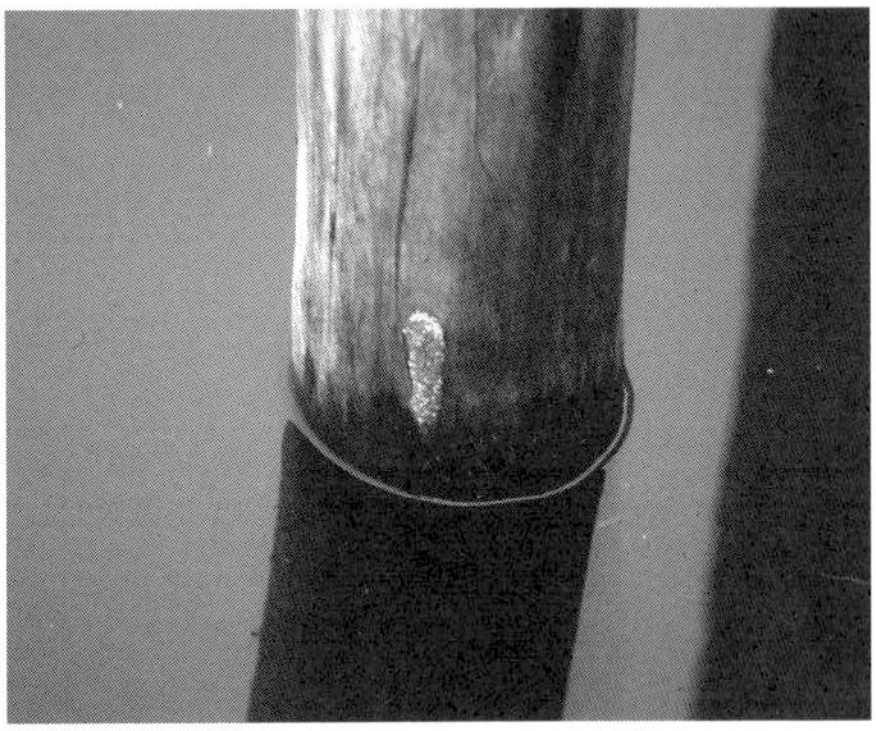

スクミリンゴガイの卵塊

44 よみがえれ！ 淡水貝類

松田征也

二〇〇五年に発表された『滋賀県で大切にすべき野生生物（二〇〇五年版）』では、二八種（絶滅危惧種六種・絶滅危機増大種一〇種・希少種一二種）もの淡水貝類が県下で減少し、絶滅が心配されているとしています。減少の理由は種類ごとに様々ですが、最も多い理由の一つに、生息場所の減少や環境の悪化があります。「昔はこの川にたくさんの魚がいたのに、今は……」という経験をおもちの方は多いと思いますが、大規模な改修工事があると、姿を消してしまう生き物たちが多くいます。

滋賀県北部の木之本《きのもと》町黒田《くろだ》地区も、二〇〇〇年度から圃場整備事業に着手することになり、田んぼや水路が改修されることになりました。ところが、この地区の水路には県内で絶滅の危機に瀕しているカタハガイやオバエボシなど、貴重な二枚貝が多数生息していたのです。そのため、地域住民や工事関係者らを中心として、貴重な貝を守るための活動が始まり、工事が実施される直前の夏には多くの人たちが参加して、改修工事が終わるまで別の水路へ一時的に貝を移動する引っ越しが行われました。

現在は改修工事の終わった水路に一部の貝を戻す作業も行われ、定着するか見守っています。一度改変した環境が以前のように戻ることはたやすいことではありませんが、こうした取り組みの知見を集約することと、地域の生き物たちを守りたいという地域の人たちの気持ちが、自然環境を保全するうえできわめて大切であると考えています。

カタハガイ

貝の移動風景

45　日本列島で多様化したハエ

桝永一宏

　双翅《そうし》[*1]（ハエ）目アシナガバエ科のハエは世界に広く分布し、約二二〇属七千種からなる双翅類の中でも大きな一群です。アシナガバエの成虫は長い脚をもち、小川や渓流付近の石や濡れ落ち葉の上、湖沼や湿地周辺などの淡水の水辺付近に生息し、小さな虫を捕食しています。この仲間には、幼虫、成虫がともに、フジツボなどが生息する海岸の岩礁の潮間帯[*2]だけに適応したイソアシナガバエがいます。生息場所が海岸線上に限られるので内陸を調べる必要がなく、海岸線をたどれば分布が調べられるという利点があり、生物の現在の分布形成の歴史や起源を調べるための格好な対象になります。日本には、ムモンイソアシナガバエ属（*Acymatopus*）、ナミイソアシナガバエ属（*Conchopus*）、ホホナガイソアシナガバエ属（*Thambemyia*）の三属が分布しています。ナミイソアシナガバエ属は新種も含めて日本に二七種が分布し、そのうち日本固有の種が一九種です。中国大陸沿岸（韓国、台湾、香港）には五種が分布し、そのうち大陸固有の種は一種で残りの四種は日本との共通種であることがわかりました。また、大陸の固有種は、日本に分布する種よりも原始的な形態形質を保持していました。つまり日本に分布するナミイソアシナガバエ属は、大陸の種を元にする日本列島で種分化が進んだグループだったのです。

　なぜ日本列島にはナミイソアシナガバエの種が多くいるのでしょうか？　先に述べま

＊1　双翅目とは、後翅が退化し前翅だけをもつカ・アブ・ハエなどの昆虫のことをいいます。

＊2　潮の満ち引きが見られるところ。

したように、ナミイソアシナガバエは海岸の岩礁地帯にしか生息することができません。そのような場所は日本列島にはたくさんあり、特に太平洋岸は多様な海岸線が続いています。また日本には多くの島があります。この多様な環境が、海岸に生息するハエのグループが、日本列島で多様化できた原因の一つとして考えられます。

ナミイソアシナガバエ属は波飛沫が常にかかる場所に生息します（カウアイ島）。

ナミイソアシナガバエの一種

C 展示室　琵琶湖畔のクリーク地帯の暮らし

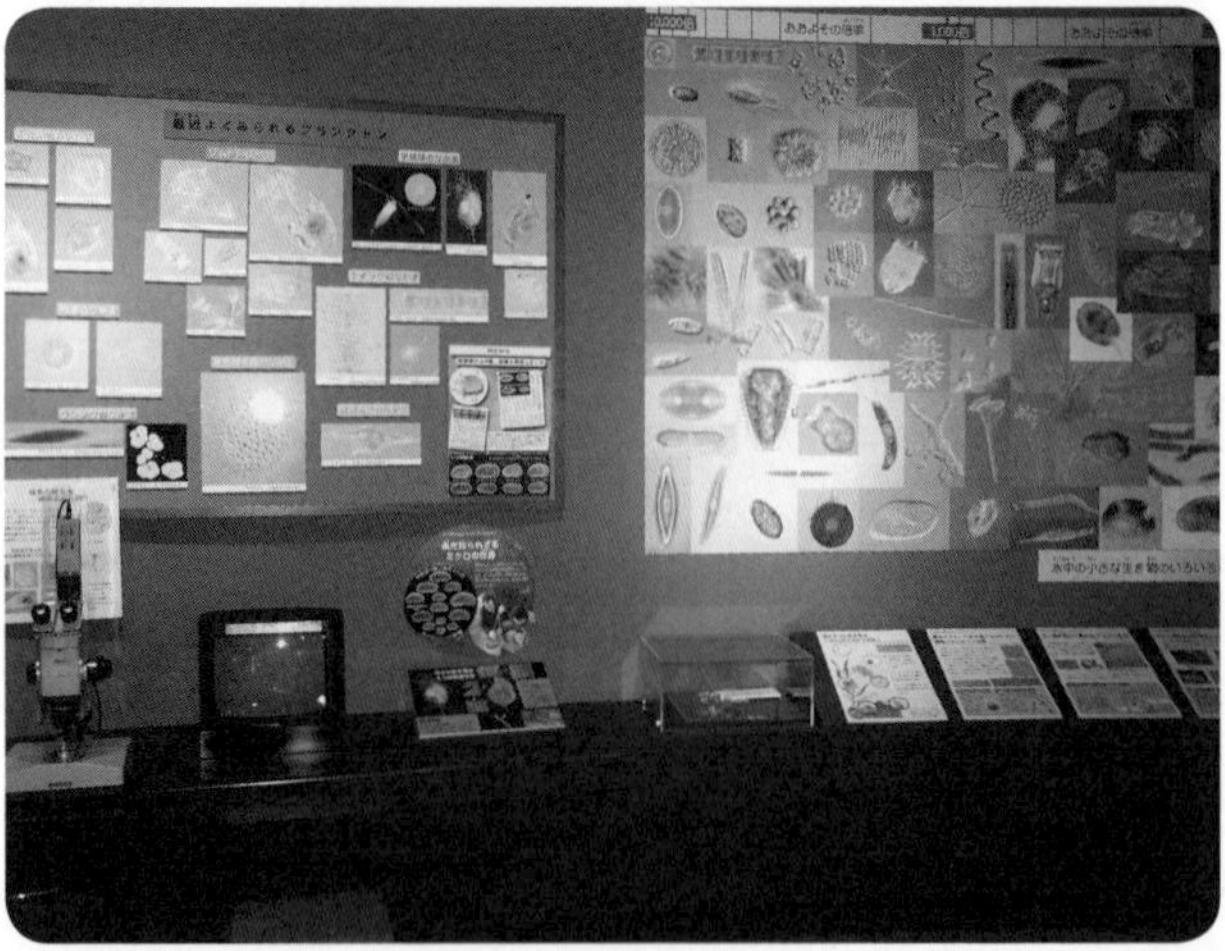

C 展示室　ミクロの世界　琵琶湖にすむプランクトン

第４章

湖を取り巻く環境と生物

46 琵琶湖とそのまわりの水生昆虫相の特徴

八尋克郎

琵琶湖とそのまわりには、数多くの生き物が様々な環境にすんでいます。このような数多くの生き物の中でも、種数が格段に多く、多様性豊かな生き物が昆虫類です。昆虫類は様々な環境に生息しているので、地域の自然環境を物語ってくれます。

琵琶湖には大小五〇〇本を超える河川が流入しています。また、琵琶湖の湖岸沿いの平野部には水田や溜池など多様な水環境を備えています。このような豊かな水環境をもつ琵琶湖とそのまわりは、それゆえ多様な水生昆虫が生息する舞台となっています。

例えば、水生昆虫の代表として知られるトンボ類では、滋賀県に九九種が記録されています。九九種はもちろん全国でもトップクラスの数字です。日本には約二〇〇種のトンボが生息していますので、日本に生息するトンボの約半分の種が琵琶湖とそのまわりに生息していることになります。九九種という種数の多さは琵琶湖とそのまわりが日本でも有数のトンボの豊富な地域であり、トンボが生息できる豊かで多様な水環境を有する地域であることのあかしなのです。また、サナエトンボ類の種数や個体数が多いことは琵琶湖のトンボ相の特徴です。ただし、ここ一〇年ぐらい琵琶湖のトンボ類には変化が見られています。メガネサナエは一九九三～九四年には、高島《たかしま》市や近江《おうみ》八幡《はちまん》市の砂質湖岸で多く見られていましたが、近年の調査ではかなり減少しています。その原因の一つは、水上ボートであるといわれています。これらの種は日中、岸辺のすぐ近くで羽化しますが、ボートが起こす波のため、羽化しかかったところで波にさらわれているることが確認されています。

琵琶湖やそこに流入・流出する河川はカワゲラ類、カゲロウ類、トビケラ類、ユスリカ類のすみかとなっています。また、もともと渓流にすんでいるこれらの昆虫は琵琶湖の岩礁にも生息しています。カワゲラ類が湖に生息しているのは世界的にも珍しいことです。

このような水生昆虫の中には、琵琶湖だけにしか生息していない固有種も含まれています。琵琶湖の固有種とわかっている昆虫類はカゲロウ科のビワコシロカゲロウ、ナベブタムシ科のカワムラナベブタムシ、トビケラ科のビワコエグリトビケラの三種です。カワムラナベブタムシはこれまで琵琶湖南湖と琵琶湖疎水、瀬田《せた》川のみから知られていますが、一九六二年を最後にその姿は発見されていません。ビワコエグリトビケラは北湖《ほくこ》の岩礁に生息しています。ビワコシロカゲロウは琵琶湖の北湖でしか見つかっておらず、幼虫は小さな礫《れき》や泥からなる緩やかな傾斜の湖岸に生息しています。

また、平地の人の手の加わったいわゆる里山環境の一つ、湿地、溜池、水田は、近年個体数が激減しているタガメやゲンゴロウ類のほか、ミズカマキリ、オオミズスマシ、アメンボ、コオイムシ、マツモムシなどの水生昆虫が生息するすみかとなっています。

メガネサナエ（湖岸）　撮影：大久保祥子

ゲンゴロウ（ため池）

47 オサムシとは?

八尋克郎

体が頭と胸と腹の三つの部分に分かれていて、頭には二本の触角、胸には四枚の翅《はね》と六本の足があるといった特徴をもつ節足動物*を昆虫と呼んでいます。

この中でもっとも昆虫らしい特徴が、四枚の翅です。昆虫は、翅を発達させることによって、自由に移動することが可能になり、食物や繁殖する場所を探す範囲が広くなりました。また、翅のおかげで外敵から逃れる機会も多くなったのです。

このように便利な翅なのですが、昆虫の中にはこの四枚の翅のうち二枚を退化させているものがいます。オサムシという皆さんがよくご存知の昆虫です。オサムシはクワガタムシやカブトムシと同じ甲虫の仲間です。オサムシには大あごが発達しているクワガタムシや角をもつカブトムシのような外見上の目立った特徴はありません。しかし、ほかの昆虫にはあまりない特徴をもっています。オサムシの大部分の種は硬い前翅(上翅)の下に隠れている後翅が退化しています。また、左右の前翅(上翅)がくっついて開くことさえできないものもいます。すなわち、大部分のオサムシはほかの昆虫とは異なり、飛ぶことをせずに、地表面をただひたすら歩きながら餌となるミミズやカタツムリなどを探して生活している昆虫なのです。また、一部のものは非常に色彩が美しいのでヨーロッパでは「歩く宝石」と呼ばれており、珍重されています。

昆虫としては非常に奇妙な「飛べない」オサムシだからこそわかるおもしろいことが

＊ 昆虫類のほかに甲殻類、クモ類、ムカデ類など、硬い殻(外骨格)と関節を持つグループ。

たくさんあります。飛ぶことのできないオサムシは移動できる範囲が限られています。そのため、もともと同じ集団であったものが山や川などでへだてられ、分断されると、それらの集団は各地域で独自の進化を遂げます。このように、オサムシは各地域に固有の方言のように「土地」との結びつきが強い昆虫といえます。例えば、異なる地域に同じ種がいればそれはかつて二つの土地がつながっていたことを示すことになります。ですから、オサムシの分布やその類縁関係、化石、生態を調べることで、はるかな過去からオサムシのたどってきた道のりを復元することができるのです。

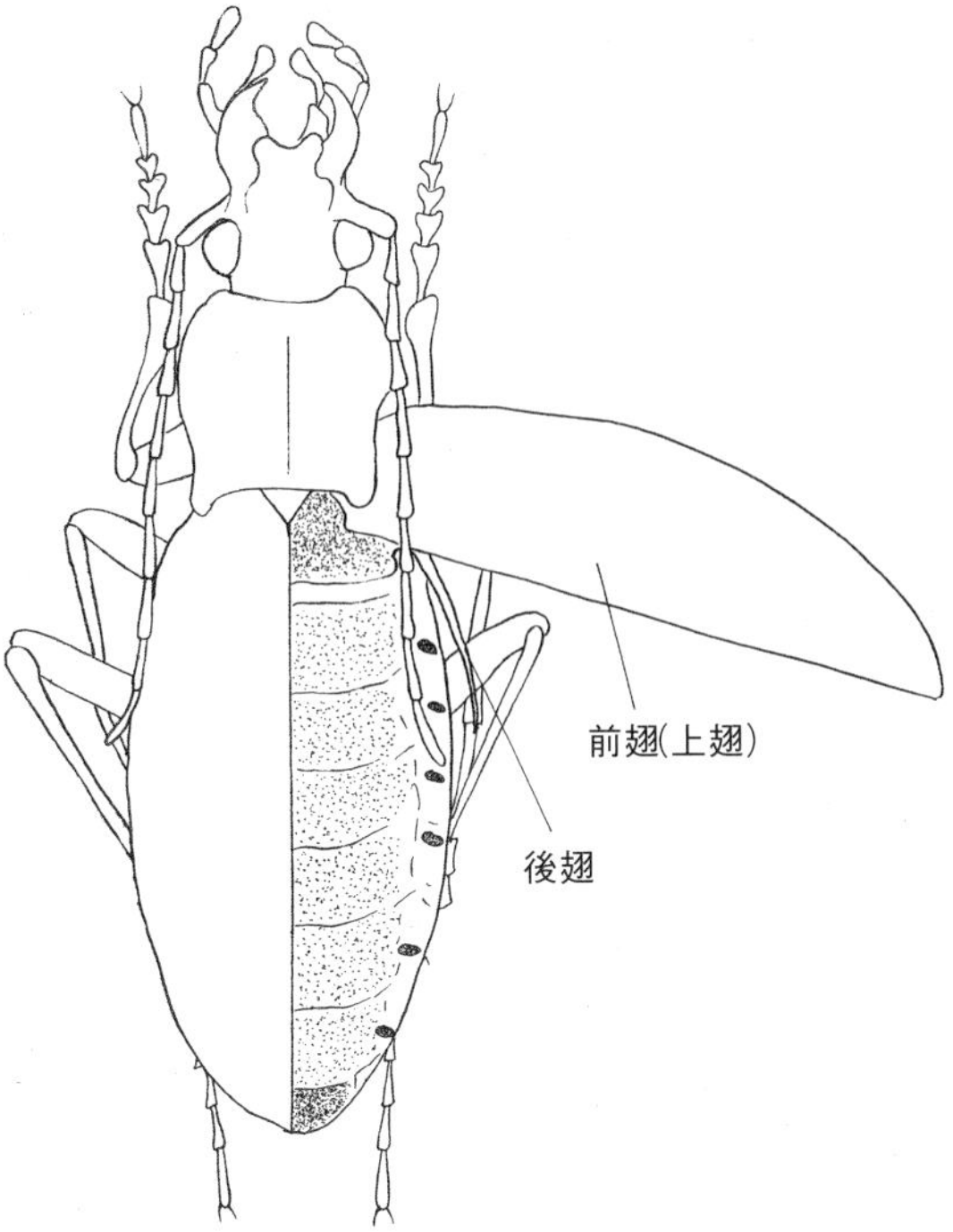

クロナガオサムシの後翅

表　オサムシの分類の一例

門	節足動物門
綱	昆虫綱
目	甲虫目(鞘翅目)
科	オサムシ科
亜科	オサムシ亜科
種	マヤサンオサムシ
亜種	シガラキオサムシ

48 琵琶湖のまわりのオサムシの分布

八尋克郎

琵琶湖のまわり、これを滋賀県に限って見れば、七属一三種（うち二種はそれぞれ二亜種を含む）のオサムシが分布しています。この中でクロカタビロオサムシ、エゾカタビロオサムシを除くすべての種が後翅が退化していて飛べません。そして、これらのオサムシの分布のパターンは同じではありません。

例えば、オサムシの一種であるマイマイカブリは琵琶湖のまわり全域に広く分布しています。オオオサムシ、ヤマトオサムシ、アキタクロナガオサムシは山地に広域に分布しています。ヤコンオサムシは平地に広域に分布しています。エゾカタビロオサムシ、セアカオサムシのように河川敷に分布している種もいます。クロカタビロオサムシはブナ林に分布しているのですが、これはブナ林に生息するブナアオシャチホコという蛾《が》の幼虫を食べているからです。

一方、琵琶湖のまわりの一部の地域にしか分布していない種もいます。アキオサムシは湖西にのみ分布し、オオクロナガオサムシ、イワワキオサムシとその亜種ヌノビキオサムシは湖南西部にのみ分布しています。また、クロナガオサムシ、マヤサンオサムシとその亜種シガラキオサムシは湖南を除く地域に分布しています。

これらの種の中には河川と山地が分布の境界になっている種がいます。例えば近縁の種であるヤマトオサムシとアキオサムシは安曇《あど》川を境にして西にアキオサムシが、東にヤマトオサムシが分布しています。

また、同様に近縁なクロナガオサムシとオオクロナガオサムシは湖南西部ではクロナガオサムシが、山間部にオオクロナガオサムシが平野部に分布しています。湖東では野洲《やす》川周辺が両種の分布の境界となっており、その河川が地理的な障壁となっています。

さらに、ヤコンオサムシは平地に広く分布しているタイプですが、オオオサムシは山地に広く分布するタイプです。

つまり、琵琶湖のまわりに分布している一三種のオサムシたちは、山地や平地、河川敷、ブナ林など様々な環境にすみ分けたり、分布をオーバーラップさせたりしながら、うまく共存しているのです。

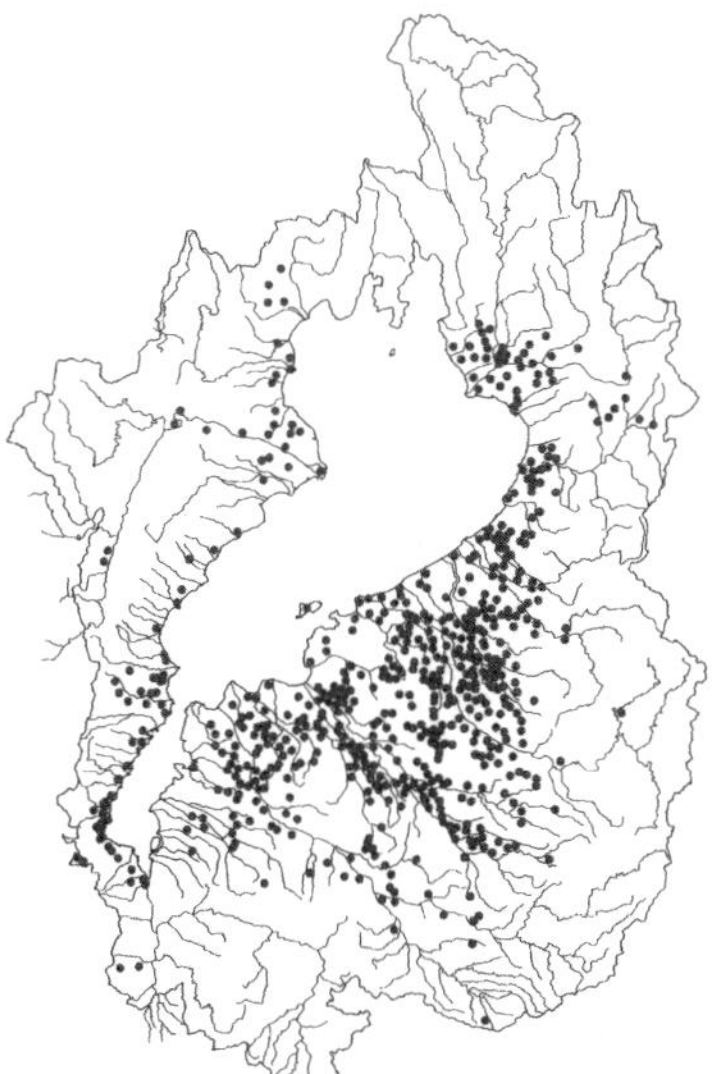

平地広域分布型のヤコンオサムシの分布

山地広域分布型のオオオサムシの分布

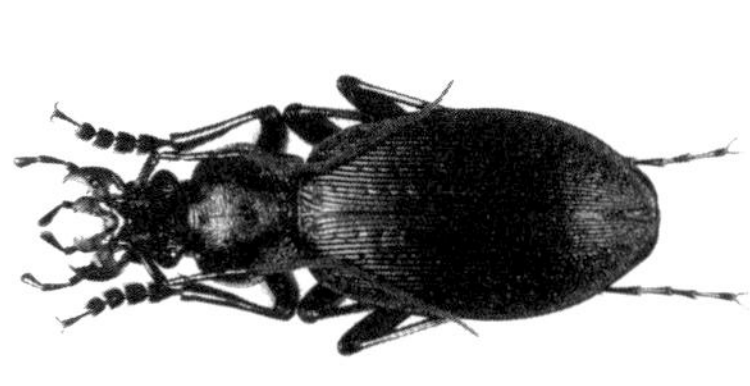

49 ミミズに触れてみませんか

森田光治

私が子どものころ、夢中になった遊びといえば魚釣り。自宅の目の前が琵琶湖の波打ち際では無理もなかったかもしれません。当時はもちろん怪しげな化学製品の疑似餌など見たくても見られない時世です。ギギ狙いの時にはフトミミズ、ナマズにはシマミミズと、「海」（地元では琵琶湖のことをこう呼んでいました）に出る前に竹やぶの土や積みわらを掘り返すのが当然の儀式でした。ところがそのころと生活スタイルがすっかり変わってしまった今、私たちは大地と直接触れ合わなくなり、土への関心もなくしてしまったようです。

土の中をすみかとする多くの生き物（土壌動物といいます）の中でもミミズは大型で、生態系への影響力も想像以上に大きく、その存在をけっして無視することはできません。進化論で有名なチャールズ・ダーウィンは、晩年の著書『ミミズと土』の中でミミズの計り知れない土壌への影響力について触れています。皆さんもミミズが生活する土が他の土と違ってコロコロしているのに気づいたことがあるかもしれません。ミミズの消化管を落ち葉や泥がいったん通過すると、このような植物の生育にとってまたとない土に変わります。こうした土は、粒子と粒子の間隙が多くなった、いわゆる団粒構造をしており、多くの養分が含まれているだけでなく通気性や保水性もたいへん優れています。植物がよく育つのもうなずけるというものです。

また計算によると、比較的多くのミミズが生息している森林や牧草地では、一〇～二〇年の間にその土壌のすべてがミミズの消化管を通過するというからこれも驚異です。こんな地球にとってなくてはならないミミズ。見た目が苦手でも勇気を出して一度手にしてみてはどうでしょう。森や林の湿った落ち葉を掘り返すと、まるまると成長したミミズを簡単に見つけることができます。もちろん毒も出さないし噛みつきもしません。それに思いのほか臭いなどは気にならないものです。そっとなでてみると、ざらざらとした感触があり、表面にごく短い毛の生えていることに気づきます。この毛のおかげでツルツルしたガラスの表面も意外と上手に動き回ります。生まれて間もない小さなミミズでは真っ赤な血管が透けて見えます。私たちと同じ赤い血が流れているところなどは同じ無脊椎動物の仲間である昆虫には見られない特徴です。[*] もしあなたがミミズに対して「臭い」「汚い」と思っているなら、それは勝手な思いこみかもしれません。

* ミミズやゴカイなどの環形動物の血液にはヘモグロビンと同じ鉄を含んだエリスロクルオリンという赤い色素が含まれています。

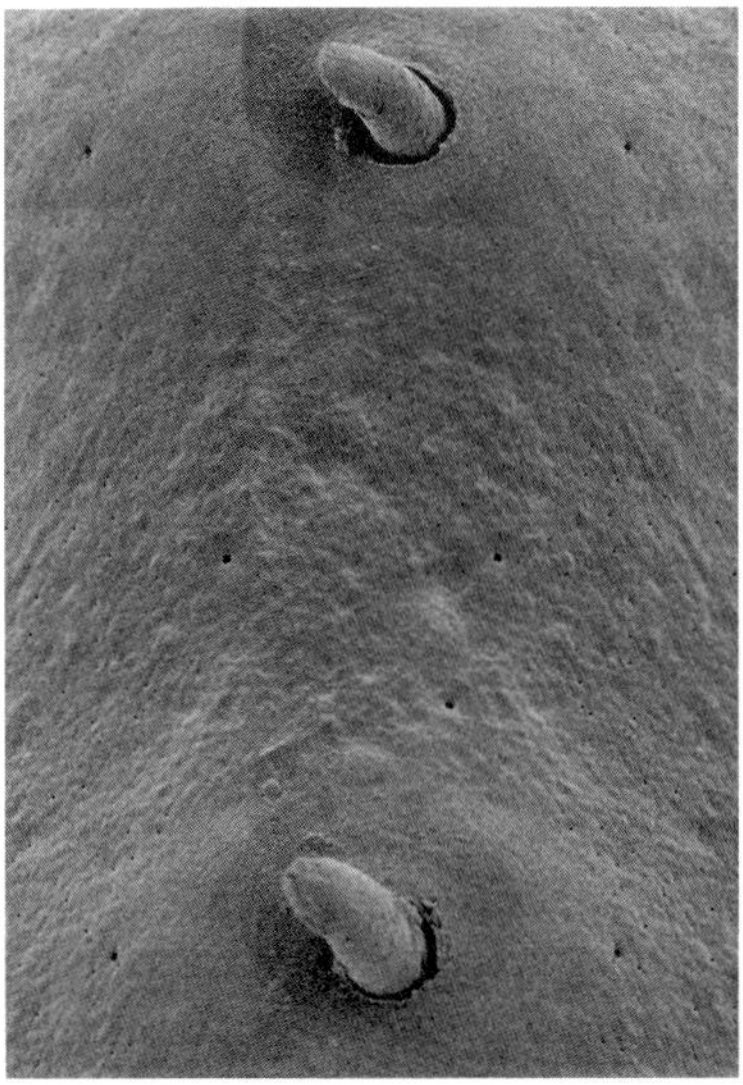

ヒトツモンミミズの体表の電子顕微鏡写真
短い剛毛が観察できます。体表のクチクラの膜（キチンと呼ばれる多糖類からなる丈夫な膜。体表面を保護する役割を果たします）には皮膚呼吸のための小孔が無数にあいています。

50 生態系における鳥の役割

亀田佳代子

鳥がもつ最大の特徴は？　と聞かれたら、皆さんは何と答えますか。やはり「飛べること」と答える人が多いでしょう。もちろん、昆虫やコウモリなど自由に空を飛べる生物はほかにもたくさんいますし、逆に、飛べない鳥もいます。しかし、羽をはじめとする飛ぶための体の構造や機能が著しく発達し、そのことによって、行動範囲や生活場所がぐんと広がったのは鳥の特徴といえるでしょう。つまり、飛ぶための機能をもつことで、鳥類は広い範囲を移動しながら、様々な環境を利用して生活することが可能になったのです。

では、こうした特徴をもった鳥類は、生態系の中でいったいどのような役割を果たしているのでしょうか。じつは鳥類は、移動能力が高いため、「ものを運ぶ」という役割を果たすことが知られています。例えば、植物の果実を食べる鳥は、果実を丸飲みし、果肉の部分だけを消化して糞と一緒に種子を排出します。果実を飲み込んでから、鳥は別の場所へと飛んでいき、その先で糞を落とします。動けない植物にとっては、鳥に実を食べてもらうことで、種を遠くへ運んでもらうというメリットがあるのです。こうした役割は「種子散布」と呼ばれています。これは、鳥が「生き物を運ぶ」ことの一例といえるでしょう。

生き物だけでなく、鳥は物質や養分も運ぶことができます。つまり、どこかで餌を食べた鳥が、遠くに飛んでいってそこで糞をすれば、ある場所から別の場所へと物を運んでいると考えることができます。なかでも興味深いのは、水鳥の役割です。

水鳥は、海や湖沼など水面を主な生活場所としていますが、陸上も利用して生活しています。どんな鳥でも、繁殖を行う場所は必ず陸上ですし、ハクチョウやカモなどのように、陸上で餌を食べて水面で休息する種類もいます。つまり、水中で餌を食べて陸上に戻って雛を育てたり、逆に陸上で餌を食べて水面で休息し糞をすることにより、水鳥は、水中の物質を陸上へ、あるいは陸上の物質を水中へと運んでいると考えられるのです。

種子散布の役割をもつヒヨドリ

物質を運ぶ役割をもつ水鳥(写真はウミウ)

51 鳥がものを運ぶことの意味

亀田佳代子

移動能力の高い鳥類は、生態系の中でものを運ぶ役割を果たしています。ものを運ぶこと、つまり物質輸送の役割は、地球科学的な物質循環にも重要な意味をもっています。

多くの物質は、通常陸上から河川を経て湖、海へと流れ下ります。例えば、炭素（C）や窒素（N）といった元素は、水に溶けて河川を流れ下り、湖沼や海へと入ります。しかし、水中の炭素や窒素は、生物の呼吸や脱窒*という作用によって二酸化炭素（CO_2）や窒素（N_2）などの気体になって水中から空中へと移動し、植物の光合成や雨などによって再び陸上へと戻ります（図1）。つまり、自然界で気体になることができる物質は、重力によって陸上から海や湖へと流れ込んでも、短期間のうちに陸上に戻ることができるのです。

その一方で、水に溶けることはできるが気体にならない物質は、水中に流れ込んだ後は、そこの生物に養分として利用される以外は底へと沈み、堆積します。堆積物となった物質は、なかなか水中に戻ることができませんし、地層の隆起や火山活動でも起こらない限り、陸上に戻ることは難しくなります。そうした元素の代表がリン（P）です（図2）。リンは、生物の遺伝子情報を保持するＤＮＡ（デオキシリボ核酸）やＲＮＡ（リボ核酸）、生体内でエネルギーの源《みなもと》となるＡＴＰ（アデノシン三リン酸）などに含まれる元素で、生物にとってたいへん重要な物質でもあります。しかし、リンは通常の気温で

＊ 微生物によって硝酸（NO_3^-）から分子窒素（N_2）が生成される過程。

は気体になることがなく、少なくとも短期間で陸上に戻る経路はほとんどありません。

水中で生活する生物の体には、陸上から流れ込んだであろうリンも含まれています。ペンギンやミズナギドリ、ウの仲間などの鳥は、魚など水中の動物を主な食物としており、リンを多く含んだ糞を落とします。つまり、水中で魚を食べる鳥は、繁殖場所である陸上へと戻って雛に餌を与え、そこで糞を落とすことにより、水中から陸上へとリンを運んでいるのです。このように、水域から陸域への物質輸送の役割は、地球規模の物質循環を考えるうえでも、非常に興味深いことといえるでしょう。

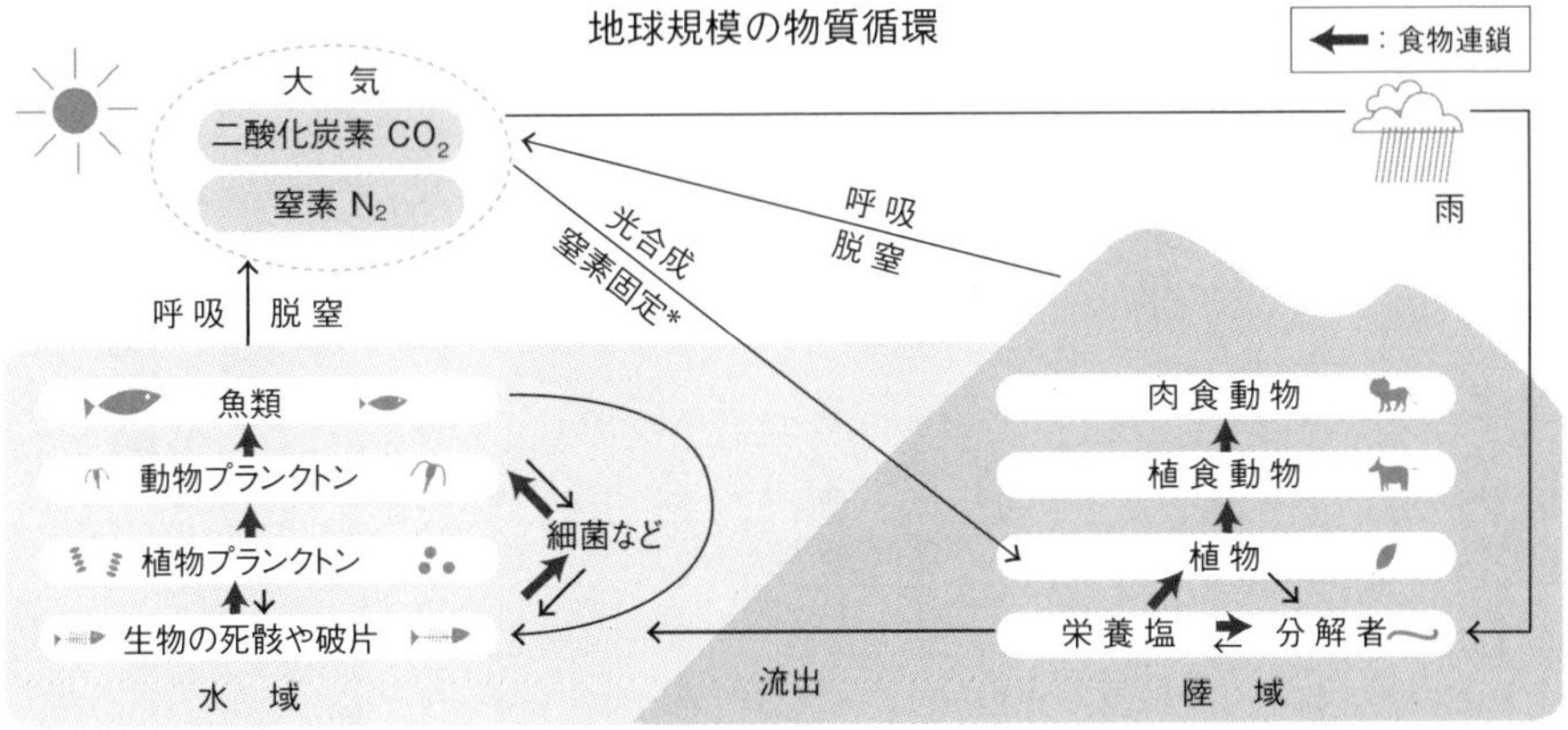

図１　炭素（C）や窒素（N）の主な循環経路

＊　微生物によって空中窒素（N_2）が還元され、アンモニア（NH_4^+）が生成される過程。

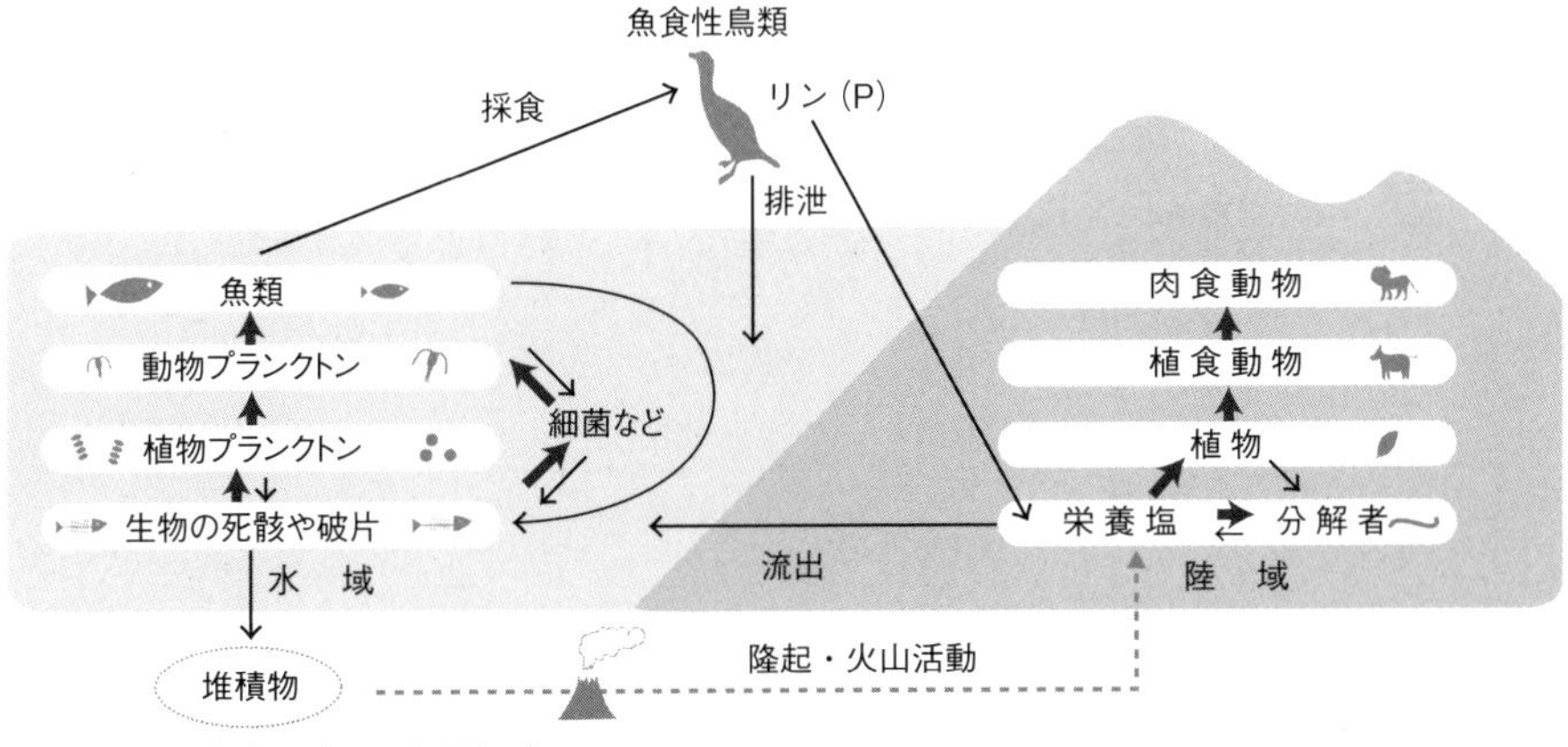

図２　リン（P）の主な循環経路

52 カワウによる養分供給が森林に与える影響

亀田佳代子

カワウは、ペリカン目ウ科の大型の魚食性《ぎょしょくせい》鳥類で、河川や湖沼、あるいは海の沿岸で、潜水して魚を捕らえて生活しています。また、水辺の森林にコロニー（集団繁殖地《はんしょくち》）を作り、樹上に巣を作って雛《ひな》を育てるという特徴があります。こうした特徴から、カワウは魚という形でリンなどの物質を水中から取り出し、糞《ふん》という形で陸上へと運んでいると考えることができます。集団で繁殖を行うため、親鳥や雛によって森林に落とされる糞は、けた違いの量になります。

こうした多量の養分供給は、森林内の栄養分の質や量、動きにどのような影響を与えるのでしょうか。カワウの糞によって森林に養分が供給されると、土壌の養分も増加します。この養分は、土壌中の菌類や化学反応によって、植物に利用可能な形に変化します。これらは、コロニーの樹木によって吸収され、植物体内に蓄積していきます。

一方カワウは、巣の材料として、営巣場所周辺の樹木から生きた枝を折り取ってきます。この行動により、カワウのコロニーでは、巣づくりの過程で多くの枝や葉が地面に落ちます。落ちてくる枝葉《しよう》（リター）は、再び分解されて土壌中の養分となりますが、カワウの糞から由来した養分を含む枝葉が大量に降ってくるため、土壌には枝葉からの養分も供給されることになります。さらに、地面に落ちた枝葉は、養分を吸着し保持するはたらきももっています。つまり、森林でのカワウの営巣は、糞による直接の養分供給のほかに、営巣活動によってリターが増加することによって、間接的な養分供給をももたらすのです。その結果、カワウが営巣したことのある森林では、営巣が放棄されカワウがいなくなって数年経った場所でも、植物によって吸収された窒素やリンが多く存在することがわかりました。つまり、カワウによって水中から運ばれた養分は、森林の物質循環経路に組み込まれ、少なくとも数年にわたって森林内にとどまるのです。

こうした養分の挙動が、一〇年後、一〇〇年後にはどうなるのかについては、時間をかけて調べていく必要がありそうです。

水辺で休息中のカワウ

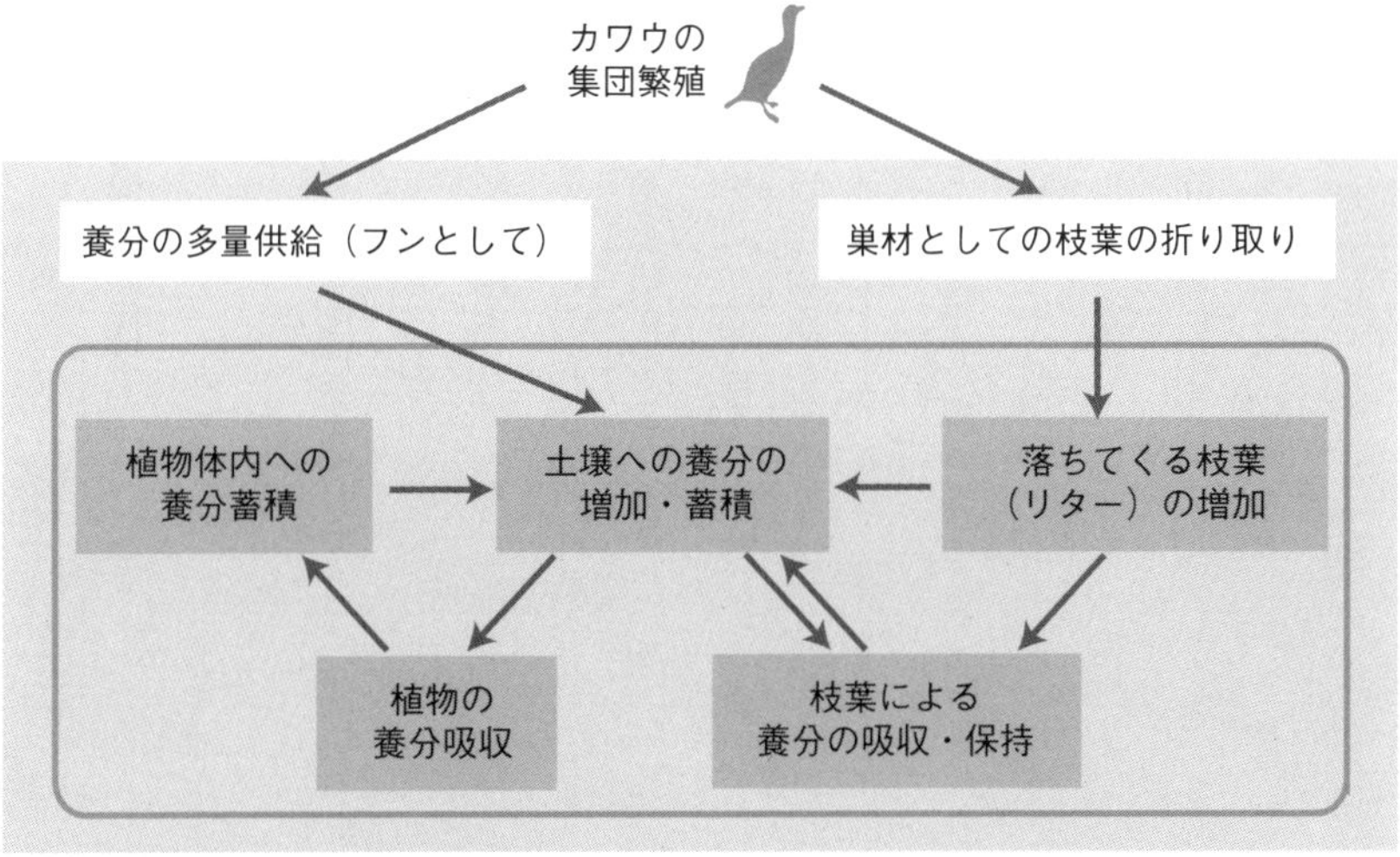

カワウが営巣する森林内に養分が蓄積するしくみ

53 カワウと人とのかかわり

亀田佳代子

カワウという鳥は、人とのかかわりが深い生き物です。かつてカワウは日本全国に生息し、愛知県の鵜の山や千葉県の大巌寺などには大きなコロニーがありました。これらの地域では、江戸時代後期から昭和初期にかけて、カワウの糞が肥料として利用されていたことが知られています。鵜の山では、村が所有する林のカワウコロニーを地元の人々が管理し、糞から得られたお金で小学校を建てたりしました。一方で、樹木を枯らすことからサギ類などと一緒に追い払われることもありました。このように、ウと人間との間には、様々な関係が見られました。日本や中国で見られる鵜飼も、人とウのかかわり方の一つとして興味深いものといえるでしょう。

カワウは、一九六〇～一九七〇年代初めにかけて、絶滅が懸念されるほどに減少しました。その原因としては、狩猟や有害鳥獣駆除、生活場所となる水辺の埋め立てや河川の護岸化、工業廃水などによる水質悪化、化学汚染物質などの体内蓄積などが要因として挙げられています。その後、それらの減少要因の改善や環境の変化、駆除や追い出しによる分散促進などにより、カワウの個体数は一九九〇年代以降急激に回復増加し、分布も拡大しました。

カワウが増えたことにより、河川や湖での漁業への食害と、コロニーでの森林衰退が目立つようになってきました。例えば、日本最大規模の生息地である琵琶湖の場合、アユへの食害と、コロニーのある竹生島（長浜市）と伊崎半島（近江八幡市）での森林の衰退が問題となっています。興味深いことに、このような個体数と分布の変化や被害問題は、同じ時期にヨーロッパのカワウや北アメリカのミミヒメウでも起こっているのです。

カワウと人とのかかわりは、時代によって、場所によって異なり、様々な形に変化し続けてきました。このような様々なかかわりを考えると、単に「保護か駆除か」といった枠では収まりきらない、野生生物と人間との関係の奥深さをかいま見ることができます。

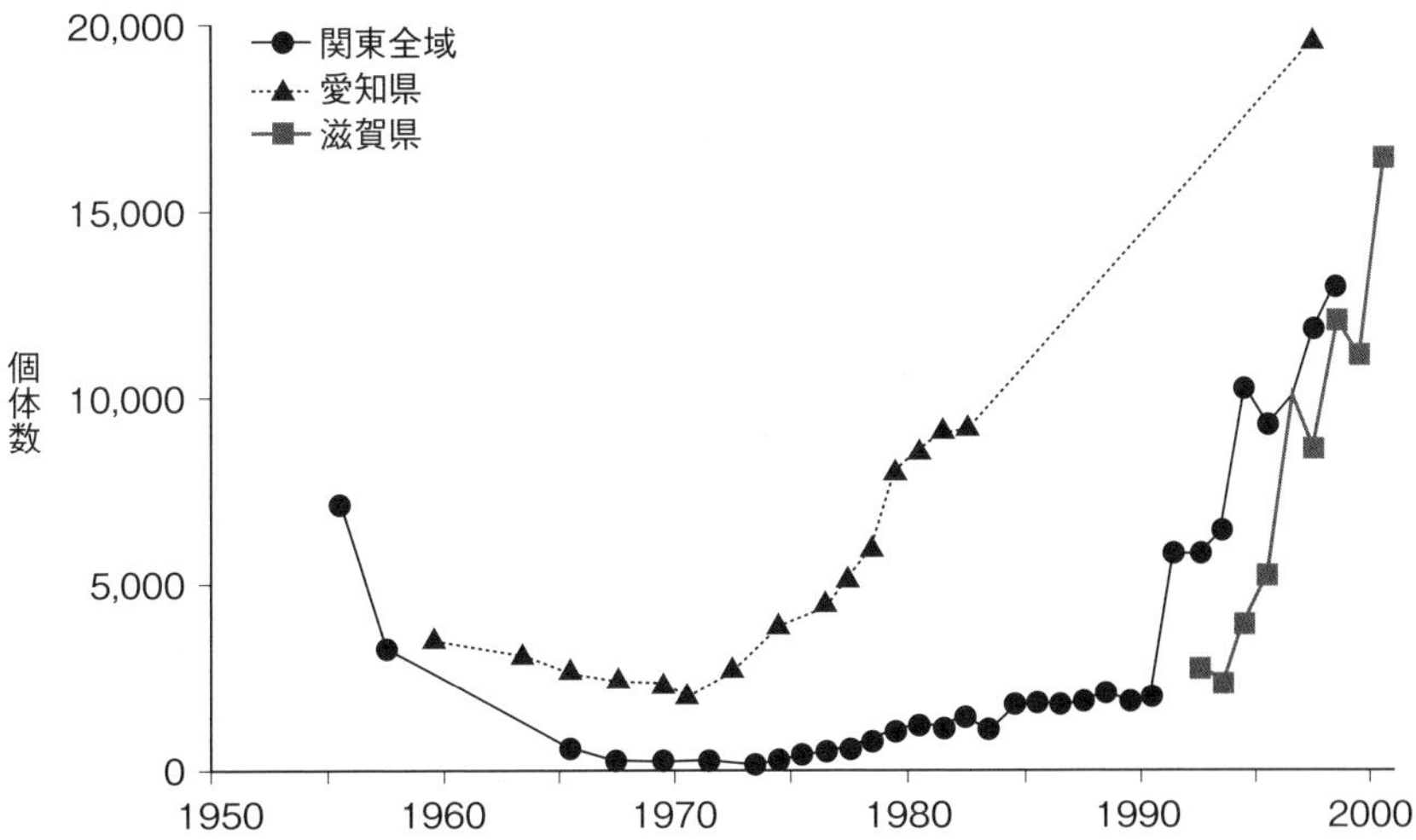

1950 年代～ 1990 年代の主なカワウ生息地の個体数の減少と増加
（滋賀県でのカワウ生息数調査は 1992 年より）

54 里山って何だろう

布谷知夫

電気やガスといったエネルギーが普及する以前、家庭での炊事などには薪や柴、あるいは炭を利用していました。大きな町であれば薪は売られていましたが、日本中の大部分の家庭では近くの山から薪や柴を刈り出していました。そのため、周りには田や畑があり、田畑の用水や生活用水の水路や池などがあり、薪を切り出す林がありました。林の落ち葉は集めて燃料やたい肥として、切り出された薪を燃やしてできた灰は肥料として用いました。このように集落と田畑、水路、林は、切っても切れない関係であり、一つのまとまりとして存在していました。

このような林の木は、伐られてもすぐに切株から芽を出して、十数年もすると元の大きさに成長します。そのため、例えば集落で必要な量だけを一五年間伐り続けたとしても、一六年目には伐った場所はまた伐ることができる大きさに成長しています。さらに一度に切るのは林の中の一部の木なので、ほかの植物や昆虫などの生物も、それぞれに適した場所で切られていない場所に移動しながら生息していくことができます。

昔からの暮らしは、このように集落の周りの林を利用することで成り立っていました。このような林を「里山」と呼びます。あるいは最近ではもっと広い意味で、林のほかに田畑や水路や集落全体を含めた農村の風景全体を里山と呼ぶこともあります。しかし今では薪や柴は生活に必要ではなくなったので、林の木を伐ることがなくなり、人の手が入らなくなった林は荒廃し、また不要になったために木が伐り払われて宅地などに使われるようになっています。

よく手入れのされた里山
クヌギとコナラからなる林で，切り払われた切り株から新しい芽が出て大きくなり，地上部が数本の株立ちした個体となっています。低木や落葉は日常的に取り払われてあまり見られません（滋賀県志賀町）。

炭焼き
炭焼き窯，横に積み上げられているのは炭にするためのクヌギの木（大阪府能勢町）。

55 弥生時代の林を復元するには

布谷知夫

琵琶湖博物館の近くを流れる野洲《やす》川の扇状地《せんじょうち》には、たくさんの遺跡が見つかっており、そのほとんどが弥生時代のものです。地元の教育委員会が発掘調査をしています。その中の下之郷《しものごう》遺跡の発掘資料から、昔はその遺跡の周辺にどんな林があったのかを調べました。

集落遺跡からは昔の木片がたくさん出てきます。何かつくられたものの破片もありますし、薪《まき》にするために集落にもちこまれた木材もあります。しかしそういう木片は、それほど遠くから運んだものではなく、近くにあった木を切ってもってきたのだろうと思われています。そこで遺跡から出てきた木材を、木口面、板目面、柾目面の三断面で薄く切って顕微鏡で観察し、そこに見られる道菅や柔細胞などの配置の特徴から、木片の樹種を調べました。およそ二五〇〇個ほどの木片を調べてみたところ、六七種類もの樹種があることがわかりました。

森林ではある環境のもとで決まった優占樹種があらわれ、その樹種に特定の他の樹種がともなったグループをつくります。例えばカシは、土壌養分の豊かな、適湿な場所で育ち、その林は薄暗いために、カシ林であればカシとともなって必ず見られる植物のグループがあります。六七種類の樹種を優占種になりうる種とそれにともなう種のグループごとに分けてみたところ、いくつかのグループがあることがわかりました。つまりこのような林が集落の近くにあったということになります。

その結果は、人があまり利用していない林として、カシなどの常緑樹の林、旧自然堤防にできていたケヤキやエノキの林、多湿地のヤナギやハンノキの林、人がよく利用する林として、コナラなどの落葉樹の林、ネジキ、ツツジ類などアカマツ林に見られるようなやや乾燥地の林がありました。また林の縁や道端のヌルデ、イヌビワなどや、裸地にすぐに出てくるタラノキやネムノキなどがあり、おそらく近くにはなかったけれども利用するために遠くからもってきたと考えられるスギがありました。このような林を現場の地形を見ながらふさわしいところに置いて、昔の環境の想像復元図をつくりました。

遺跡からは、植物の実や葉、昆虫なども出土しており、そういう他の生物からわかる情報とあわせて、昔の環境復元を完全なものにしていきます。

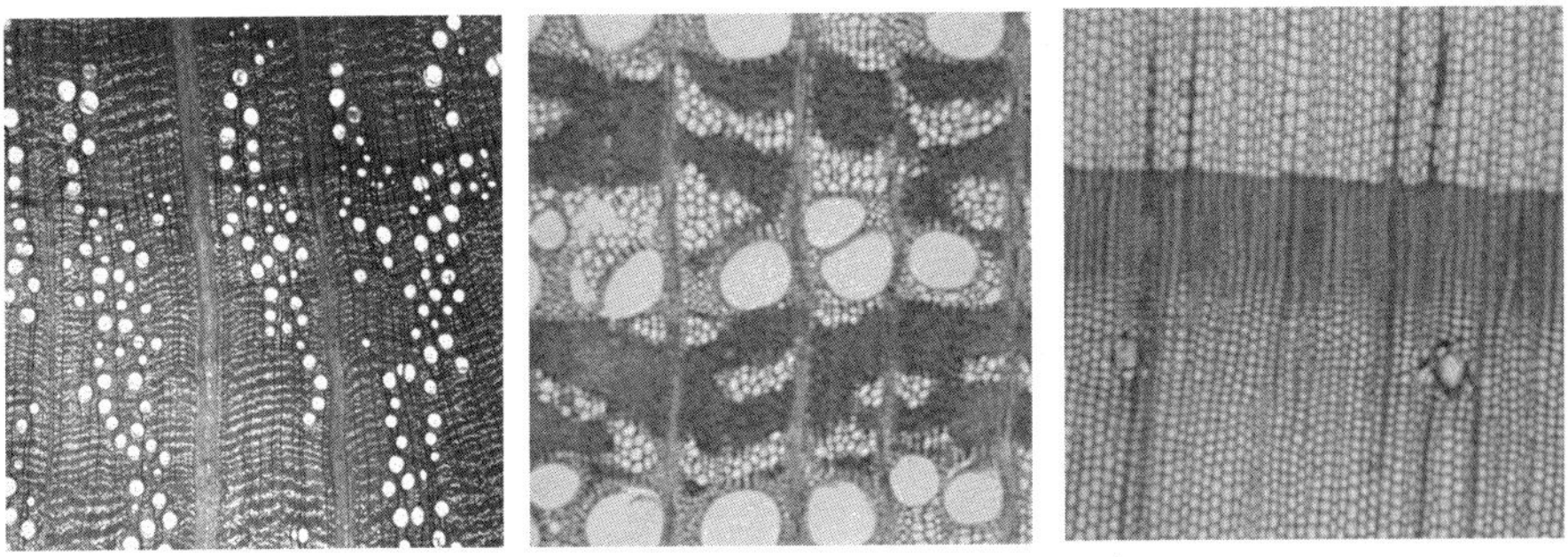

アラカシ　ケヤキ　アカマツ

木口（幹の年輪が輪に見える断面）顕微鏡写真

アラカシとアカマツは年輪境〔冬の部分〕を含んだ２年分，ケヤキは３年分の年輪。アラカシとケヤキの白く抜けた円が道管，ケヤキの薄く白い部分は柔細胞の集まり，アカマツの２か所の白く抜けた部分はマツヤニが通る樹脂道。

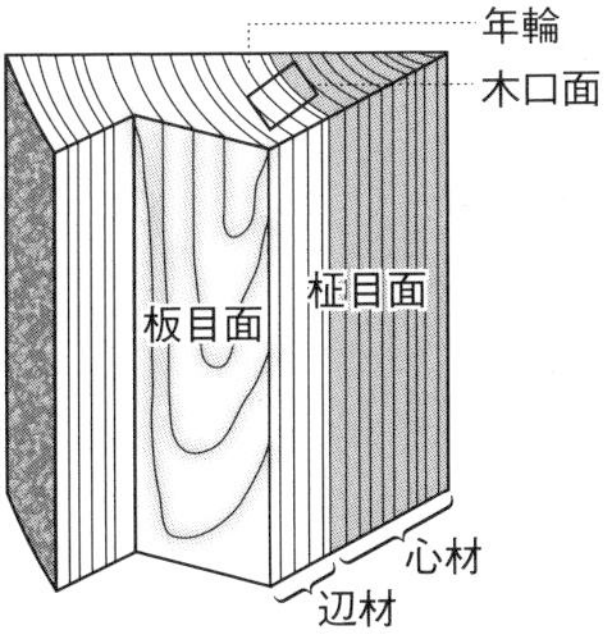

56 川が林をつくる

布谷知夫

山地を流れる川の両側には、やや多湿な土壌と高い大気湿度によって、独特の林が形成されます。そしてその川が平地に入っていくと、今度は平地の川に独特の林が形成されます。

今は平地を流れる大きな川には人工の堤防がつくられています。しかしまだそういう堤防をつくる技術がなかった時代には、川は平野部を自然な形で流れていました。多くの場合には何本にも分かれて、海に流れ込んでいたのです。そのような川の両側には、流れてくる土砂で自然の堤防がつくられます。このような自然堤防の上は、平野部の中では安定した土地であり、適度に多湿な肥沃《ひよく》な土壌であるために、特有な林が形成されるのです。

その林とは、ケヤキ、エノキ、ムクノキなどの落葉樹で構成されています。もともとは川の両側を緑のベルトが取り囲むようにして川岸の林があったと思われるのですが、今は開発されて、ほとんど残っていません。それでも大きな川の堤防の上に大木が残っていると、それはほとんどケヤキやエノキなどで、元の林の名残であることがわかります。そのことから人が川に堤防をつくり始めた後も、元の自然堤防をうまく利用して川の管理をしたと考えられます。

現在そういう川岸の林が残っている所では、高木層の落葉樹の層の下に常緑樹の層が形成されています。高木層のケヤキやエノキなどは光が当たらないと種子がうまく発芽しませんし、弱い光の中では、発芽しても枯れてしまいます。ですから林の中では、薄暗い場所でも種子が発芽して成長できる常緑樹が多くなり、だんだんと大きくなってきているのです。将来は、高木層の落葉樹が枯れて、常緑樹の林ができると思います。しかし現在、そういう常緑樹の川岸の林は、ほとんど見ることができません。

おそらく、昔はいつも洪水の影響を受けて、高木が倒れて明るい場所ができ、そのために落葉樹の林が維持されてきたのだろうと思います。

対岸から見た愛知川の川岸林

愛知川川岸林航空写真

57 森林と琵琶湖の関係を調べる意味

草加伸吾

近年、水道水源の水質悪化とともにおいしい水に対する関心はますます高まり、様々な銘柄の天然水やミネラルウォーターが店頭を飾り、「自然の山の水はおいしい」という共通概念のもと、ガソリンよりずっと高い値段で売られています。しかし、もととなる雨水は、そのままではとうていおいしい水とはいえません。「二一世紀は環境の世紀」といわれるように、「おいしい水」に対する関心の高まりとともに、水環境に寄せる関心もこれまでになく高まっています。地球規模で進む様々な環境問題同様、この滋賀県でも、過去三〇年ほどの間に降水は酸性化し、最近特に北西部で、pH4を下回る雨が降ることがあります。また冬場の雪に酸性の降水が多いのです。にもかかわらず、渓流に流れる水は、酸性ではなく、ほぼ中性の、水質調節[*1]された水です。では一体どこでどのように、酸性物質を多く含んだ雨水がおいしい水の条件を備えた「山の水」に変わるのでしょうか？　このような疑問にも触れながら森林と琵琶湖のかかわりについて述べていきます。

さて、森林と琵琶湖をつなぐもの、それは水です。太古の時代から、森林に降った雨はいったんしみ込んだ後、流出して沢となり、集まり、四〇〇本以上の川となり、琵琶湖に注いできました。数十万～数万年の間、森林は水を通して琵琶湖に適度な栄養分を供給してきたのです。数万年のオーダーでゆっくり進むのが自然本来の富栄養化でした。

＊1　雨の水に含まれる酸性イオンやゴミ、栄養物質が取り除かれ、土壌中のミネラルが溶け込むことで、人間にとって適した、pHが酸性から中性へと調節された水。

縄文時代以降近世まで、その水の恵みを受けて琵琶湖のまわりにたくさん人が住むようになりましたが、森林と琵琶湖それぞれの環境の変化は小さかったと思われます。

しかし、おもに江戸時代後半から第二次世界大戦が終わるまでの収奪の時代と戦後の拡大造林の時期に森林の方に変化が生じました。広大な面積の森が切られたのです。全国同様、滋賀県でも約四〇パーセントの森林が植林に変わってきました。また今後、順次、伐期を迎えることになります。森林が伐採されると蓄積してきた大量の栄養物質を水とともに流出することが最近の研究で明らかになりました。このことはこの四〇年来の琵琶湖の急速な富栄養化に拍車をかけた可能性があります。

琵琶湖は、日本最大の湖です。そして今日では、大阪、神戸、京都など大都市に暮らす一四〇〇万人もの人々の生活水を供給する大切な淡水供給源となっています。また同時に、長い歴史の中で、多くの固有種をはじめ、多様な生物を育んできた存在でもあります。これまでも、この水環境を回復し、急速な富栄養化を防止するために、官民一体となって様々な努力がなされてきました。にもかかわらず、まだ改善されたとは言い難いようです。湖の富栄養化を抑制する対策の中で、琵琶湖集水域の森林管理の方法が大きな役割を果たすのではないかと期待されるようになってきました。琵琶湖集水域[*2]の陸地の約六〇パーセントが森林で覆われているからです。

こうしたことから伐採などの森林管理の方法が、流れ出す水にどんな変化を与え、下流の琵琶湖にどのような影響を及ぼすのかを調べること、さらに水質に負荷を与えないようにするための条件を探し出すことは、大変重要な意味があります。

＊2　そこに降った雨がやがて琵琶湖に流入する範囲を指します。この場合、陸地と湖面とを合わせたもの。

58 森林の循環と「おいしい水」の生まれるしくみ

草加伸吾

ここでは森林本来の水量調節・水質調節機能を紹介しましょう。森林は発達するにつれ、枯れ葉や枯れ枝を落とし、それを餌とする土壌動物が増えます。ミミズやヤスデ、ササラダニ、トビムシなどの土壌動物は、活発に落ち葉を食べ、分解しますが、その一方、たくさんの糞を出し、いわゆる「土」をつくり、土壌の栄養や構造も豊かにしていきます。その結果、植物はますます繁茂し、光合成とともに、根から養分を吸収して成長を続けます。土のなかは、たくさんの根が腐ってできた穴や、土壌動物の活動する穴で、穴ぼこだらけになり、また何度も何度もミミズなどの土壌動物に食べられ、糞となって排泄された土がくっついて土壌の構造はさらに豊かになっていきます。このようなはたらき合いの結果つくられた土壌には、粘土+腐植複合体と呼ばれるコロイド*が含まれ、これが、水質を変化させるおもとです。土壌にしみ込んだ雨水を「おいしい水」に近いものに変えると考えられています。

水質を変化させるのは、イオン交換といわれる仕組みです。雨の水に含まれる酸性イオン(硝酸《しょうさん》イオンや硫酸《りゅうさん》イオンのともなう水素イオン)は、主としてマイナスに帯電している土壌コロイドの近くにいくと、その表面に吸着されますが、代わりにそれまで吸着されていたカルシウムやマグネシウムといったミネラルイオンが放出されます。こうして、水は中和され、かつミネラルを適度に含んだ水となって浸透していきます。また

＊ コロイド粒子とは、物質の分散状態において、その粒子が球形の場合は直径〇・一〜一マイクロメーターの範囲にあるもの。球状でない場合を含めて一般的には10^3〜10^9の原子集団からなる粒子と定義されます。土壌中のコロイドは、土壌の性質を研究するうえで重要視されています。

煤塵《ばいじん》などのゴミは、土中のたくさんの穴によってこし取られ、土壌の微生物により分解されていきます。アンモニウムイオンや硝酸イオンなどは、植物の重要な栄養素なので、土壌の間隙水に溶け込んでいる間に根に吸収され、減ります。こうして浸透水は様々な経路をたどり、大きな間隙や小さな穴を通りながらゆっくりと流出していくので、一時的に大量に降った雨もゆるやかに流れ出すことになるのです。また、地面の深いところでは、温度の差がほとんどなく、年間を通して安定しています。さらに、土壌動物や根の呼吸により生じた炭酸ガスを豊富に溶かし込みます。このようにして、ミネラルに富み、しかもゴミなどもこし取られた安全でおいしい摂氏一二〜一四度の水となって渓流に流れ出すのです。

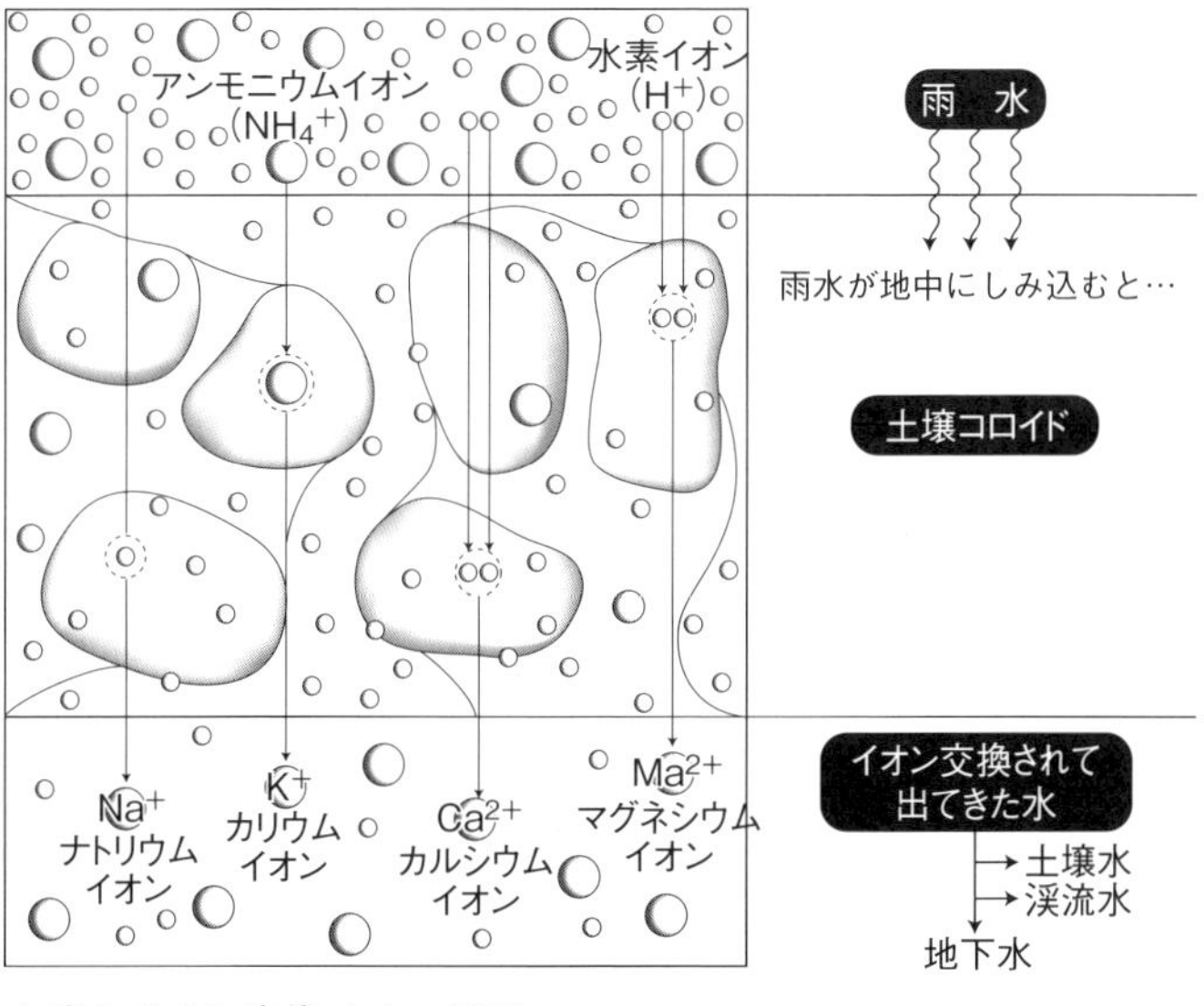

土壌のイオン交換イメージ図

59 森林伐採研究の方法とわかってきたこと

草加伸吾

ふだん森林は、琵琶湖においしい水を供給しています。ところが森林がなくなったらどうなるか、両者の関係上、影響が大きいと思われる伐採について、私たちは一〇年以上前から安曇《あど》川流域の滋賀県高島市朽木《くつき》で、いくつかの研究機関と共同調査を行っています。伐採の、土壌や下流水域への影響を調べるために、森林の流域と、森林を伐採する流域を実験的に定め、両方の流域の流出量や渓流水の水質を同時に調査することで、伐採の前後に両流域がどのように違ってくるかを比べています。ふだんの状態を知るために定期的に月一回、水を採って調べています。特に大量の雨水が降って森を通って出ていく台風や梅雨のときの調査が重要となるので、大雨の時にも現地に赴き、雨の強さや川の水量を見ながら、降り始めから降り終わってふだんの流量に戻るまでを連続的に観測しています。さらに、硝酸態窒素《しょうさんたいちっそ》などの富栄養化物質を形成する土壌でどんな変化が起こっているのかについても並行して調べています。

このような調査で、これまでに、次のようなことがわかってきました。

・表層土壌中のカルシウム、マグネシウム、ナトリウム、カリウムなどのミネラルは伐採により溶脱[*1]して、一年目にはもとの約七割の量にまで減少している。

・森林を伐採すると、富栄養化物質である硝酸イオンが斜面の中部、下部で形成される

＊1　それまでそこにとどまっていたものが溶けて流れ出し、失われていくこと。

ようになる。伐採された流域では、台風などの大雨による流出の時に、これらの硝酸イオンが下流域へ高濃度に流出していた。また、斜面上部では、伐採後も硝酸イオンはほとんど発生せず、斜面中部、下部と下がるにつれ、硝化がより激しくおこり、斜面の下方ほど、より高濃度の硝酸イオンが発生した。

・伐採半年後の夏から、徐々に流出する渓流水の硝酸イオン濃度が上昇し、伐採二年目になると、さらに前年を上回り、高濃度となった。最高濃度のときには、伐採された流域では、森林のままの流域に比べて二六・八倍もの濃度であった。

・台風の大雨一雨だけでも、一ヘクタールあたり約一〇キログラムもの量が下流域へ流出することが明らかとなり、これは伐採しなかった森林流域からの流出の約四〇倍にものぼる。

・下流域の富栄養化を起こす硝酸イオンの流出量が伐採によりどのくらい影響されるかを、伐採流域の濃度と森林流域の濃度の比をとって調べたところ、伐採により硝酸イオンの濃度は少なくとも晴天時でも一〇〜二〇倍以上、大雨時には三〇〜二〇〇倍以上に達していた。

・硝酸態窒素の流出は三年目から徐々に低下してくるが、七年目の二〇〇三年でも元に戻っていない。

これらの結果、通常行われてきた伐採は、下流水域への影響が大きいことがわかりました。大雨による流出のおこる夏期、琵琶湖は成層期[*2]で、表層の硝酸態窒素濃度は低下しています。しかし、集水域の伐採で、比較的温度の高い河川水が湖の表層近くに流入

＊2　夏場の湖では表層近くは太陽の強い光で水温が上昇し、温度の違う水は混ざりにくいため水温の違う水が層を形成しやすくなります。また、水界での主な生産者は植物プランクトンで、夏場はより深くまで光が透過し、光合成ができます。硝酸態窒素はこれら植物プランクトンの栄養となるので、吸収され、表層の濃度は低下しています。一方、それより深いところでは、生産量より分解量が大きくなります。

し、水質悪化（赤潮やアオコ）の原因となる植物プランクトンに硝酸態窒素を供給する可能性があります。このことから、過去および将来における、伐採による琵琶湖の富栄養化が懸念されます。

琵琶湖周辺のような、富栄養化防止のための努力が続けられている地域では、下流域の水環境保全をするための森林管理が求められます。

森林を伐採すると硝酸イオンが形成されるようになりますが、斜面下部ほど硝化が激しく、高濃度の硝酸イオンが発生することがわかってきました。そのため、硝化*3が起こる条件の特定とその回避方法の発見が、湖への硝酸態窒素負荷の減少と、コントロールされた伐採の両立をはかるうえで重要です。その際、特に斜面下部の保全が重要となります。斜面下部に富栄養化物質の発生防止と吸収ゾーンを兼ねて、林や渓畔林《けいはんりん》*4を残すことを提案したいのです。

＊3　一群の土壌細菌による、アンモニアを酸化して亜硝酸に、亜硝酸を酸化して硝酸にするはたらきをいいます。

＊4　河畔林、河辺林、河岸林ともいい、河川氾濫の影響を受ける川沿いに成立する森林を指します。

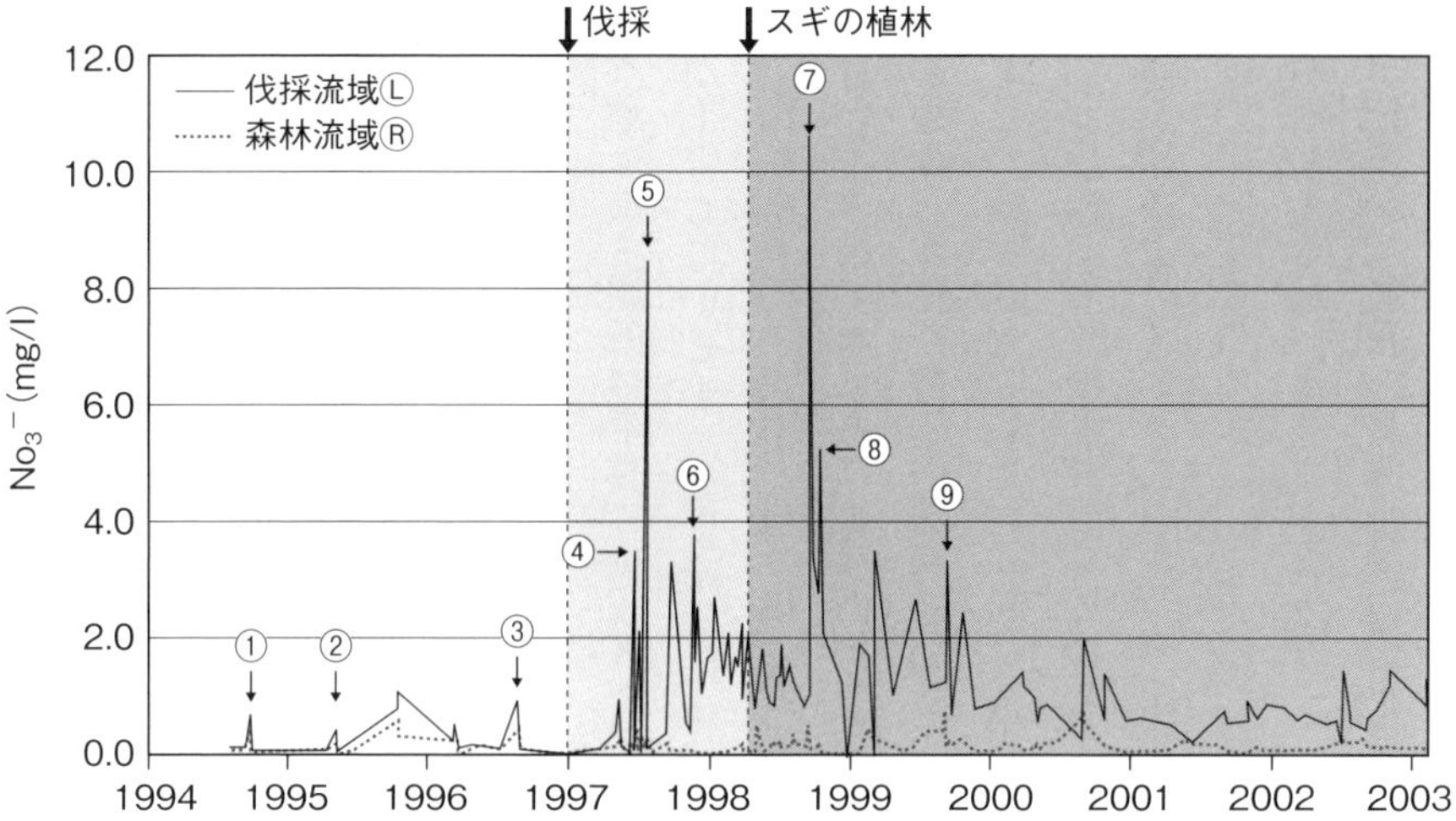

① 1994 年　9 月 29 ～ 30 日　台風 26 号（P=101 mm）*1
② 1995 年　5 月 12 ～ 17 日　湿舌*2 （P=396 mm）
③ 1996 年　8 月 26 ～ 30 日　秋雨前線（P=211 mm）
④ 1997 年　6 月 28 ～ 29 日　台風 8 号（P=101 mm）
⑤ 1997 年　7 月 26 ～ 30 日　台風 9 号（P=143 mm）
⑥ 1997 年 11 月 13 ～ 30 日　秋雨前線（P=220 mm）
⑦ 1998 年　9 月 21 ～ 24 日　台風 7 号と 8 号（P=249 mm）
⑧ 1998 年 10 月 17 ～ 23 日　台風 10 号（P=223 mm）
⑨ 1999 年　9 月　9 ～ 21 日　台風 16 号（P=160 mm）

渓流水中の硝酸イオン濃度の変化を伐採流域（Ⓛ）と森林の流域（Ⓡ）で比較
森林を伐採した流域（Ⓛ）では，伐採前には大雨が降っても渓流水中の硝酸イオン濃度は低かったのですが，1996 年 12 月の伐採後には濃度が高くなりました。とくに大雨の時には急増しており，1998 年 4 月の植林以降にも元に戻っていません。6 月，7 月の時には流量の増大と共に濃度が上昇し，減少すると元の濃度に戻りましたが，11 月になると，主に地下水からなる基底流出にまで硝酸イオンが出てきて下がらなくなり，それがずっと続いています。これは伐採により吸収されなくなった窒素分が微生物のはたらきで硝酸イオンに変化し，大量に流出していることを示しています。伐採していない森林の流域（Ⓡ）では濃度は低いままですし，大雨が降っても大きな変化は見られません。

＊1　表示期間における大雨の積算雨量。
＊2　天気図上で，暖かい湿った気流が舌状に進入している部分。前線などと結びついて大雨を降らせます。

60 森林と琵琶湖

長崎泰則

滋賀県は、周囲に千メートル級の山々があり、中心には水深百メートルを超える湖「琵琶湖」をもつ典型的な盆地となっています。琵琶湖の面積は県土面積の約六分の一、その周囲の山々は六分の三、つまり、県土面積の半分が森林です。琵琶湖の水は、周囲の森林から流れ込んでいます。

水源である周囲の森林には、スギ、ヒノキなどの針葉樹や、コナラ、ブナなどの広葉樹が生育しています。奈良時代には、平城京の造営や大仏造営のため、大津市東部の田上山《たなかみやま》から多くの大木が伐り出されました。当時は、水運が重要な輸送手段で、平城京に近い木津《きづ》川上流にあたる瀬田《せた》川周辺の木は地理的に好都合でした。ところが、その伐採跡地は、風化の激しい花崗岩地帯で植物が根づきにくく、森林が再生することが困難でした。植生に乏しい地表からは降雨の度に表土が流亡し、濁水となり、大雨のたびに河川が氾濫していました。そのため、河川付近の住民は、たまった川底の土砂を上げて堤防を積み上げていきました。草津市を流れる草津川が天井川[*1]となったのは人と災害との戦いの歴史なのです。

明治に入ると、オランダ人技師デ・レーケ[*2]などの指導のもと、積極的な治山工事や植林が行われ、現在のような緑の山が再生したのです。山があって、そこが裸地ではなく森林があることは、保水力や水質浄化に重要な役割を果たしているのです。森林は、単

＊1　堤防内に多量の土砂が堆積し、川床が付近の平野面より高くなった川。

＊2　ヨハニス・デ・レーケ（一八四二～一九一三）日本の砂防や治山の工事を体系づけしたことから「砂防の父」ともいわれています。

に琵琶湖の水源のみにとどまらず、水量や水質の調整に重要な役割を担っています。水域における上流森林の存在の重要性から、近年では、北海道や東北はじめ各地で漁業関係者による森林保全活動も行われています。

　また、森林は、このような山地災害防止機能、水源かん養機能、水質浄化機能ばかりでなく、住宅建築に欠かせない木材生産機能、生活環境保全機能（騒音防止や大気浄化）、保健文化機能（森林浴やレクリエーション）、野生生物の生息域としての役割も果たしています。

上　田上山地域の裸山状況（昭和45年）
下　田上山地域の回復状況（平成5年）
（出典『大津市田上地先「オランダ堰堤」と「鎧ダム」』滋賀県大津林業事務所）

61 樹木と樹病

長崎泰則

樹木は生きものであるがゆえに、その健康が損なわれることがあります。菌や昆虫などの影響によって成長や色、形が正常でなくなり、健康ではない状態になります。菌などによる内的要因が引き起こす症状を「病気」と呼んでいます。このような木の病気が「樹病」です。台風や雪などの外的要因による傷や折れは「病気」とは呼んでいません。しかし、外的要因も傷口が菌の侵入口となり、病気にかかる場合があります。また、色や形に異常があっても、人間にとって特別の商品価値がある場合は「病気」とは呼んでいません。

具体例を挙げると、庭木などが葉に白い粉が吹いたようになり美観を損ねるものに「うどんこ病」があります。例えば「モミジうどんこ病」は、病原菌 *Sawadaea tulasnei* によるもので、菌糸と胞子塊で白粉状を呈します。このようになるものに「すす病」があり、これは病原菌の状態になることがあります。逆に、葉に黒い煤《すす》のようなものがついた状態になることがあります。これは病原菌 *Capnophaenm fuliginodes* などによるものです。「シャリンバイすす病」の場合は、樹体表面についたカイガラムシ類の排泄物に菌が繁殖します。

庭木でなく、森林においては被害が広範囲になることが多く、例えば「松枯れ」として知られている「マツ材線虫病」は、滋賀県内でも毎年五〇〇〇ヘクタールを超える被害区域面積が報告されています。日本では、明治時代に九州で被害が発生したとされ、現在は東北地方まで被害が拡大しています。被害発生当初、病気の原因は不明でしたが、やがて、マツノザイセンチュウ *Bursphelenchus Xylophilus* が原因であることがわかりました。この線虫は、マツの材中にいるマツノマダラカミキリの幼虫に、羽化前に取りつき、羽化とともに他のマツへと移動していきます。それによって被害が広範囲に拡大します。

さらに近年では、滋賀県でもブナ科樹木が枯死する「ナラ枯れ」の被害が県南部へと拡大しており、効果的な被害の対策が望まれています。

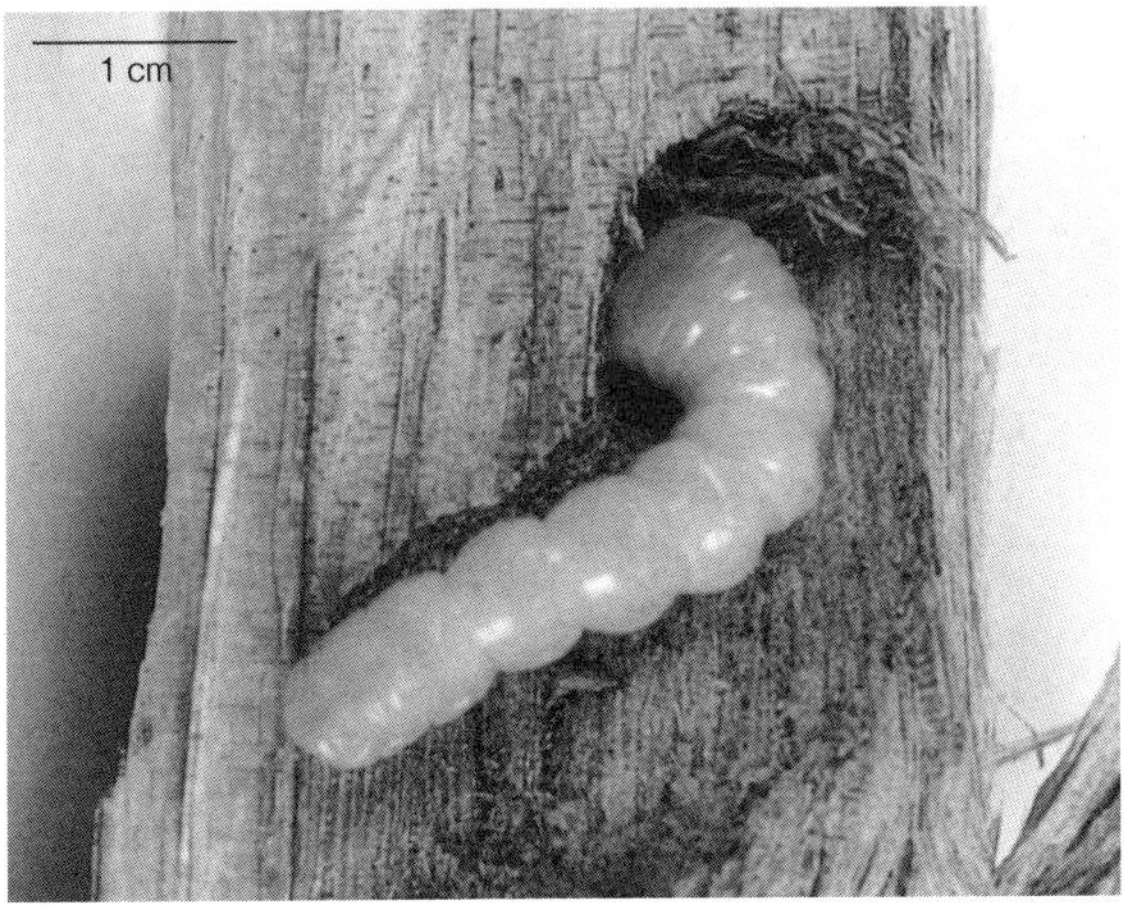

マツノマダラカミキリ
マツの枝をかじる成虫（上）
蛹室中のカミキリ老熟幼虫（下）
（出典『松くい虫はどのように究明され防除されたか―島根県における研究・普及・防除』企画　島根県農林水産部・発行　島根県林業改良普及協会）

62 林業と動物

長崎泰則

林業の仕事場は「山」、つまり森林の中です。森林内で植栽して木材を生産しているためそこに生息しているウサギやニホンジカなどの草食動物にとっては、植栽された苗も餌の対象です。人間にとって重要な建築材料であるスギやヒノキは、植栽してから五〇年間にも及ぶ保育作業を経て収穫されます。しかし、植栽直後の苗は、ウサギやシカによる苗の食害で甚大な被害を受けます。また、ツキノワグマによる「クマハギ」と呼ばれる大径木樹皮の剥皮害があり、収穫前なのに建築材として商品価値がなくなったり、被害がひどい場合は故損することもあります。林業という業種は、このような野生動物による被害の危険性に絶えず接していて、滋賀県でも特にニホンジカによる被害が増加してきています。

これらの被害対策としては、大きく分けると加害動物の駆除と苗や樹木自体を覆う防除の二種類の方法があります。駆除は加害動物の生息数を減少させることであり、狩猟による駆除などが挙げられます。ただし、この方法は、実際の生息数の把握もさることながら適正な生息数の把握が非常に困難なこと、狩猟者数が年々減少してきていることなど、確実な実施には様々な課題があります。

一方、防除は、植栽地を防護柵で囲って動物の侵入を防ぐ方法や、植栽した苗の一本一本を樹脂製の筒やネットで覆う方法があります。防護柵は他の方法と比べて一般的に

＊ 防護柵のように面的な防除でなく、苗の一本一本を筒やネットで覆う方法。

防除効果は高いのですが、積雪や動物による破損で、いったん侵入されると被害は甚大です。また、単木的防除は、滋賀県でも平成八年に使用済みペットボトルを継ぎ足した筒で樹木の周囲を覆って防除をした事例なども広まり、現在ではネットタイプの*単木的防除の製品がよく使われています。しかし、成長してネットから飛び出た部分への食害や、支柱とともに倒れてしまうといった問題もあります。「クマハギ」に対しては、滋賀県で始まったとされる樹幹へのテープ巻きが、一定の効果があるとされていますが、いずれの方法も単木的処理は、時間と労力がかかります。

　林業と動物は、森林内という同じエリアで活動しているため、駆除と防除をうまく組み合わせた解決方法が必要だと考えられます。

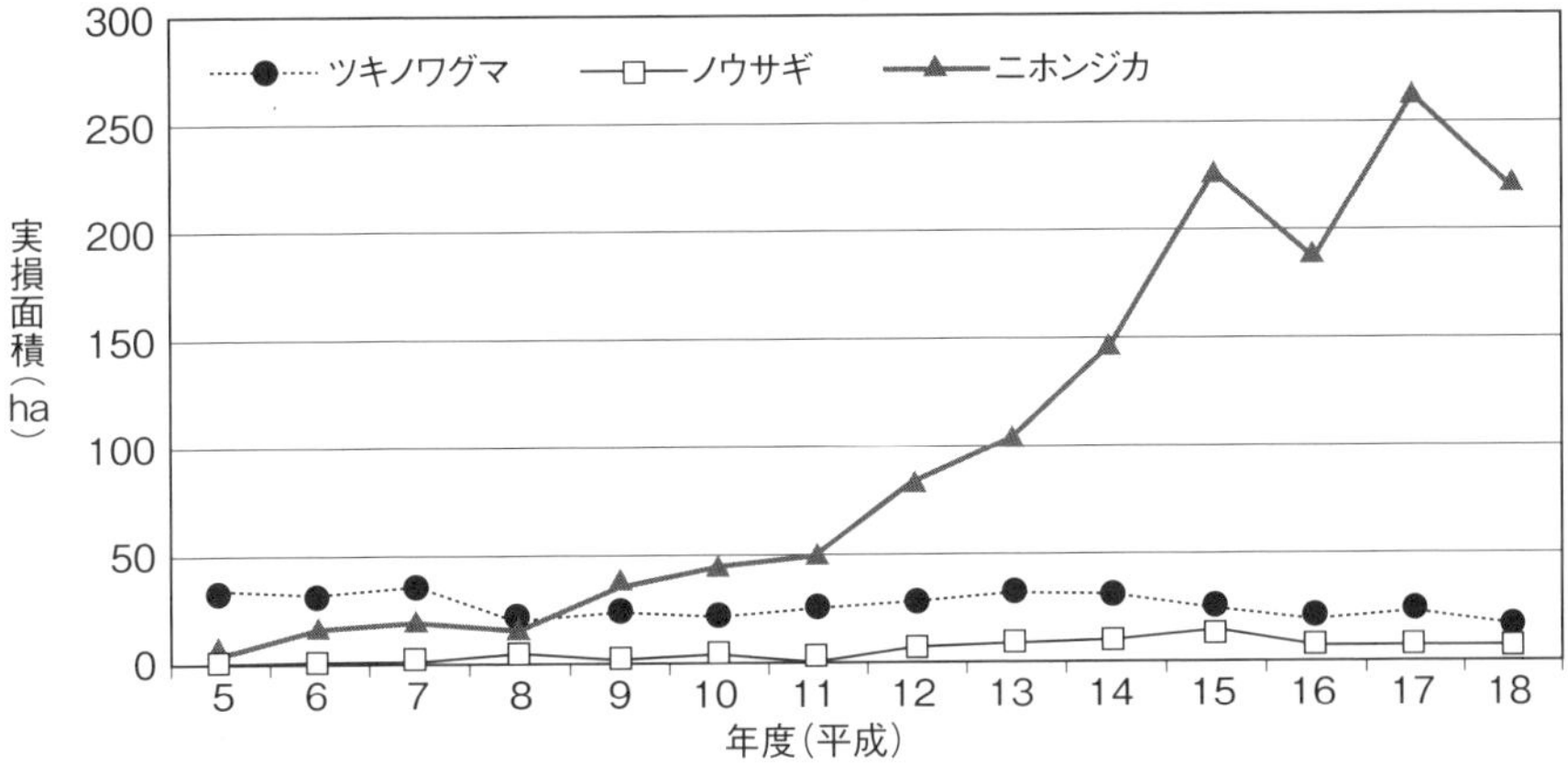

滋賀県の野生鳥獣害発生状況（滋賀県森林・林業統計要覧，平成18年度版より作成）

ツキノワグマによる「クマハギ」

防除ネット

63 タンポポの雑種

布谷知夫

一九七〇年代から、タンポポの在来種と外来種との比率を調べることで、その地域の自然への人の手の加わり方の程度がわかるという調査がされていました。在来種は草刈りなどの日常的な管理が続けられているような場所で見られ、外来種は宅地工事や道路工事など、土を掘り返して裸地にした場所に生えるという性質があるからです。この調査は、タンポポという誰でも知っていて親しみ深い材料を使うために参加しやすく、花を包んでいる総ほう外片と呼ばれる部分の形が、まっすぐ上を向いていれば在来種、そっくり返って下を向いていれば外来種と、それらの区別が非常に簡単で間違いがなく、結果がクリアにあらわれることから、小学校の教科書でも取り上げられるようになり、住民による環境調査の代表になりました。

ところが一九九〇年代になって、在来種と外来種との雑種があることがわかってきたのです。区別点である総ほう外片の形が中間形の株や、季節に関係なく咲いている在来種型のタンポポが目につくようになってきました。そして研究者によるＤＮＡの分析などから、それらのタンポポは在来種と外来種の雑種であることがわかりました。

二〇〇四年と二〇〇五年の春に、近畿七府県で雑種の判断基準などを統一して、同じ調査方法でタンポポ調査をしました。困ったことに、雑種には、総ほう外片が在来種と同じ形をした雑種、中間的な形をした雑種、外来種と同じ形をした雑種があります。在来種と同じ形をした雑種では花粉がうまくつくられていませんので、調査した花の花粉の形を顕微鏡で調べました。外来種と同じ形をした雑種はＤＮＡ分析をしないと、外来種か在来種のどちらかわかりませんので採取した花の一部を分析しました。

全体では三万点を超える試料が集まり、在来種は三九パーセントでした。府県によって在来種の比率は異なりますが、比率の多い和歌山県で五九パーセント、比率の低い大阪府では二九パーセントでした。滋賀県では、在来種が三六パーセント、雑種が五六パーセント、外来種が八パーセントという結果でした。

雑種の現状を確認し、タンポポを使った調査が今後も可能なのかどうかを探る、ということを目的にした調査でしたが、雑種の生態的な性質がほぼ外来種と同じであることがわかってきたため、タンポポの在来種を確認すれば、従来どおりの環境調査の材料として使用可能であることがわかりました。それにしても、身近なタンポポの世界が急速に変わっていくことに驚くばかりです。

在来種タンポポ

外来種タンポポ

雑種タンポポの頭花（総ほう外片）

64 ヨシの地下茎

布谷知夫

ヨシはイネ科の植物で、毎年二月の末ぐらいには地下の芽が動き出して、地上にあらわれ、六月の末ぐらいまで伸び続けます。そして九月の中ごろには穂を伸ばして花を咲かせ、冬には地上部は枯れて、地下部で冬を越します。地下には地下茎があり、そこから新しい芽を出し、地下を横に伸びて新しい場所に広がり、そこから地上に立ち上がります。そしてこの地下茎の節からは白くて細い根を何本も出して、それらはまっすぐ下に伸び、水や養分を吸い上げます。ヨシが水草であるとされているのに、乾いた場所でも見られるのは、この地下茎と根が地下の深いところまで降りているためです。

土を掘ってみると、一・五メートルぐらいの深さまで地下茎があるのがわかります。この地下茎を観察してみると、まっすぐ横に伸びた水平地下茎の先端が立ち上がって垂直地下茎になり、地上が近づくと節間が急に狭くなって、茎は細く、そして硬くなり、地上茎になります。どうやらヨシの茎は、水平地下茎、垂直地下茎、地上茎とはっきり役割分担ができているようです。川の堤防などでは水平地下茎が地面の外に出てしまうと枯れることがあります。地中の水平地下茎から垂直地下茎に変わった場所から水平方向の地下茎をまた出して、一年に何度も地上に立ち上がります。

地下茎は横か上方向にしか伸びず、下方向に伸びることはありません。ではどうやって一メートルを超えるような深いところに下りていったのでしょうか。おそらくそれは、潜ったのではなく、地面が上がったと思われます。つまりヨシ群落があるような場所は洪水や増水で水に浸かるため、流されてきた土砂がたまって、だんだんと地表が高くなり、その結果、ヨシの地下茎は地下深くなるのでしょう。ヨシの地下茎は大体五年ぐらいで枯れます。枯れる前に栄養分が地下茎に運ばれ、枯れた部分は黒っぽい皮だけのような状態になります。地下茎のつながりはそこで切れてしまい、一つの個体が二つに分かれることになります。

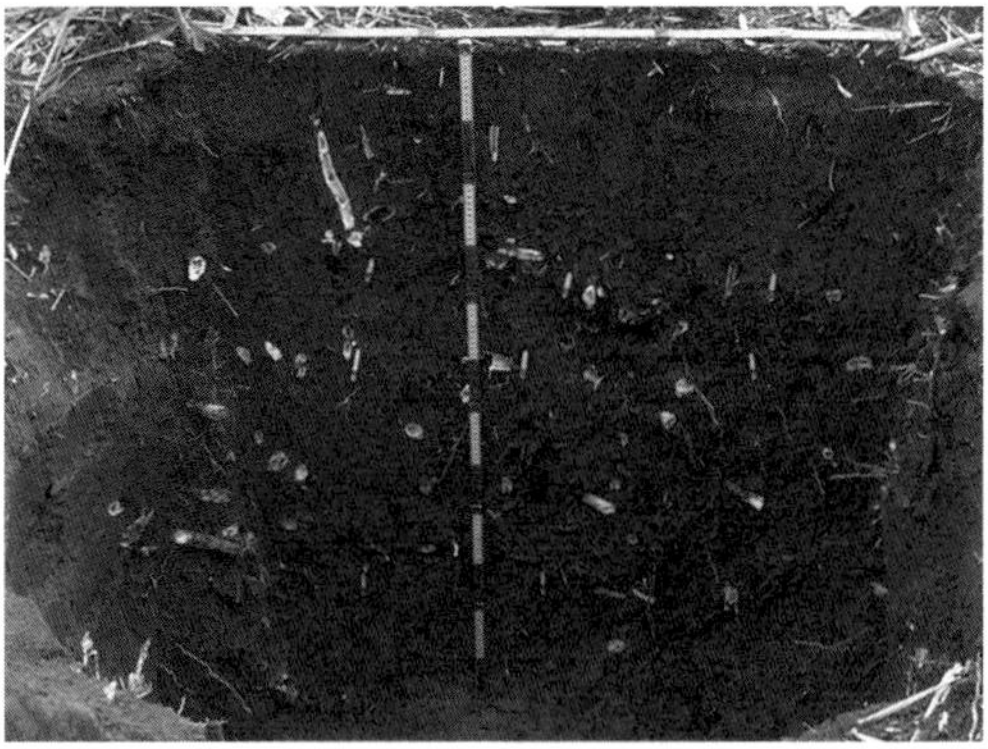

ヨシの地下茎。根は取ってあります。

1つのヨシの芽から伸びた地下茎と根(2年目の冬)。

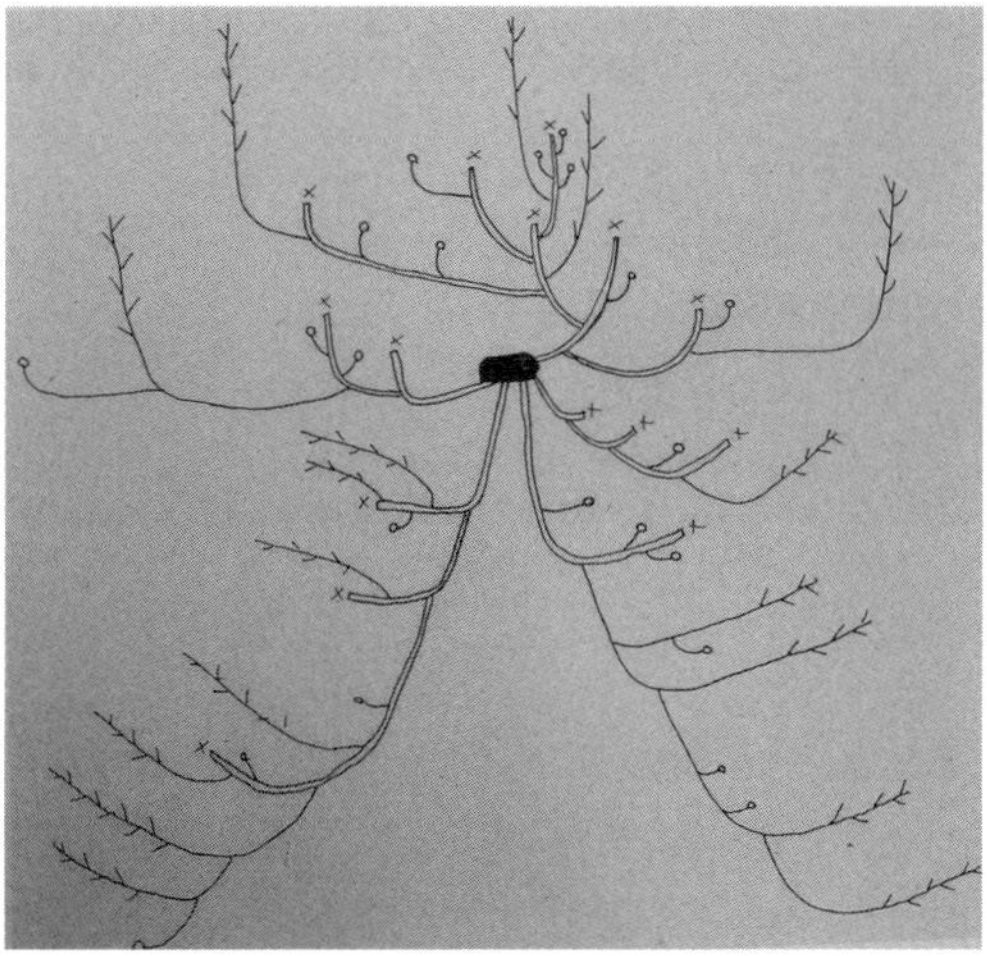

地下茎と地上茎を平面に描いたものです(左上の写真の根を取り除いたもの)。

C 展示室　人の暮らしと結びついた里山

C 展示室　人の暮らしと田んぼ、ため池

第5章

湖の環境と人々の暮らし

65 条里制と圃場整備

内藤又一郎

昔、日本では、米は人々の主食だったので大切にされ、そのため国にとっても水田の管理は重要なことでした。今から一〇〇〇年ほど前に、国は水田を管理しやすいように「条里制《じょうりせい》」という区画整理を行いました。

「条里制」は、日本において奈良時代から平安時代までの間に行われた土地区画制度で、土地を直角に整備したことにより、土地の位置表示や面積の管理が容易になりました。これを「条里型地割」といいます。

水田は「条里制」以来、大規模に改良されることはありませんでした。しかし、近代になって農業作業が機械化されるにしたがって、さらに大きな区画にする必要があり、「圃場整備」が始まりました。

全国的な規模の水田の区画整理は、西暦一〇〇〇年ごろの「条里制」と西暦二〇〇〇年にほぼ完了した「圃場整備」です。琵琶湖周辺の平地では、今ではほとんど「圃場整備」が完了していて、以前の地形はわかりませんが、以前の地図を調べてみると、縦と横が一〇九メートルの正方形に整った「条里型地割」の線形が確認できます。

「条里型地割」では、一つの水田の区画が、縦一〇〇メートル・横一〇メートルで、面積が一〇〇〇平方メートル（＝一反）となっていました。現在の「圃場整備」では、縦一〇〇メートル・横三〇メートルで、面積を三〇〇〇平方メートルにすることが標準となっていて、一区画の面積が「条里制」のちょうど三倍になりました。

「条里型地割」と「圃場整備」の区画を比較すると、縦の長さが一致します。これは特に合わせたものではなく、平地では地形の変化の影響を受けなかったからだと考えられます。ただ、水田は田植えの前に田面を水平に均さなければならず、一〇〇メートルという長さは限界ではなかったかと推測します。「条里型地割」と「圃場整備」が一致した長さとなったことは、逆に「条里制」が当時の技術としていかに偉大な事業であったかを考えさせられます。

最近では、農業機械の大型化が進み、大きな水田は農作業の効率がよくなるので、縦も横も一〇〇メートルで、一区画が一万平方メートル（＝一ヘクタール）にもなる大区画圃場整備事業を実施するところも出始めています。

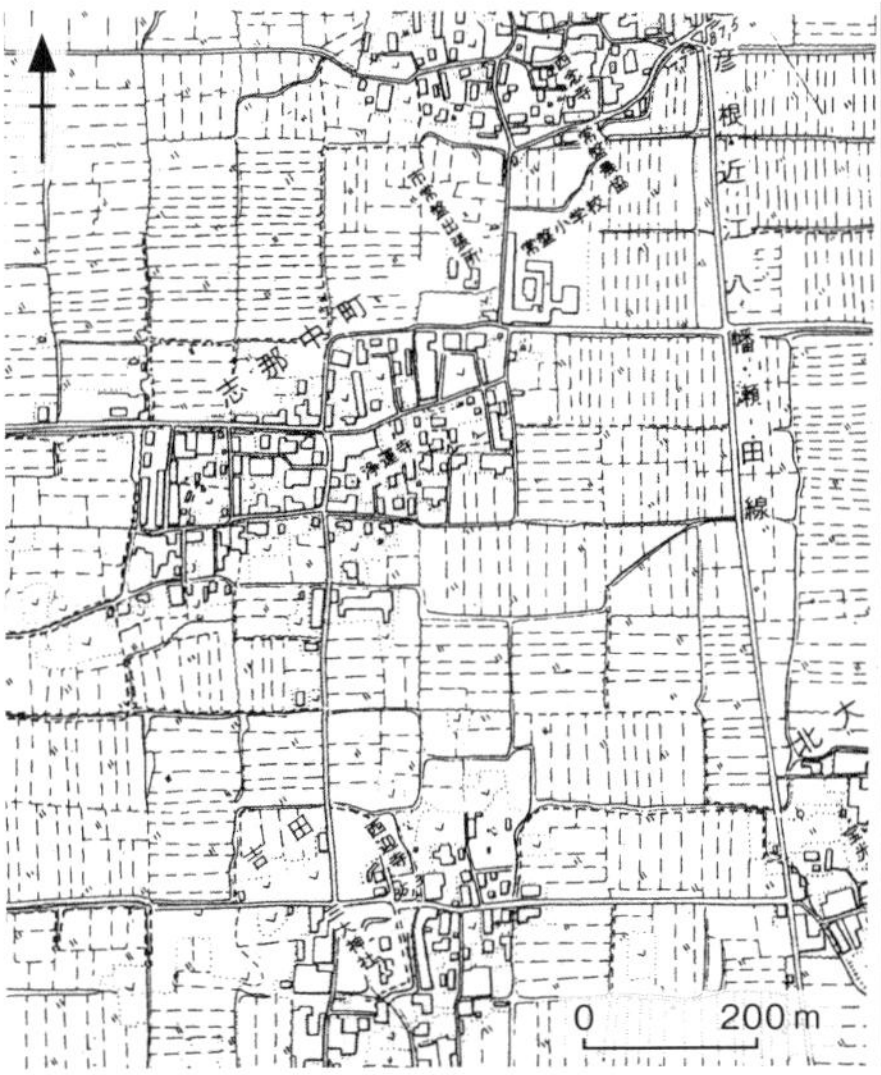

昭和 46 年の地図（圃場整備以前で条里制が残っています）。

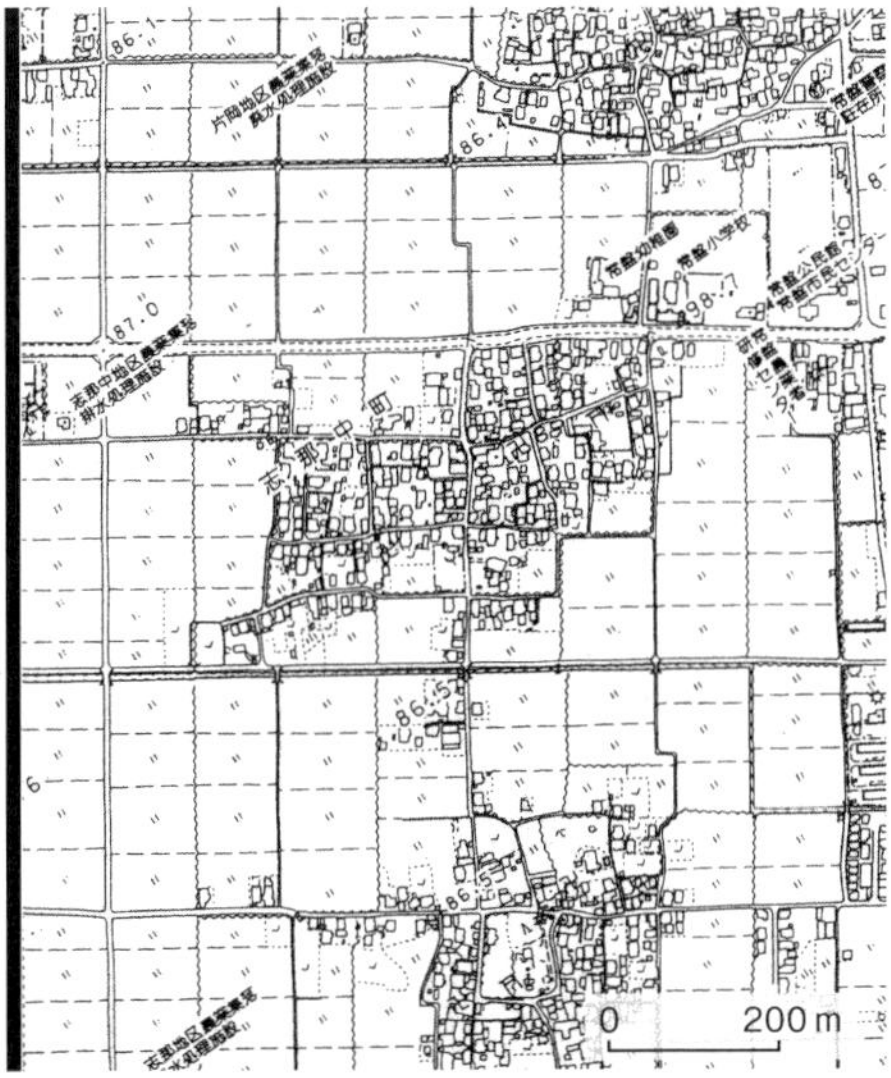

平成 11 年の地図（圃場整備は完了したが条里制の面影があります）。

条里制と圃場整備の比較図：草津市志那中《しななか》町周辺

66 水田の用水と排水

内藤又一郎

稲を育てる過程で、水田の用水は四月の田植え準備のころから必要になります。田植えが終わって、その後稲が成長する間は多くの水が必要になります。九月になって稲穂が実って収穫が近づくと、水を落として、水田を乾かし、土を固くして大型の農業機械で収穫できるようにします。このように、水田にとって用水と排水の管理は重要です。

昔、水田の用水源は十分でなく、また用水を導く水路は土水路が多く十分な流量もなかったので、用水の確保は稲作の過程において重要なことでした。そこで用水は大切に使わなければならず、上の水田の余り水はすぐ下の水田の用水に使われていました。このように昔は、排水確保より用水確保の方に気を使っていました。しかし一方で、いったん大雨が降ると、水田は一面に冠水してしまいました。

現在、滋賀県の圃場整備された水田は、琵琶湖、河川、ダム、ため池など確実な水源が確保されたため、干ばつが起こらなくなりました。

また、水路は、用水専用の水路と排水専用の水路に分かれ、各水田には用水専用口と排水専用口があるので、作物の必要性に合わせた水の管理ができるようになりました。大雨の時も、排水専用水路で雨水が排水されて冠水することがなくなりました。

現在の水田では、一区画ごとに、用排水が確保されているので、それぞれの水田で畑作もできるようになり、農産物市場のニーズに合わせた作物の栽培が可能になりました。

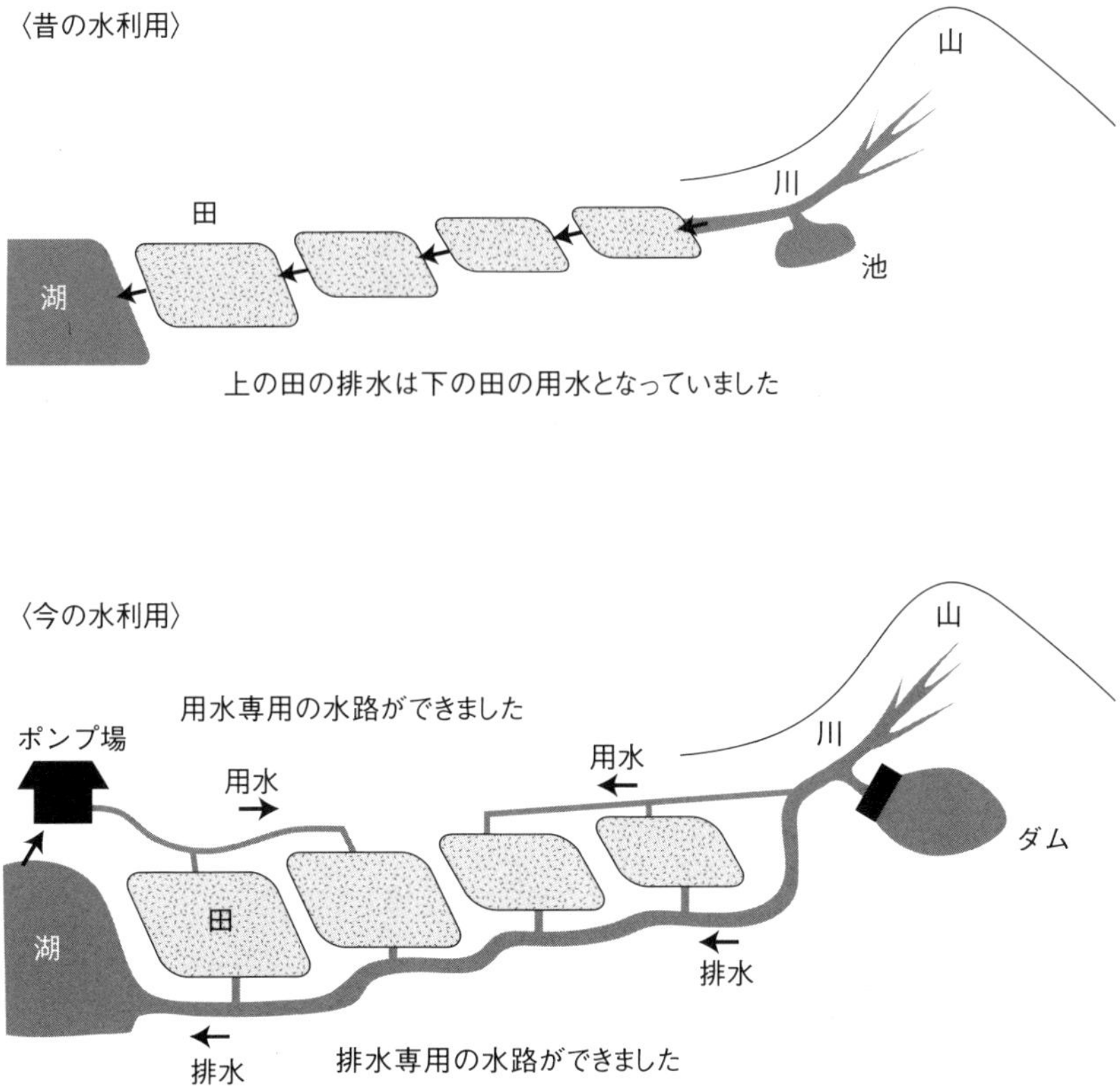

昔と今の水利用の違い
（みずすまし構想　農村地域の水保全対策構想 Vol.1（1997）より作成）

67 水田環境の変化と魚たち

内藤又一郎

工事をすると、そこでは、何らかの環境の変化が生じます。部分的な「点」工事に比べて、「線」工事、そして大々的な「面」工事ではさらに大きな環境の変化が生じます。水田の圃場整備は広域的な面の工事なので、環境が大きく変化することとなります。圃場整備の工事は、水田でも畑作ができるように、降った雨水が排水しやすく、またよく乾くように排水路を深くします。こうなると、水田に生息している動植物に変化が生じます。

琵琶湖の周辺部の水田では、圃場整備前は、田植えが終わったころ、水田の水面と水路の水位にあまり差がなかったので、魚は琵琶湖と水路と田んぼを行き来することができました。しかし、工事後は排水路が深くなったので、田んぼに上がることができなくなりました。

琵琶湖から水路をとおって田んぼに上がってくる魚たちは、単に遊びにきていたのではありません。田んぼに上がって産卵し、そこで生まれた稚魚は田んぼで発生したプランクトンを食べて成長し、また水路を通って琵琶湖に戻る習性があったのです。

「フナズシ」は琵琶湖の特産物ですが、その材料である「ニゴロブナ」は、まさにその習性をもった魚なので、生息環境の変化により数が減っていきました。漁業をしている人も、農業をしている人も「ニゴロブナ」の漁獲が少なくなってきているのを気にかけていました。

そこで、深い水路から水田まで魚が上がれるように、階段状の堰をいくつも設ける「階段式魚道」を設置する試みが始まりました。一つの段差は一〇センチメートルほどで、魚が段を一つずつ飛び上がって水田まで上がることが確認されました。

農地は農作物だけを生産する場だけでなく、人が自然と共生していく最も身近な場所です。多くの生き物とともに生きていくという立場に立って水田環境をとらえる考え方が、最近になってようやく芽生えてきました。

圃場整備前の水路

圃場整備後の水路

階段式魚道

68 七〇〇年前の魚と人との関係 ―奥嶋の漁撈1―

橋本道範

二一世紀を迎えた今、琵琶湖の魚と私たち人間との関係はどうやら大きな転機に差しかかっているようです。この関係の変化は、長い人類の歴史の中ではどのような意味をもっているのでしょうか。そのことを理解するためには、いったん過去にさかのぼってみる必要があります。地図の中に自分の位置を示すＧＰＳシステムのように、歴史の時間軸の中に私たちの位置を示すことができれば、それが将来へのドライブのための道しるべとなるでしょう。

でも、タイムマシンが開発されていないのに、どうやって過去のことを知ればよいでしょうか。発掘によって出土する遺跡やその遺物は、過去の暮らしの痕跡をそのまま伝えるものです。また、地名や言い伝え、少し前の時代まで用いられていた道具の中にも、ひょっとしたら手掛かりが残されているかもしれません。しかし、様々な資料があるなかでも、明確に人々が何を考えていたかということまで知ることができるのは、当時の人々が書いた記録資料だけです。

奥嶋の漁撈を取り巻く人々

琵琶湖の東部に位置する奥嶋《おくしま》は、かつては琵琶湖と内湖《ないこ》に囲まれた一つの島でした。幸いなことに、周辺のいくつかの寺院や神社には平安時代や鎌倉時代以降の古い記録資

「近江・畿内名勝図巻」(滋賀県立琵琶湖博物館所蔵)
19 世紀ごろ，江戸時代の奥嶋の様子

料が残されており、この地域の人々の暮らしの様子を知る手掛かりとなっています。それらの資料の中に魚の獲得をめぐる紛争が、一三世紀、鎌倉時代に集中して記録されていました。この時期に地縁的なムラがより小さな単位で生まれ変わろうとしていたためだと考えています。

ここで注意したいのは、これらの紛争に「網《あみ》人《うど》等《ら》」と呼ばれた専業の漁業者集団ばかりではなく、「土《ど》民《みん》等《ら》」とか「百姓《ひゃくせい》等《ら》」、あるいは「村人《むらんど》等《ら》」と呼ばれた一般の住人たちや、「下司《げし》」という役職の現地で領地を管理する武士、この地域の神社の神主、寺院の僧侶などが当事者として登場することです。魚の獲得をめぐってこの地域の様々な人々や集団が競い合っていたのです。このことは、漁撈によって得られる資源が、特定の人々にとってのみ大切であったのではなく、この地域の暮らす人々全体にとってたいへん大きな意味をもっていたことを意味していると考えられます。

69 魚道の掌握 ―奥嶋の漁撈2―

橋本道範

漁撈をめぐる紛争

奥嶋《おくしま》では、その周辺の寺院や神社に残された記録資料から鎌倉時代に魚をめぐる一〇件の紛争が起こったことが確認できます。そのうちの一つの資料を読み解いてみましょう。

図は、鎌倉時代末期の一二九八(永仁六)年の裁判の判決文です。裁判は奥嶋の中の大嶋神社《おおしまじんじゃ》とその氏子である北津田《きたつだ》、奥嶋というムラの人々がその隣の中之庄《なかのしょう》というムラの人々を訴えたものでした。この資料の中に「土民等私江利」と出てくることが目を引きます。「江利《えり》」とは、定置漁具の一つで、河川、湖沼などの魚の通路に、竹簀《たけす》などを渦巻き型、または迷路型に立て回し、魚を自然に囲いの中に誘導して、最後の囲いに集まったところを手網ですくい取る仕掛けのことです。この資料は、住民たちがそれぞれ内湖《ないこ》に江利を設けていたことがわかる貴重な資料です。しかし、ここでは、その個々の江利が住民たちの総意として否定され、新たに大嶋神社の江利が設置されたこと、そしてそのことが隣の中之庄との争いの原因となったことにより重要な意味があると考えます。飢餓や戦争の中で、魚をめぐる人々の対応は、個々の利益を否定してまでムラとして魚をより大量に確保しようとする新たな段階に入ったと考えられるからです。

また、この他にも、「白部若江《しろべわかえ》」という場所に設けられた「遠簀《とおす》」(魚のルートをせき止

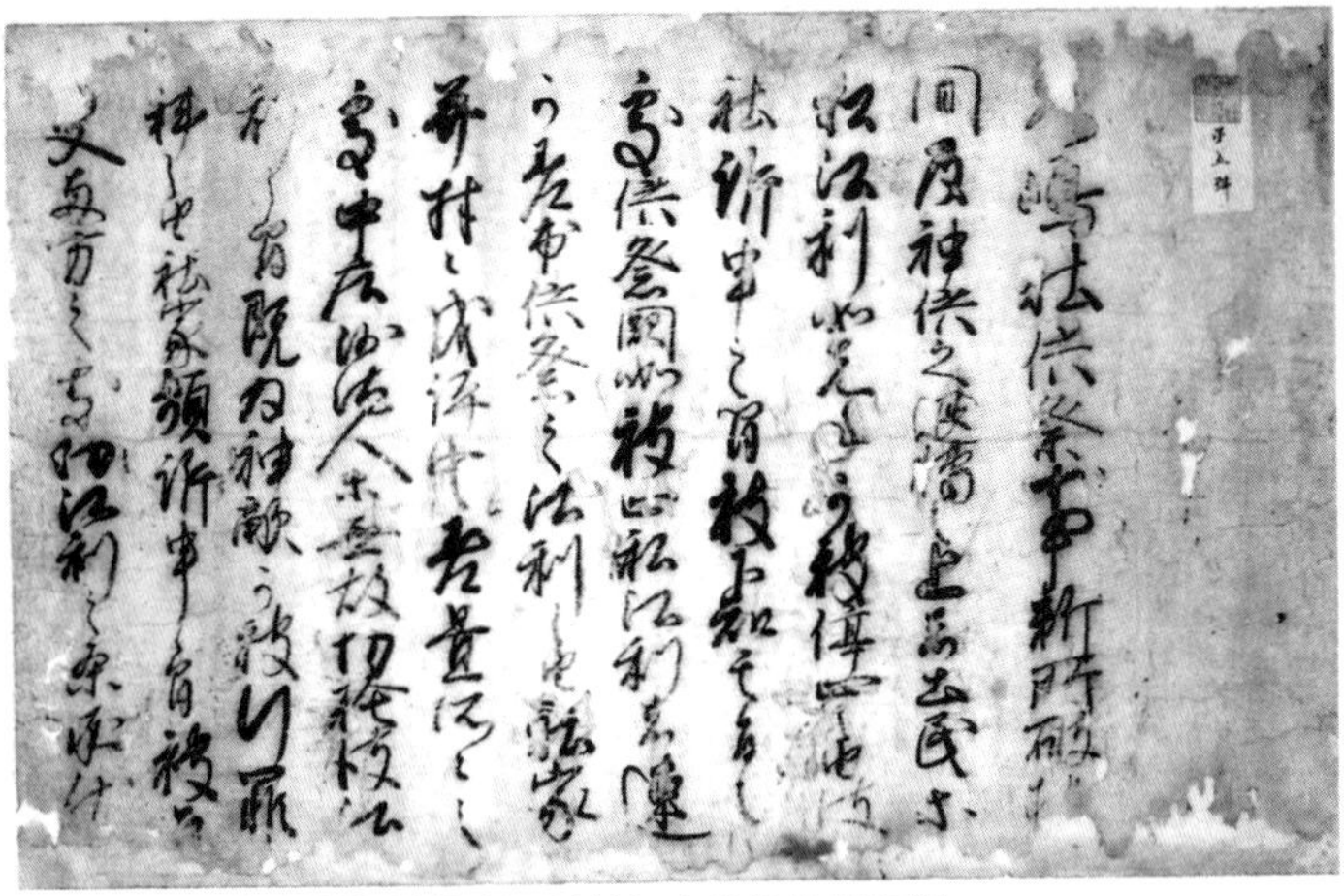

永仁六年，某裁許状断簡（大嶋神社・奥津嶋神社所蔵）
二行目から三行目にかけて，「土民等／私江利」とみえます。

める簀を遠くまで張ったものか）をめぐる「百姓等《ひゃくせいら》」と「甲乙人等《こうおつにんら》」（不当に権利を侵害するもの）との紛争では、「往古魚之通道」（昔からの魚の通り道）をふさいだことが問題となっています。この時期、釣漁、網漁も問題とされてはいますが、一〇件の紛争のうち六件は江利をめぐる紛争であり、残り二件も魚の遊泳ルートをめぐる紛争でした。どうやら、誰が内湖の魚道を掌握するかが争いの焦点となっていたようです。

奥嶋周辺では、こうした紛争が繰り返されながら、魚の捕獲をめぐる権利が現在にまでつながるムラによって分割され、干拓によって内湖が消滅するまで引き継がれてきたのでした。

70 殺生をめぐる葛藤

―奥嶋の漁撈3―

橋本道範

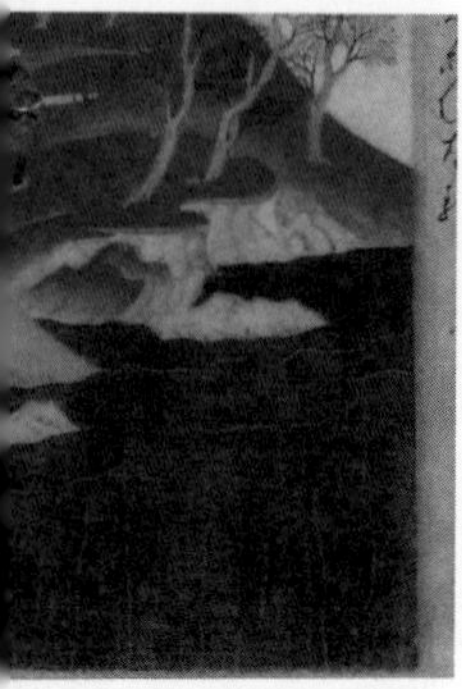

一三世紀の仏教説話集『沙石集《しゃせきしゅう》』は、「専業の漁業者集団である『大津ノ海人共』が仏事のため説経師《せっきょうし》を招いたが、なかなか心にかなう説経をするものがなかった。しかし、ある説経師が『湖は天台大師の御眼であるので、そのチリである鱗を捕るのは功徳である』と説いたところ、海人たちは喜んで多くの布施物を与えた」という話を載せています。

一三世紀は、*叡尊《えいそん》によって宇治《うじ》川の網代《あじろ》（川をせき止めて魚を捕る仕掛け）が廃止されるなど、仏教改革運動の一つとして殺生禁断が武力行使をともないながら強く推進された時代でした。仏教思想が庶民の暮らしの隅々まで影響を与えるなかで、延暦寺《えんりゃくじ》や園《おん》城寺《じょうじ》など大寺院のお膝元である琵琶湖で殺生である漁撈を行う人々は、心に大きな葛藤を抱えることになったと思われます。しかし、こうした殺生に対する葛藤が、人々を漁撈の否定へと向かわせたようには見えません。

琵琶湖の東部にある奥嶋には、長命寺《ちょうめいじ》という著名な西国三十三か所順礼の札所があります。その門前から対岸の「石津江《いしづえ》」までの「陸・海」は「殺生禁断」といって、殺生が禁止された空間でした。ところが、まさにこの殺生禁断とされた空間の中に近くの大島神社《おおしまじんじゃ》の江利が神社の供えものとしてあったのです。江利は、神社の供えものとして

＊ 一二〇一～九〇年。鎌倉時代中期の律宗の僧。仏教の戒律を重視して、殺生禁断や土木事業などを行いました。

『石山寺縁起』巻二（石山寺所蔵）
石山寺の殺生禁断の様子。寺の武力によってヤナが破壊されています。

魚千喉（匹）までは獲ってもよいとの合意のもとに経営されていました。このように、実際には巧みに折り合いをつけながら人々は暮らしを成り立たせていました。

『沙石集』には、琵琶湖で浦人《うらびと》（水辺に住む漁師など）が獲った鯉を延暦寺の僧が逃がしたところ、「賀《か》茂《も》神社《じんじゃ》の贄《にえ》として出離《しゅつり》（迷い・苦しみを離れること）するはずであったのに」と夢で鯉が恨んだ話や、舟に飛び込んだ鮒を僧侶（延暦寺僧と園城寺僧との二説があるといいます）が「我腹にはいったら必ず出離できるので、菩《ぼ》提《だい》を弔うから」と説法したうえで打ち殺して食べたという話も載せています。

殺生に対する葛藤は、人々を漁撈の否定へと導くのではなく、人間が自然と折り合うための新たな論理を生み出し、やがては、放生会《ほうじょうえ》や魚《さかな》供《く》養《よう》（死んだ魚の冥福を祈る仏教行事）という民俗儀礼へと人々を導くことになったように思われます。

71 琵琶湖で発達した待ち型の漁法

中藤容子

琵琶湖は食材の宝庫です。コアユ、ホンモロコ、イサザ、コイ、フナ、シジミ、エビ、そしてカモ。どれも湖国の味覚を特色づける食材で、近江各地の神事に欠かせない神饌《しんせん》の材料ともなっています。

こうした湖の幸を求めて、人々は湖辺に住み始めて以来、琵琶湖を舞台に多種多様な漁具・漁法を育んできました。岩場や砂浜、内湖などの岸辺、そして大きくて深い沖合など漁場環境が多様であることに加え、稲作のかたわらにオカズトリをする半農半漁の人々や、堅田《かたた》（大津市）や沖島《おきしま》（近江八幡市）の漁師のように中世以来琵琶湖一円での漁業権を得て行ってきた専業の漁業者など、漁撈《ぎょろう》をする人々も多様だったことが、この地域で多様な漁法が生み出された背景といえるでしょう。

琵琶湖で行われてきた代表的な漁法を、漁場と漁獲方法の積極性の違いで分類整理したのが表です。

魚のいる場所に漁具を仕掛けておいて、魚がくるのを

<table>
<tr><th></th><th>待ち型</th><th>中間型</th><th>仕掛け型</th></tr>
<tr><td>湖岸</td><td>●荒目エリ（コイ・フナ）
●細目エリ（モロコ類・コアユ）
●網エリ（フナ・ハス・マス・コイ）
◎堅瓶（コイ・フナ）
◎竹筌（エビ・ヒガイ）
◎網モンドリ（コイ・フナ）
◎竹筒（ウナギ）
◎蝦堅瓶（スジエビ・テナガエビ）
漬柴（コイ・フナ・ウナギ・エビ）
さで網（ホンモロコ・コアユ）
四つ手網（コアユ・マス）
延縄（ウナギ・ギギ・ナマズ・マス）
置針（ナマズ・ウナギ）</td><td>追いさで網
（コアユ）
大地曳網
（コイ・フナ・マス）
地曳網
（ハス・マス・ヒウオ・モロコ類・コアユ）
葭巻
（コイ・フナ・ワタカ）</td><td>貝かき網
（シジミ・イケチョウガイ）
押網
（フナ・コイ・ナマズ）
かき網（コアユ）
投網
（コイ・フナ・ワタカ・ハス・コアユ）
釣（ヒガイ・ウナギ・ナマズ・コイ）</td></tr>
<tr><td>沖合</td><td>□細目小糸網（コアユ）
□普通小糸網（ハス・フナ・モロコ網）
□フナ三枚網（フナ）
□長小糸網（ウグイ・マス）
流しもち猟（カモ）</td><td colspan="2">貝曳網（シジミ・カラスガイ）
沖曳網（イサザ・エビ・ゴリ・モロコ類・ヒウオ）
沖すくい網（コアユ）</td></tr>
</table>

琵琶湖で行われる漁法

倉田亨「三，琵琶湖の水産業」所収の表「琵琶湖漁業パターン」を改変(「琵琶湖」編集委員会編，『琵琶湖－その自然と社会』，サンブライト出版，1983, P111)

待ってとる「待ち型」の漁法は、農作業のかたわらに行うことができます。「仕掛け型」の漁法は、動力を導入して広く速く規模を拡大して仕掛ければ飛躍的に漁獲を高めることができるので、商品価値の高い魚種を効率的に獲る専業の漁業者にはうってつけです。「待ち型」の漁法でより多くの漁獲をあげるには、対象とする魚の習性に合わせて、漁具のつくりや設置場所・方法に工夫を凝らす必要があります。この「待ち型」の漁法が多種多様に培われているということは、すなわち、人々が琵琶湖にすむ魚の習性をよく知り、それをとるための工夫を凝らした結果だといえます。しかし、たとえ、専業の漁業者であっても「琵琶湖はお椀。片っぽでとったら片っぽで少なくなる」と考えていて、「仕掛け型」漁法の動力化は必要以上に推進されませんでした。

「待ち型」漁法は、「大型の設置型の陥穽漁具《かんせいぎょぐ》（表中●）」「小型の陥穽漁具（表中◎）」そして「小糸網《こいとあみ》（表中□）」の三種類があります。「大型の設置型の陥穽漁具」である「魞《えり》」は、水中に簀《す》や網を立てて魚を誘導し、逃げられなくなった魚を捕獲するものです。「小型の陥穽漁具」はかごに返しをつけて一度入った魚を逃げにくいようにしたもので、漁場に仕掛けます。「小糸網」は一般に「刺網《さしあみ》」と呼ばれる漁具で、水中にカーテンのように網を張り、網に引っ掛かった魚を網ごと引き上げます。これらは対象とする魚や設置場所によって漁具のつくりが異なります。「小型の陥穽漁具」は稲作の際に仕掛けて農業の妨げにならないため、農民の漁撈によく用いられました。

こうした魚とりの風景は、琵琶湖とその周辺の各地で季節ごとに見られる風物詩となっていました。

小糸網漁
水中にカーテンのように網を張り，かかった魚を網ごと引き上げます。

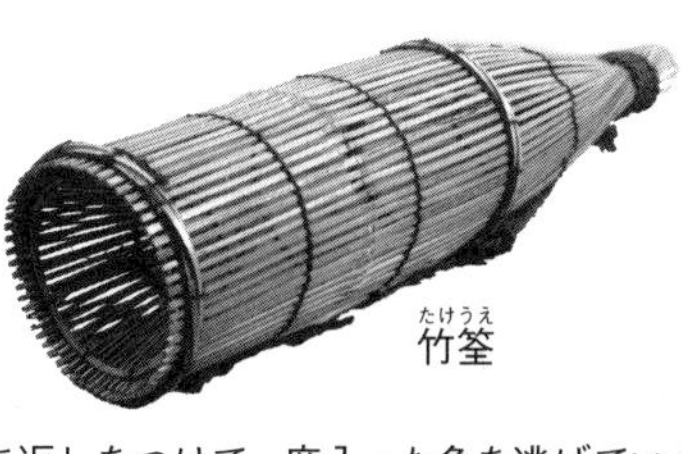

竹筌《たけうえ》
竹カゴに返しをつけて一度入った魚を逃げていくようにしたもの。対象とする魚や設置場所によって，目の粗さや入口部分の大きさなどのつくりが異なります。

72　進化する漁具「エビタツベ」

中藤容子

「待ち型」の漁具はちょっとしたつくりや設置方法の違いが漁獲を左右するため、漁業者は漁具の維持管理にかなり気を配ったようです。破れた網はこまめに繕い柿渋に浸し、竹製のかごにはコールタールを塗って長持ちするようにしました。化学繊維の漁網やプラスチック製のかごが導入されると、扱いやすく壊れにくいため一気に普及しましたが、その一方で、「魚の入りが悪い」と天然素材にこだわり続ける漁業者もいます。このように漁師は常に使える漁具に注意を払っているためか、新型の漁具を使い始めると旧式の漁具は簡単に廃棄してしまうようで、昔使っていた漁具を手に入れることは難しく、漁具の形態の変遷を実物で追うのはなかなか難しいことです。

幸運にも、本館収蔵資料の中でその形態の変遷を追うことのできる漁具の一つに「エビタツベ」があります。これは、琵琶湖でスジエビやテナガエビを獲るために使われるわな式のカゴ漁具で、漁船にこれを山積みして漁場に出て、一つひとつにエサの団子を入れながら延縄式《はえなわしき》に湖中に投げ入れて仕掛けてエビが入るのを待ち、一つひとつ引き上げて漁獲する「エビタツベ漁」に用いられます。

エビタツベの形態には表のような五つの段階があるようです。初めは竹簀《たけす》と竹の返し、そして藁で編んだ底を組み合わせて手づくりしていました。それが、底部の素材が藁からブリキに変わり、さらに、側面も底部もすべてプラスチック製のものがつくられるよ

エビタツベ漁

うになりました。こうした変化により、漁具が長持ちするようになり修繕の手間が少なくなりました。さらにプラスチック製は大量に購入することができることから、漁具製作にかかる手間もなくすこととなったのです。

　さらに、漁師の工夫は凝らされます。次の段階では入口が片方だけのものを二つ組み合わせた両口のタイプが登場します。これは、プラスチック製のものを底部を合わせて二つ組み合わせたもので、漁業者が考案し試作したものです。これにより、一つエサを入れて仕掛けることで、単純に考えて二倍の漁獲をあげることができると考えたのです。この方法は成功したらしく、現在は、プラスチック製のものを組み合わせてつくるのではなく、プラスチックのネット（トリカルネット）から直接、つくるようになり、漁具製作の手間が軽減されています。

　このように、漁業者がより少ない手間でより多くの漁獲をあげるために、漁具には細心の注意が払われ、絶えず工夫を加え、進化していくのです。

エビタツベの進化

段階と型	使用年代
1　竹かご・わら底型	昭和時代初期まで
2　竹かご・ブリキ底型	第二次世界大戦後から
3　プラスチックかご・ブリキ底型	昭和 40 年代から
4　プラスチックかご両口型	昭和 60 年ごろ
5　トリカルネット両口型	平成以降

エビタツベのいろいろ

73 琵琶湖の地曳網漁、むかしといま

中藤容子

琵琶湖漁業の中でも歴史のある漁法の一つに地曳網漁があります。「琵琶湖の地曳網は八ちょう」と言われ、沖島《おきしま》（近江八幡市）のほか、北小松《きたこまつ》（大津市）、海津《かいづ》（高島市マキノ町）、知内《ちない》（高島市マキノ町）、今津《いまづ》（高島市今津町）など限られた集落で行われていました。

棟梁が潮《しお》を見きわめ、船に大きな曳網を積んで沖合いに出て網を仕掛け、湖岸の砂浜に設置した木製のロクロを人力で回して網の両端を引いて魚を獲るという漁法で、大きなものでは網の全長が一八〇〇メートルにもおよぶ大規模なものです。網目の大きさが異なる二種類の網があり、オオアミではゲンゴロウブナ、コイ、ニ

『近江水産図譜　漁具之部』（明治時代初期）
「第一號　大網」の図

村人総出で地曳網漁を曳きます。

浜でロクロを回して網を曳きます。

ゴロブナを、コアミではアユとホンモロコを対象としていました。漁を始める前には集落中に合図が鳴り、集落の人々はみんなわくわくそわそわしたそうです。男衆《おとこしゅう》は何艘も船を出して網をかけに行き、女衆や子どもたちは砂浜で網を曳いて、かかった魚を取り上げて仕分けするという、人々が総出となって行われていた漁法でした。

第二次世界大戦後は、電動式のウィンチを使って網を引くようになり省力化は図られたものの、漁獲量や人手の減少により、ほとんどの集落では行われなくなりました。電動式のウインチの調子のよくない時には、電気を使わないロクロが活躍したそうで、いつか使う時がくるかもしれないと保管されていた知内の地曳網漁用具も、一九九九年、琵琶湖博物館に提供されました。今では常設展示しています。

このように地曳網漁をやめていく集落が増えていき、歴史ある琵琶湖の地曳網漁自体が消滅の危機にある一方で、かつてアユやモロコが獲れていた漁場に地曳網を仕掛けるとオオクチバスやブルーギルがたくさん漁獲されるようになり、近年では外来魚駆除の有効な手段として地曳網が使われるという皮肉な結果となっています。

地曳網にかかった外来魚を駆除します。

74 琵琶湖運河構想の歴史と本質

用田政晴

本州のほぼ中央に位置する琵琶湖は、若狭《わかさ》湾と伊勢《いせ》湾にはさまれた狭い部分にあるため、古くより琵琶湖と日本海を結ぶ、あるいは琵琶湖と太平洋とをつなぐ運河の構想が、何度となく計画されました。しかし、その都度、計画は挫折しました。

平安時代、平清盛《たいらのきよもり》はその息子で越前の守護であった平重盛《たいらのしげもり》[*1]に、琵琶湖の北端にある港町塩津《しおづ》と敦賀《つるが》を結ぶ運河の掘削を命じましたが、日本海側から一二キロメートルばかり掘り進んだところで巨大な岩に行く手を阻《はば》まれました。

安土桃山時代、豊臣秀吉は、敦賀城主の大谷吉継《おおたによしつぐ》[*2]に命じて、これも琵琶湖の北にある港町大浦《おおうら》から掘り進みましたが、岩山にあたり断念しました。ここは今でも「太閤のけつわり堀」と呼ばれています。

江戸時代には、北国の産物を京や大坂に運ぶ西廻り航路が開設されたために、衰退しつつあった琵琶湖水運を立て直すため、角倉了以《すみのくらりょうい》をはじめとする商人の発案によって、琵琶湖と日本海を結ぶ運河計画が何度となく浮上しました。しかしそのたびに、地元や湖岸の村、それに江戸幕府の意向もあり計画はすべて暗礁に乗り上げました。幕末には、彦根藩が琵琶湖と伊勢湾を結ぶ運河計画を立案しましたが、これも実現しませんでした。

その後、一九二四(大正一三)年、陸軍大尉吉田幸三郎[*3]は四〇〇〇トン級の軍艦を通すという壮大な「阪敦大運河《はんとんだいうんが》計画」を発表しました。また、一九三五(昭和一〇)年には、

*1　一一三八～一一七九年。平安時代末期の武将で、平清盛の嫡男。清盛の後継者と期待されながら、父に先立って病没。

*2　一五五九～一六〇〇年。戦国時代の大名で、越前敦賀城主。吉隆ともいい、関ケ原の戦いでは西軍に加担し、戦に敗れて自害。

*3　生没年不詳。陸軍の軍人。父、吉田源之助が一八七二(明治五)年、阪敦運河を計画し、それを引き継ぎ発展させた「阪敦大運河計画」を発表。

琵琶湖疏水の建設を指導した土木技師[*4]田《た》邊《なべ》朔郎《さくろう》が「大琵琶湖運河」計画を立案し、一万トン級の船を通そうとしました。いずれも日本海と琵琶湖、そして瀬田川、宇治川、淀川を使って大阪とつなぐというものでした。

最後の計画は、一九六一(昭和三六)年に立案されました。当時、日本政界の実力者であった[*5]大《おお》野《の》伴睦《ばんぼく》や四日市市長(三重県)らによる、伊勢湾、琵琶湖、敦賀湾を結ぶ日本横断運河計画です。当時、発展途上にあった四日市の工業地帯における用水を確保するという目的でしたが、これも実現されませんでした。

このように、琵琶湖運河構想の多くは琵琶湖と日本海とを結ぼうとするものが中心であり、後に、琵琶湖と大阪、琵琶湖と伊勢湾をつなごうとする計画が加わりました。その多くは経済的・軍事的な側面からの要請で、琵琶湖の周辺地域を洪水から守ろうという治水の目的などは付け足しでしかなかったのです。

一七二二(享保七)年には、琵琶湖と敦賀を堀で結ぶことによって琵琶湖の水位を二[*6]尺下げ、それによって生じる新しい田んぼの権利と堀を使って日本海沿岸地域からの物資を運ぶ権利を得ようと、京都の商人たちは幕府への願出を行っています。このことに、琵琶湖運河構想の本質がよくあらわれています。

＊4　一八六一〜一九四四年。明治時代を中心に活躍した土木技術者。琵琶湖疏水の設計・施工を行い、後に京都帝国大学教授。

＊5　一八九〇〜一九六四年。岐阜県美山町(現、山県市)出身の政治家。衆議院議長や自由民主党副総裁を歴任。

＊6　一尺は約三〇・三センチメートル。

75 丸子船ってどんな船？

牧野久実

そのルーツについてはよくわかっていないません。遅くとも一七世紀初頭の文献、『江州諸浦れう船ひらた船之帳』（一六〇一〔慶長六〕年）には丸子船や丸船なる用語が見受けられ、それ以前の『模本片田景図』（一五五二年、原図は天文二一年）や『近江名所図』（一五五八〜七〇年ごろ、永禄年間）といった絵図にも、丸子船らしき船が描かれています。おそらくは、＊摺鋸《すりのこ》を用いた擦り合わせの技術の発達とともに、中世後半に建造技術が確立したのではないかと想像されます。大きさとしては六〜四〇〇石積のものがありましたが、浅瀬や堀、川を往来する機会も多いため、深い船は使い勝手が悪く、中丸子と呼ばれる八〇〜一〇〇石程度のものが好まれたとされています。さほど大型ではなくても多くの荷を積むことができる、船大工の言葉によると「材に力があり荷受けがよい」という特徴は、丸子船の丸い船体と結びついています。縫釘を使って底から板を丸くはぎ上げ、両側には杉の丸太を半分に切ったオモギ（重木、面木）が取りつけられ、舳先は板を斜めに立てて並べられています。こうして、船全体、特に船体の横断面が丸みを帯びているため、丸子船と呼ばれます。

全盛期は江戸時代前半で、このころには千隻以上が琵琶湖を航行していました。しかし、西廻り航路の開設や、その後の一九世紀末に鉄道が開通したことなどでその数を急速に減らし、戦後はほとんどその姿を消したと言われています。平成三年当時に残され

＊ 摺り合わせ鋸ともいい、船大工や桶師が板の合わせ目をこの鋸でひいて、接合部のなじみをよくします。

ていた丸子船としては、半分沈んでいるものが三隻、陸に上げられたものが二隻、エンジンを搭載したものが一隻のみでした。

このように、すっかり姿をひそめてしまった丸子船ですが、かつては琵琶湖で輸送の主役を担っていました。じつは、琵琶湖では昭和初期まで多くの木造船が使われていましたが、それらは用途によって漁船、田舟（農業船）、丸子船などの輸送船と三つに分類できます。地域ごとに微妙に形の異なる船が使われており、その種類は一〇〇種類以上にのぼります。とりわけ丸子船は日本全国の物資を古都へ運ぶという大きな役割を担っていました。車のない時代、水域は物資を大量かつ迅速に輸送するための最良の交流路でした。特に琵琶湖を含む近江は京都に隣接し、また琵琶湖から流れ出る唯一の河川である瀬田川は、川下で宇治川となり古都へとつながります。このため、琵琶湖は古来より日本の東西南北を結ぶ交通の大動脈であり、特に北国からの物資は、日本海を通じて敦賀へ運ばれ、いったん陸揚げされた後、琵琶湖を渡り、瀬田《せた》川などの水路、もしくは山中越、逢坂越といった山間を通る陸路で古都へ運ばれました。

こうしたことから、かつての湖上輸送の主役を復元・展示し、改めて琵琶湖に注目してもらいたい目的から、滋賀県立琵琶湖博物館（当時は琵琶湖博物館開設準備室）では、およそ半世紀ぶりに百石積の丸子船（全長一七メートル（舵を下ろすと一九メートル）、幅二・四メートル、深さ一メートル、帆柱一二メートル）を新造し、展示しています。

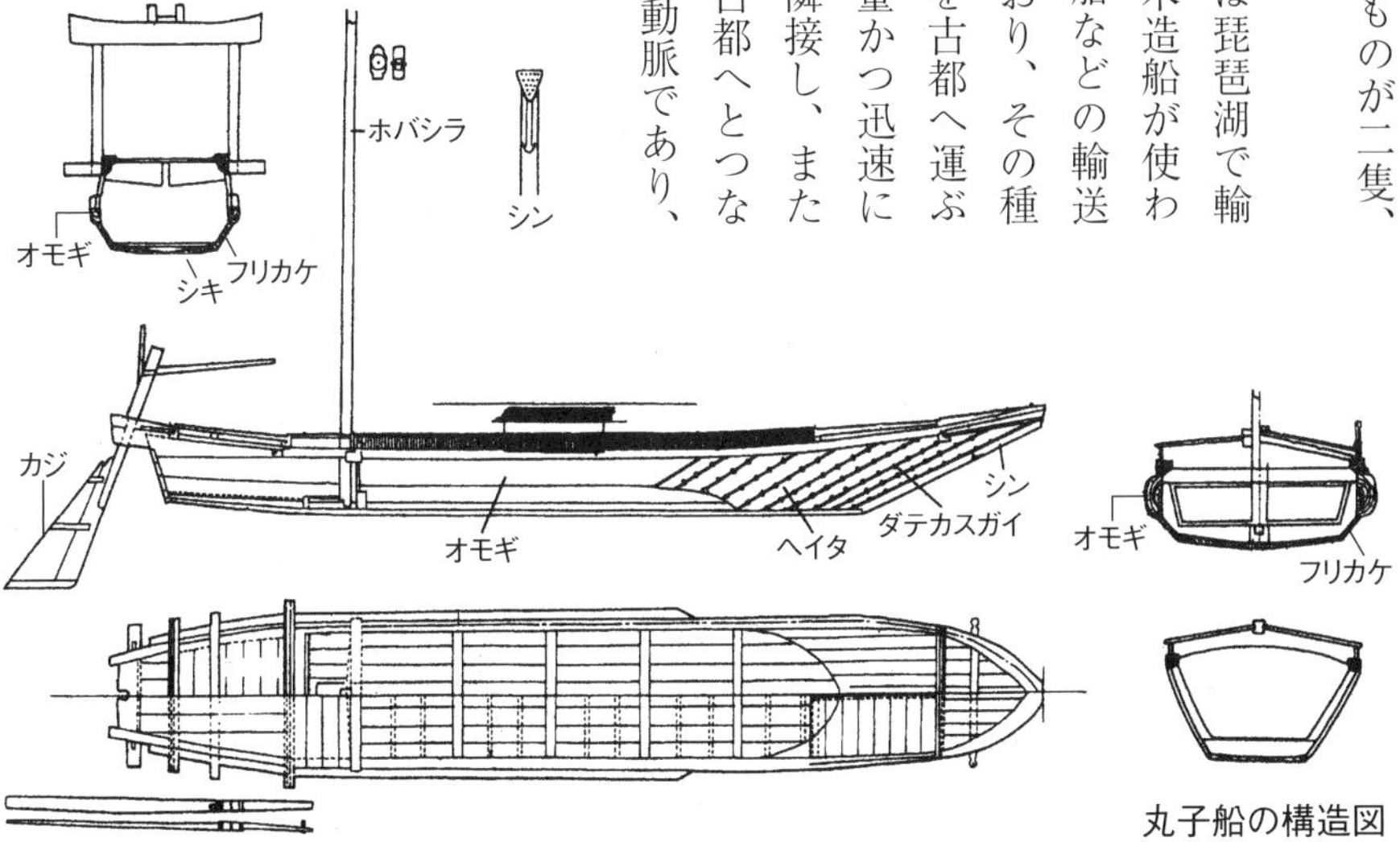

丸子船の構造図

76 丸子船が運んだもの

牧野久実

琵琶湖博物館で丸子船が一般公開されると、高齢の見学者から次々とかつての丸子船の様子に関する情報が寄せられるようになりました。それによって、昭和初期には丸子船がまだ琵琶湖や関連水域で数多く利用されていたことや、それまでに我々が歴史史料から得ていた、日本の東西南北を結ぶ琵琶湖の輸送船の主役というよりも、もっと身近な庶民の足として使われていた姿が浮かび上がってきました。

例えば、近江八幡では、八幡堀を通じて瓦や煉瓦《れんが》、炭、石材などを運び、塩津や長命寺や大津を往来していました。八幡堀沿いには炭や瓦を扱う商人がずらりと軒を並べていましたが、こうしたところが各地からの柴や割木や瓦を必要としていたようです。堀の川ざらいをした後の泥を田んぼに入れ、それが何年かすると瓦土として適当な粘土質を帯びます。これを、田んぼから四角に鋤《すき》で切り取り、小船に積み水路を使って琵琶湖に出て丸子船に積み込んでいました。また琵琶湖の藻も肥料として使っていたために畑の土も黒くよく肥えており、これも瓦をつくるのに最適でした。近江八幡の伊崎山の柴も多く売買されていましたが、当時は、婚礼や葬式の際、自宅でたくさんの料理をつくるために大量の燃料が必要となり、柴の取り引きが盛んに行われていました。

また、砂利を運んだという記述は、愛知《えち》川周辺や草津沿岸部からいくつか寄せられています。船で運ぶと効率がよく、五トントラック四台分を一度に運ぶこともできたようです。

さらに大津、草津、守山といった湖南の東岸地域では、堆肥の運搬に盛んに利用されました。琵琶湖の水草を畑へ運んだり、大津から肥を大量に運び、帰りには野菜などを運んで帰ったなど、現在ではゴミとされ、その処理に多額の資金が投じられている有機物を利用し尽くしている様子がよくわかります。

その他にも「草津から大津へは米を、帰りには醤油・酒を」(草津市山田)、「志賀町一帯で取れた米や割木などを浜大津港まで運び、製材で出来た木くずを湖東へ」(大津市和爾浜《わにはま》)、「高島や大浦など湖北から大津や紺が関へ割木・柴・米など、生活用品を」、「大浦の港から大津方面へ柴・まきを」(西浅井)、「薪や芝を積み、帰りには、塩、しょうゆ、干物などの食料品を」(塩津)と、多様な生活の必需品が北へ南へと運ばれていました。

このように、丸子船は、日本の東西南北を結ぶという大きな役割の他に、琵琶湖周辺地域における手軽な輸送手段として活躍していました。

湖上を行き交う丸子船(今津町教育委員会所蔵　石井田勘二氏撮影)

77 琵琶湖最後の丸子船船大工

牧野久実

琵琶湖博物館の丸子船を新造したのは、最後の丸子船技術継承者である松井三四郎さんでした。松井さんは大正二年生まれで、一二歳の時に船大工として奉公に入り、二〇歳ごろまでに四〜五艘《そう》の丸子船を建造したことがありました。平成三〜五年に行われた丸子船復元製作事業では作業の中心に携わり、これを手伝ったご子息が建造技術を継承しました。

我々は、木材の選定・伐採から進水式までのほぼ全過程に立ち会うという幸運に恵まれました。材料となる杉と檜は京都の山から切り出しました。船大工はこれぞと思う木の前に立ち、目の高さで太さを測ります。その数字だけで、その木全体の規模を推し量る「目だて」という方法です。伐採する木が決まると、根元に神酒を注いで山の神に感謝したのち、伐採します。切られた丸太は船小屋へ運び込み、しばらく放置して乾燥し、製材の作業に入ります。おおまかに材を切ると、船大工の頭の中にある設計図が墨で材に落とし込まれます。紙に描いた設計図はありません。それは船大工にとっての企業秘密であり、図面は一切残さないからです。

船底部のシキを組み立てた後、船首のシンを立てます。シン立て

作業中の松井さん（琵琶湖博物館所蔵）

は最も重要の工程の一つで、大安を選び、発注者の立ち会いの元で作業が進められます。無事にシンが立ち上がると、シンと船尾に神酒を注ぎ、その後、フリカケ、オモギ、ヘイタの取りつけと作業は続きます。材は縫釘《ぬいくぎ》とも呼ばれる鉄釘で合わせていきます。新品の縫釘は、一度、海水に浸し、錆《さび》をつけてから用います。そうすると材から抜けにくくなります。材と材の合わせ目には、摺鋸《すりのこ》を入れた後、マキの木の皮を充填材として詰め込みます。丸子船製作のハイライトは船体両脇のオモギの取りつけです。オモギの材料となる杉の巨木は縦に半裁し、力で押さえつけながらゆっくりと曲げていきます。かつては船仲間に手伝ってもらったそうです。

半世紀ぶりの建造にもかかわらず、手際よく仕事を進める松井さんの姿に驚きます。「読んだことは忘れるけど、手で覚えたことは一生忘れん」と松井さんは語りながら、作業が進むほどに昔の話も蘇らせてくださいました。今ではそれらのすべてが貴重な地域の財産となっています。

二〇〇七年五月二日、松井さんはあの世へ旅立たれました。いつものように船小屋で仕事を済ませてからのことだったといいます。その安らかなお顔を拝見させていただきながら、本来は書き記すこともなく生活者とともに失われていった伝統技術がいかほどであっただろうか、としばし考えさせられました。

78 中国・江南水郷の水辺暮らし

楊 平

琵琶湖のまわりでは、水をめぐる様々な伝統文化が育まれてきました。例えば、高島市新旭町針江でみられる「カバタ」は、一種の洗い場のことですが、ところによっては、「カワト」、「カワヤ」といいます。琵琶湖のまわりでは、これらのような古くから水と密接にかかわる生活文化が現在も受け継がれています。このような文化的景観は、独特の水郷文化の発祥地である中国・江南地方においても形成されてきました。

中国・太湖《たいこ》の周辺は、古くから水の豊かさを誇る江南水郷地帯。家の前後には「生活性河浜」(ShengHuoXing HeBang) と呼ばれる川が多く見られます。「小橋・流水・人家」と表現されるような古くから水と密接にかかわる伝統的暮らしが特徴です。

水郷地帯である無錫《むしゃく》市南泉では、八〇年代までに水辺に住む人々の家は、約一メートルは水面に突き出ており、残りの部分が陸地に建てられていました。そこでの人々は、古くから様々な工夫をしながら、水辺とかかわってきました。例えば、生活用水を確保するため、水辺で石佇まいの洗い場(地元では「マトウ」と呼ばれている)を多くつくり、古くから利用してきました。現在、「カバタ」と似たような役割を果たす「マトウ」は、人々の暮らしに欠かせないものとなっています。

このような水郷暮らしと深くかかわる川は、用水としてだけではなく、生活としての水辺空間でもあります。江南地帯の各地では、「生活としての水辺」であると同時に、「景観としての水辺」を形成しており、典型的な水郷の様々な風景が見られます。

水辺で暮らす人々は、生活に欠かせない水を確保するため、水利用に工夫をしてきました。例えば、時間帯ごとに異なる水の利用用途、「マトウ」ごとの共同所有などにより、水辺の管理を慣習的に受け継いできました。毎朝、明るくなってから六時ごろまでに、「桶」（Tong）を持って川へ生活用水としての水を汲みにいきます。汲んできた水をやや大きめの樽のような入れ物へ移して、生活用水のため貯水をします。七時ごろ、米や野菜類などと共に用いる食事用としての水を用意し、その後、洗顔などもすべて川の水でまかなっていました。また、午後からは洗濯や農耕具などを洗うことにも川の水を利用します。このように、時間帯ごとの水利用が、慣習的ルールとなっていました。

一方、こうした時間帯ごとの水利用だけではなく、各「マトウ」の共同利用を通じて「川を分ける」という形で水辺が管理されてきました。河岸に住む各家は共同の「マトウ」を設置していました。一般的には、共同の「マトウ」づくりのため、近隣の家同士によるメンバーを結成し、各家の合意で水辺の「マトウ」の配置などを決定します。これらの「マトウ」は家単位としての共同利用・所有という形で、水を利用する権利が獲得されます。

このように水辺では、「水」と「家」がかかわり合うなかで、共同利用を通じた水辺の管理形態が形成されてきました。水や水辺を持続的に管理してきたのは、各家々やそれらからなるコミュニティです。こうした水郷で暮らすことにより、慣習的水利用の生活様式を形成し、コミュニティによる水辺の管理を維持してきたのです。このような「生活としての水辺」と「景観としての水辺」を内に秘めた水辺景観は、江南水郷の特色の一つです。

79 中国・太湖の家船生活と水辺環境

楊　平

中国・太湖《たいこ》は、琵琶湖より三倍の大きさをもつ淡水の湖です。古来より「魚米の郷」と呼ばれているように、魚や米、水の豊かな水郷地域であり、唐宋時代から湖との暮らしが風景として多く詠まれてきた場所でもあります。ここでは、古くから太湖と暮らす水上生活者（民俗学用語では「家船《えぶね》生活者」といいます。中国語で「連家船漁民」）たちにより、独特の文化が育まれてきました。

太湖の水上生活者は、船で生活しながら、家船よりも小型な舟で漁業をして暮らしています。水上生活者は、太湖の岸辺に近い特定の場所に数艘が固まって停泊し、船溜まりをつくります。この船溜まりの様子は場所によって違いますが、典型的なものは太湖の北側の町である無錫《むしゃく》市近郊に見られます。ここでは、船溜まりの両側に岸から沖へ向けて細長いヨシ原が延びています。このヨシ原は、家船の人たちによって、長い年月をかけてつくられたもので、ヨシそのものの利用のほかに家船を風や波から守る役目も果たしています。

ヨシ原の家船の沖側の場所は、その家船の持ち主に特定の権利があり、そこでカモを飼ったり、ヨシなどの植物を植えたりすることがで

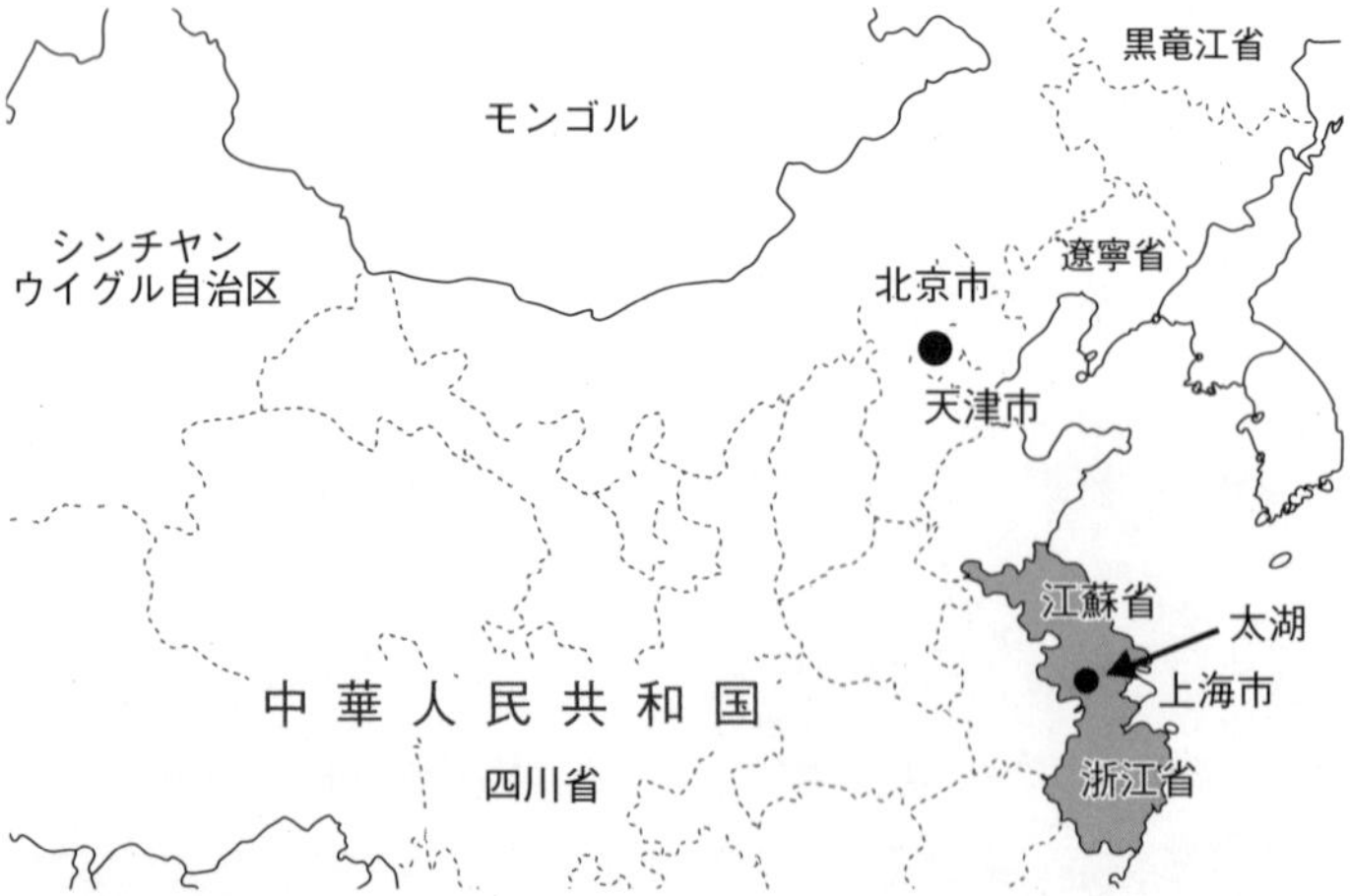

太湖の位置

きます。また、家船の人たちは、通常、ヨシ原の中にももっていますが、古くからこの船溜まりを利用している人たちは湖岸に近い恵まれた畑を利用し、新しく来た人たちは沖に近い方の畑を利用しています。先にやってきて、使用し続けている限り、そこはその人の土地として仲間たちも認めるという決まりができており、無用な争いを避ける仕組みができあがっています。

家船の人たちは、伝統的に太湖の水を飲み続けています。以前は、飲用水は家船のすぐ横から取水していましたが、近年になって水が汚れたため、沖合いの水を利用することが多くなったそうです。また、太湖では、エビ、ソウギョ、シラウオなどが漁業の対象となっていますが、ここ数年来の水質の汚染によって、それらの魚種や漁獲量にも変化が見られるといいます。

中国の太湖で湖とともに暮らす家船生活、その生活が湖の環境の変化にともない変わることを余儀なくされていく姿は、琵琶湖地域においても水との深いかかわりから生まれてきた生活や文化が、近年急速に変わっていく姿を思い起こさせます。中国の太湖と日本の琵琶湖、違った地域にある二つの湖であるが、両者を重ね合わせることで今まで見えなかった琵琶湖地域の特色が見えてくるに違いありません。

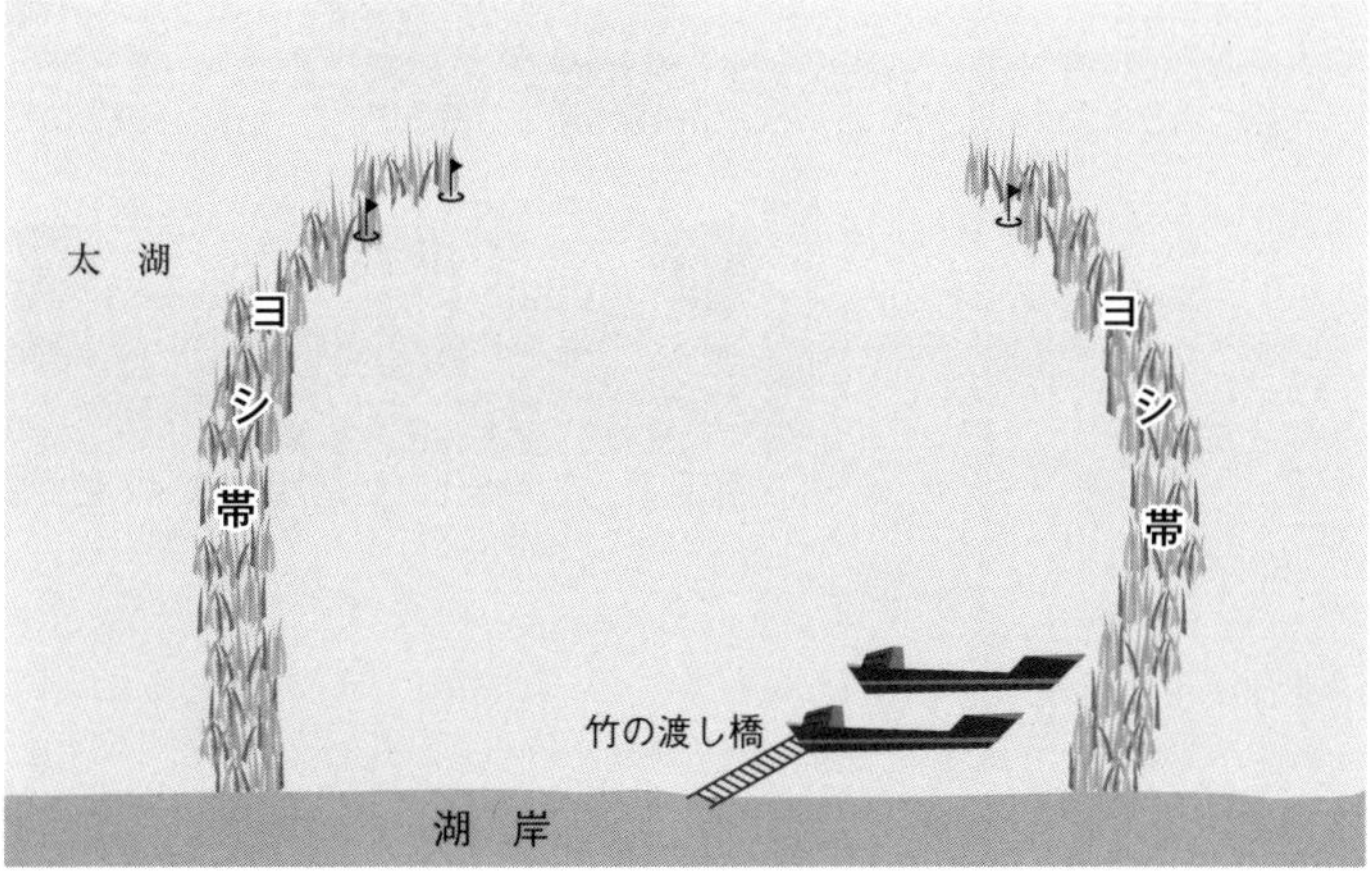

船溜まりの簡略図

B展示室　復元された丸子船

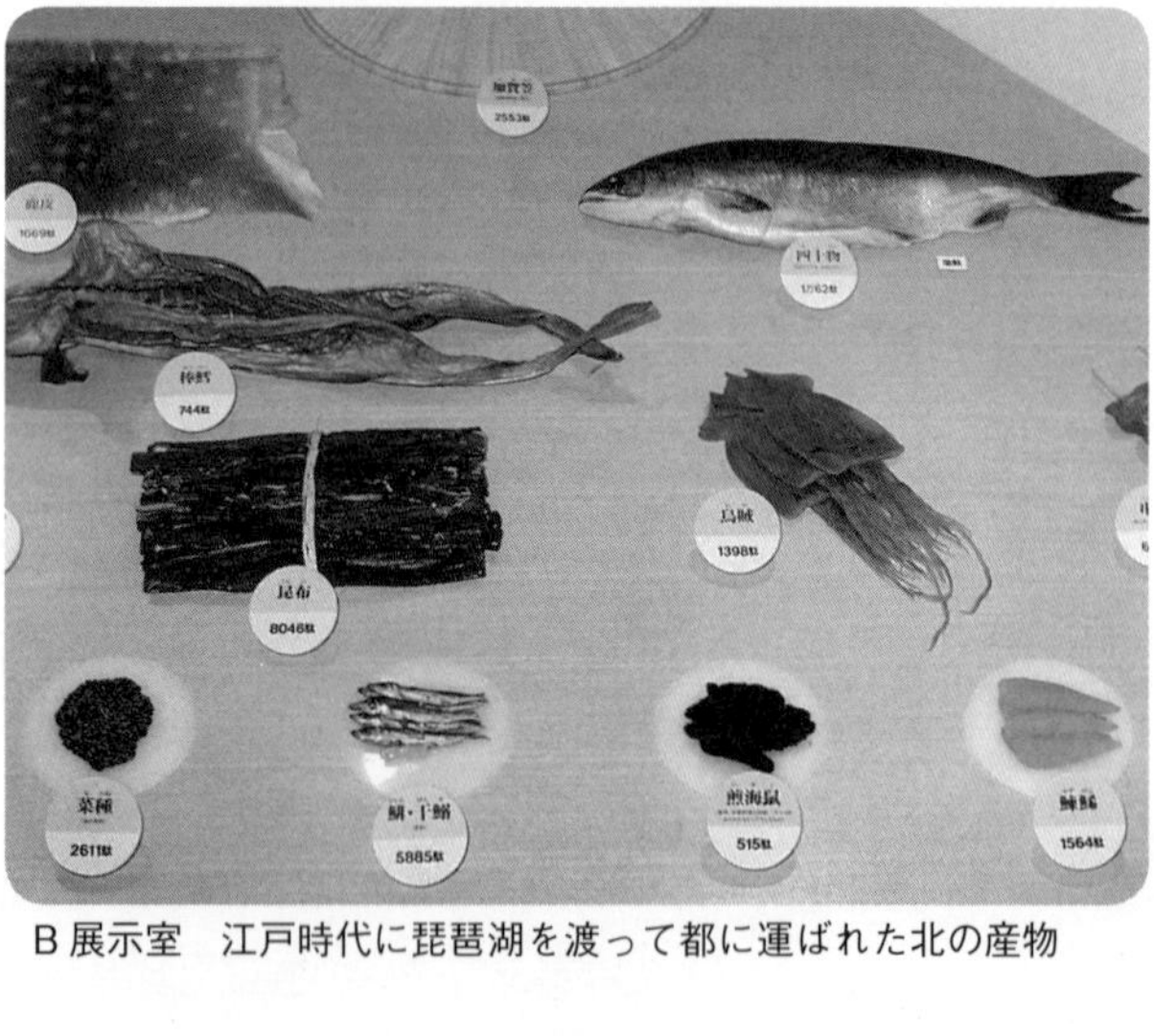

B展示室　江戸時代に琵琶湖を渡って都に運ばれた北の産物

第6章

琵琶湖の謎と私たちの暮らし

80 物理学の「難しさ」と琵琶湖研究

戸田　孝

琵琶湖博物館は「湖と人間」というテーマを取り扱っています。テーマはたったの一つですが、それを様々な学問分野からの視点で見ようとしています。その学問分野の一つに「湖水そのもの」を物理学的に扱う分野があります。

ところが、この物理学という分野は、世間一般で「難しい」「近寄りがたい」と感じられているようです。この「難しさ」を乗り越えて、皆さんにわかりやすく伝えていかなければ、博物館の目的を果たすことができません。

そもそも、物理学はなぜ「難しい」と思われているのでしょうか？　じつは、湖沼現象を扱う物理学は、細かい部分を個々に見れば、私たちの直感で容易に理解できる世界です。相対論や量子論といった原理が難解なものは必要ありません。ところが、実際の湖沼現象は多数の細かい部分が複雑に組み合わさって成り立っています。そして、この「複雑な組み合わせ」によって直感を裏切るような結果が次々と出てきて、わけがわからなくなってしまいます。

「複雑に組み合わせる」という作業を着実に実行するには「数理的手法」が有効です。例えば、湖水流などの流体現象の基本原理は、図のような方程式で表現できます。そして、この方程式を数学的に解いていけば確実に「複雑な組み合わせ」を行うことができ、湖水流などの具体的な様子を知ることができます。でも、このような抽象的記述から具体的な現象をイメージするには、それなりの学術的訓練が必要です。

そこで、琵琶湖博物館の物理学分野の研究では、このような数理的手法に依存しない伝え方を求めて、回転実験・リモートセンシングといった手法の開拓を進めています。この後の81・82章で回転実験に関連した水の動きの話、そして83・84章でリモートセンシングの話をしてみたいと思います。

81 琵琶湖の水流と回転実験室との関係

戸田　孝

琵琶湖博物館環境展示の中にある「回転実験室」。隠れた人気コーナーの一つなのですが、「面白い実験だったけど、琵琶湖とどういう関係があるの?」という質問をする人も少なくないとか……。

琵琶湖のような「溜まり水」の動きには、川のような「一方的に流れる水」とは違って、風や日射や表面冷却などの「大きな作用をゆっくりともたらす」力の影響が利いてきます。このような作用の一つに「地球自転の影響」があります。

地球自転の影響は「ゆっくり、じわじわ」と利いてきます。どの程度かというと、地球が一回転するくらいの時間がかかります。これよりも非常に短い時間で終わってしまう現象、例えば洗面台の中で起こるような現象には利いてこないのです。でも、琵琶湖くらいの大きな湖になると、単に水が一周するだけでも半日や一～二日を要するので、自転の影響が無視できなくなります。

ところが、自転の影響を受けた世界を正確に知るには、80章で説明した「複雑な組み合わせ」を数学的に解かなければなりません。そこで、正確な理解はさておいて、とりあえず「理屈抜き」で、自転の影響を受けた不思議な世界を体感していただこうという考えで、回転実験室を運営することにしました。

回転実験室では、ボールを投げたり転がしたり、あるいは自分自身の体を使って跳んだり歩いたりしながら、物体が進行方向に向かって右へ曲ろうとすることを確かめます。年に一～二回程度の機会を設けて、水が一方的に渦巻くなどの不思議な動きをすることを、時間をかけて確かめる実験も行っています。

このような不思議な世界を体感された方の中から、興味を持って自ら探究される方が少しでもあらわれれば、大成功だと思っています。

回転実験室内でのボールを使った実験例

回転実験室内での水槽実験の例

82 右向きの「コリオリの力」で左回りの渦ができるわけ

戸田　孝

回転実験室で確かめることができる、地球自転の影響で発生する力を「コリオリの力」と呼びます。この「コリオリの力」は「北半球では進行方向に向かって右向き」にはたらきます。ところが、地球自転の影響で夏の時期にはいつでも発生するとされる「琵琶湖の第一環流」は左回りです。これは矛盾なんじゃないかと悩んでしまう人が少なくありません。

この謎を解く鍵は、環流のような流れは、コリオリの力で「いきなりつくられる」わけではなく、何かの理由でできた別の流れが変化して落ち着いた結果だということです。琵琶湖の第一環流は、いくつかの要因が重なってできると考えられていますが、その一つに夏に沿岸域が暖められてできる対流があります。周囲の沿岸部で暖められた水は上昇し、湖の中心へ集まって沈むという対流が生じます。したがって、湖の表面には図の左側上段に書いたような「中心に向かって集まってくる流れ」ができます。これを「収束流」と呼びます。収束流の各々の部分が右向きのコリオリの力を受けると、図の中段のようになり、下段のような渦ができます。つまり、左回りの環流です。

「収束流」と逆に外向きに広がっていく流れを「発散流」と呼びます。この場合には図の右半分のようになり、右回りの渦ができます。つまり、コリオリの力が変化させる「元の流れ」が変われば、渦の向きも逆になるわけです。

琵琶湖以外の湖沼・海洋・気象でも収束流や発散流は頻繁に起こっています。例えば、台風などの低気圧も「収束流」なので、北半球では左回りになります。高気圧は逆に「発散流」なので右回りになります。琵琶湖の第一環流は低気圧と同じ性質なのです。

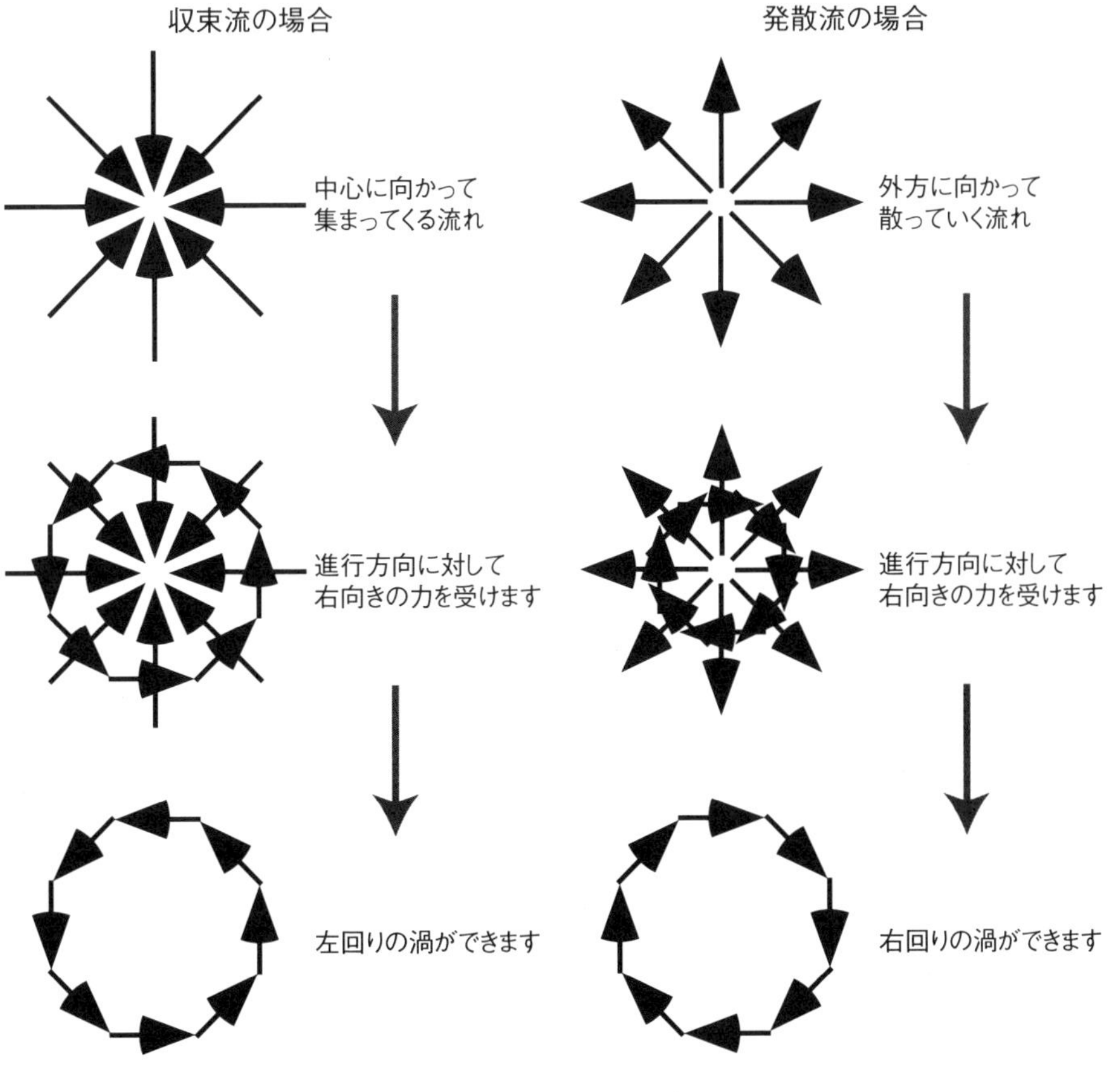

収束流の場合
発散流の場合
中心に向かって
集まってくる流れ
外方に向かって
散っていく流れ
進行方向に対して
右向きの力を受けます
進行方向に対して
右向きの力を受けます
左回りの渦ができます
右回りの渦ができます

収束流(中心に向かって集まってくる流れ) が各々右向きの力を受けると左回りの渦ができます。

発散流(外方に向かって散っていく流れ) が各々右向きの力を受けると右回りの渦ができます。

83 人工衛星からのリモートセンシング

戸田　孝

リモートセンシングというのは、観測対象から遠く離れた位置に測器をおいて観測することです。水域のリモートセンシングには、人工衛星を利用した宇宙からの観測がよく使われます。

例えば、天気予報で有名な静止衛星（気象衛星「ひまわり」など）の画像から、雲の間に写っている海の表面水温を知ることができます。静止衛星は地面から見て止まっているように見えるので、地上の様子が時間とともにどのように変化するかも、容易にとらえることができます。ですが、赤道上の高い位置（約三万五八〇〇キロメートル）にいるため、広い範囲を粗く観測することしかできません。

狭い範囲を細かく観測するには、比較的低い位置（一〇〇〇キロメートル弱）を南北に周回している衛星が利用できます。琵琶湖博物館の開館前に、そのような低い衛星の一つである「NOAA」が毎日観測しているデータで琵琶湖水を追うことを試みました。その結果、湖全体の水温が日を追って変化する様子を何とかとらえ、中心部と周辺部の水温差らしきものを検出することもできたのですが（図1）、それ以上の細かい様子はわかりませんでした。

NOAAよりももっと細かく観測を行う衛星もありますが、その代わりに観測頻度が少なくなります。例えば図2はそのような衛星の一つである「LANDSAT」で観測した濁水の分布(黒い部分)です。しかし、このデータは半月ごとにしか得られないので、次のデータでは濁水はすでに消えており、どこへどのように消えたのかはまったくわかりません。これは、琵琶湖が小さいため、半月も経てば水が大きく入れ替わってしまうからです。

結局、琵琶湖は人工衛星から観測するには小さすぎるため、細かいことがわからないか、時間変化がわからないか、どちらかになってしまうようです。

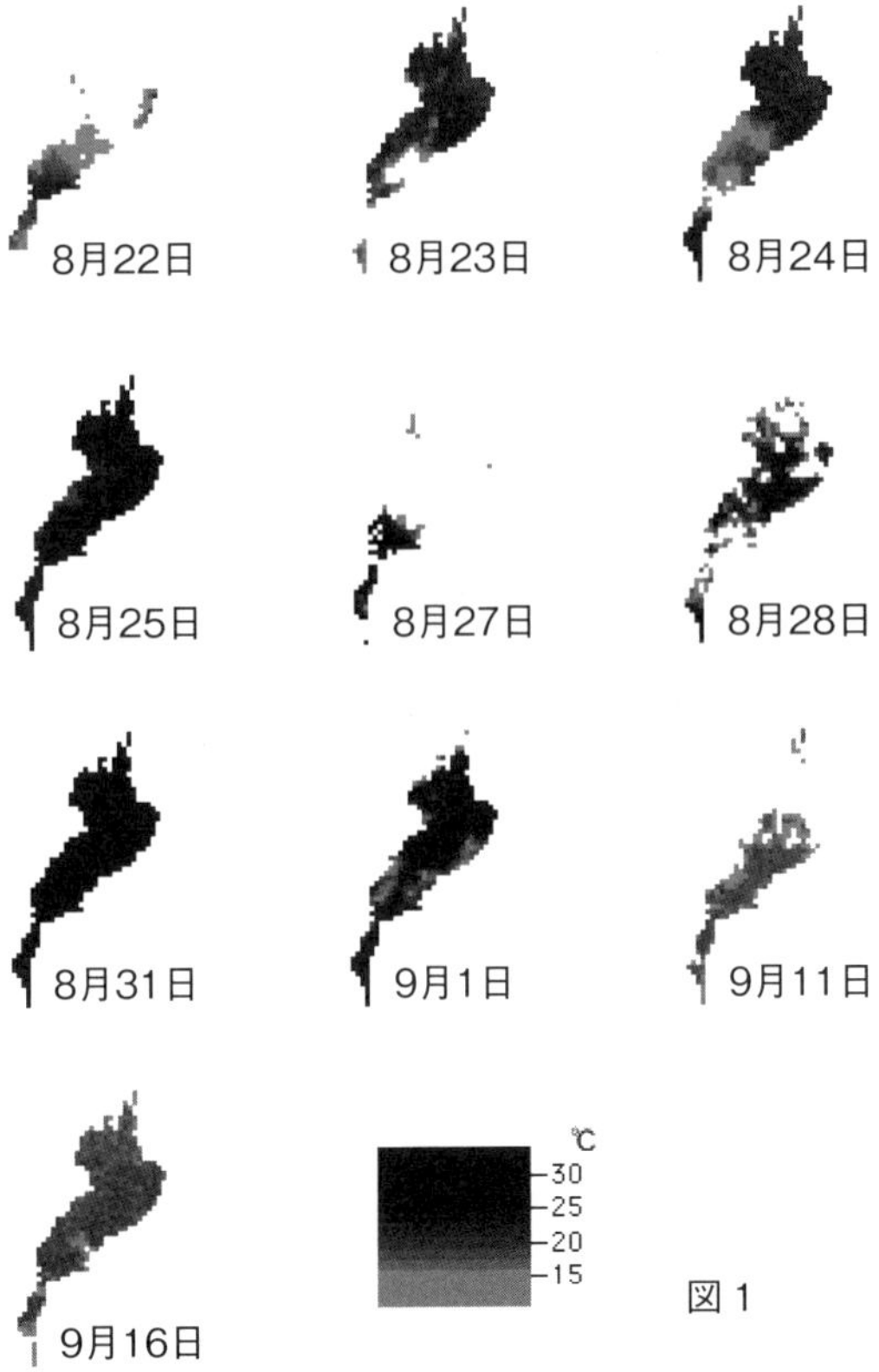

図1

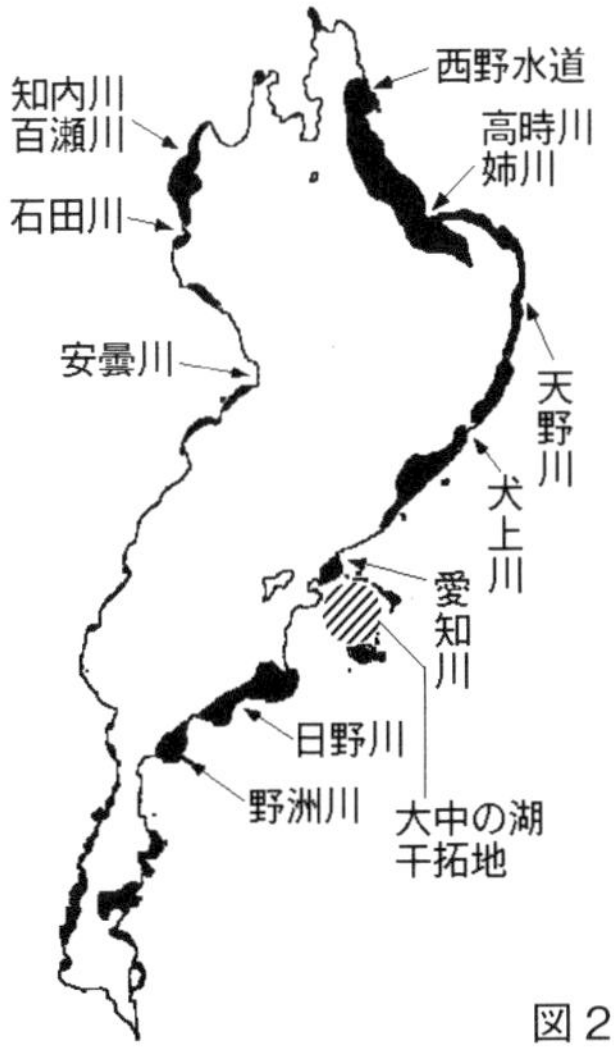

図2

84　博物館の建物からのリモートセンシング

戸田　孝

リモートセンシングには、人工衛星からの観測の他に、航空機からの観測や、沿岸のビルや山から斜めに見降ろす「俯観観測」があります。人工衛星からでは観測分解能が不足する琵琶湖ですが、他の方法なら細かい観測が可能です。

でも、俯観観測は観測事業を維持していくのが大変です。観測適地は観光的眺望の適地でもあることが多く、その場合には「場所代」が高くつきます。また、日常生活の場所とは離れた位置に設置固定することが多いので、維持管理の手間も問題になります。ところが、琵琶湖博物館は、研究者が常駐している建物から、湖沼環境研究の上で興味深い水域である「赤野井湾」を直接見下ろせるという恵まれた条件にあります。この条件を利用して、博物館展示室の屋上に赤外カメラを設置して常時観測を行うプロジェクトを実施しました。赤外カメラを用いた理由は、観測値が「温度」という物理的に解釈しやすい量と素直に対応するため、世界中の水域におけるノウハウが最も豊富に蓄積しているからです。

展示室の空調が原因で、観測データがうまく研究室へ送れないなどのトラブルに悩まされましたが、何とか約七年間にわたって順調に観測を続けることができました。その結果、藻場が夏に面積を拡大する様子が年によって違うことがわかりました。その一部は湖の水位変動で説明できるのですが、九月ごろに水位と無関係に面積が拡大する年があることもわかりました。また、冬場に湖面で休む鳥（暖かい点として観測される）の数が朝の気温によって違い、前後の日に比べて暖かい日にはいない傾向があることもわかりました。このような結果が何を意味しているのかは、これからの課題として調べていく必要があります。

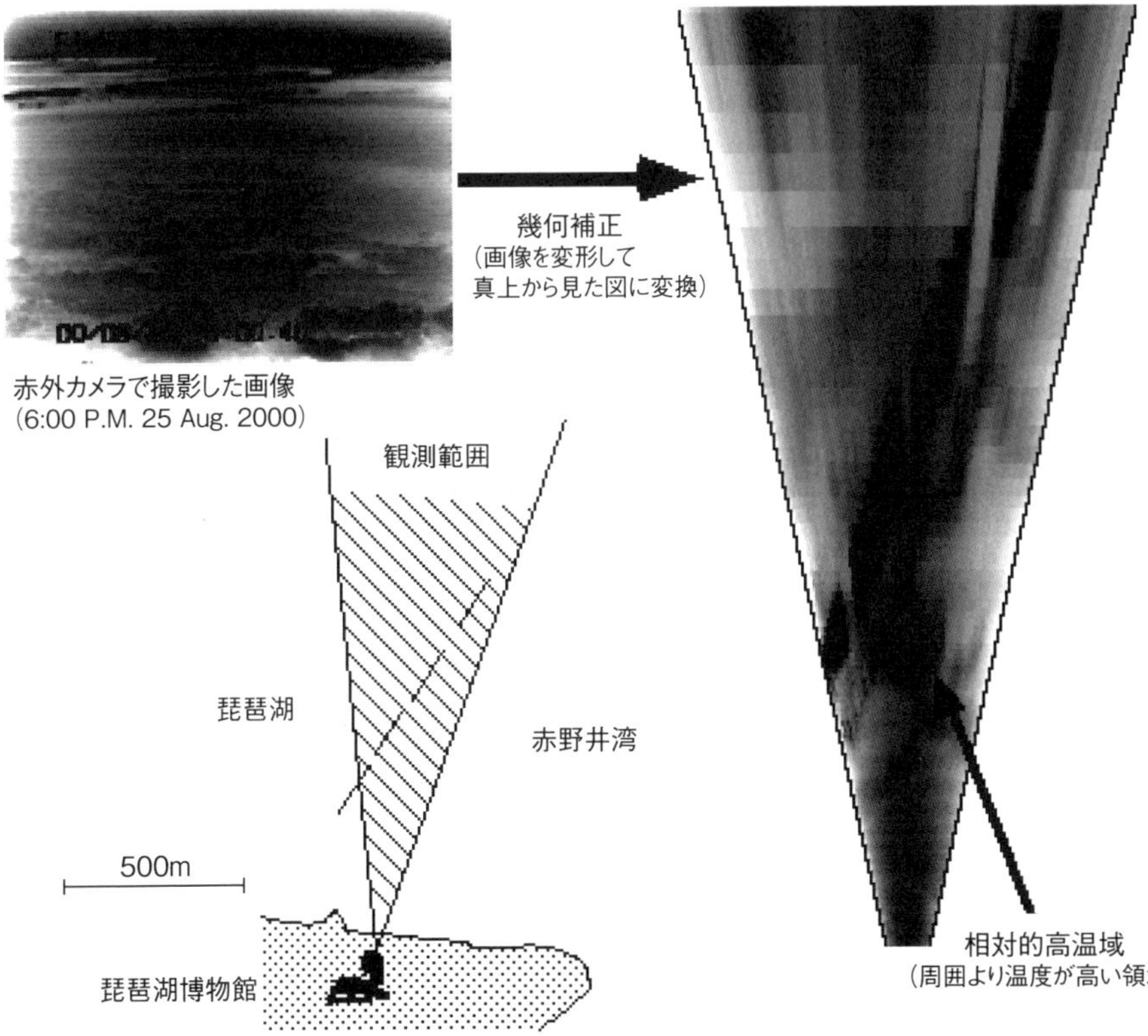

赤外観測の実例（2000 年 8 月 25 日午後 6 時）
画像の中で黒い部分ほど赤外線が強い、つまり高温となります。図に示した「相対的高温域」は、藻場であることを肉眼で確認しました。このあと、この領域の温度は昼夜を問わず周囲より高かったのですが、9 月 3 日以降は夜間には逆に周囲より低音になることが確認されました。藻場が乾燥して夜間に冷えやすくなったことが推測されます。

85 琵琶湖の洪水対策

中川元男

一八九六（明治二九）年九月に、琵琶湖周辺を記録的な大水害が襲いました。九月三～一二日の一〇日間に一〇〇八ミリメートルという滋賀県の年間平均降水量の半分に匹敵する雨が降り、琵琶湖の水位はプラスマイナス〇メートルの基準水位*より三・七六メートルも急上昇しました。このため、湖周辺域のほとんどが浸水し、その期間は最も長いところで八か月にもおよびました。

琵琶湖は、現在でも一一八本もの一級河川が流れ込んでいるのに対し、流れ出ていく川は瀬田《せた》川の一本だけです。さらに、当時の瀬田川は川沿いにある大日《だいにち》山がせり出して川幅を狭めており、ハゲ山である田上《たなかみ》山から大戸《だいど》川を通して流れ込んだ大量の土砂が瀬田川のなかに堆積していたため、水の流れが非常に悪く、琵琶湖基準水位のプラスマイナス〇メートルでは、一秒間に五〇立方メートルしか流れませんでした。そのため、このような大水害になったのです。

明治二九年の大洪水では、瀬田川に流出する水量は、一秒間に一〇〇〇立方メートルを超えたと記録されています。琵琶湖に流入する水量は、数年に一度の洪水の時でも、一秒間に一万立方メートルを超えることから、ロープのような雨が降ったといわれる明治二九年の大洪水では、想像できないほどの水量が琵琶湖に流入したのでしょう。洪水時の琵琶湖への流入量に対して瀬田川からの流出量は、あまりにも少ないのです。

＊　琵琶湖を管理するために設けた水位で、海抜八四・三七一メートルに相当。

このような琵琶湖の洪水被害を防ぐため、大雨が降りやすい洪水期の前に琵琶湖の水位をあらかじめ下げ、洪水時の水位上昇を防ぐために次の方法が採用されました。

①南郷《なんごう》洗堰《あらいぜき》を造る。②瀬田川を掘削する。③雨が少ない冬期は洗堰を開放して琵琶湖水位を下げ、洪水期に備える。④洪水期には、下流の宇治川・淀川沿いが洪水にならないように洗堰を調節して流量を制限する。

その後も、淀川の河川改修や瀬田川の掘削が繰り返され、一九六一（昭和三六）年には瀬田川の流量を迅速に調節できる機械式の瀬田川洗堰が旧洗堰の下流一〇〇メートルの地点に完成しました。

現在は、琵琶湖の計画高水位（洪水対策水位）をプラス一・四メートルと定め、琵琶湖沿岸の浸水の恐れがある地区では、総延長五〇キロメートルの湖岸堤が一九九二（平成四）年三月に完成しました。このような洪水に対する様々な取り組みによって、沿岸域の浸水回数は、めっきり減少しました。しかし、湖岸堤の建設は琵琶湖と陸域を分断し、湖辺の環境に大きな影響を与えました。また、あまり浸水することがなくなった沿岸域では、冠水に強い水田が冠水に弱い畑地やハウス栽培に変わるなどし、住民の洪水への危機感が薄くなってきています。

南郷洗堰

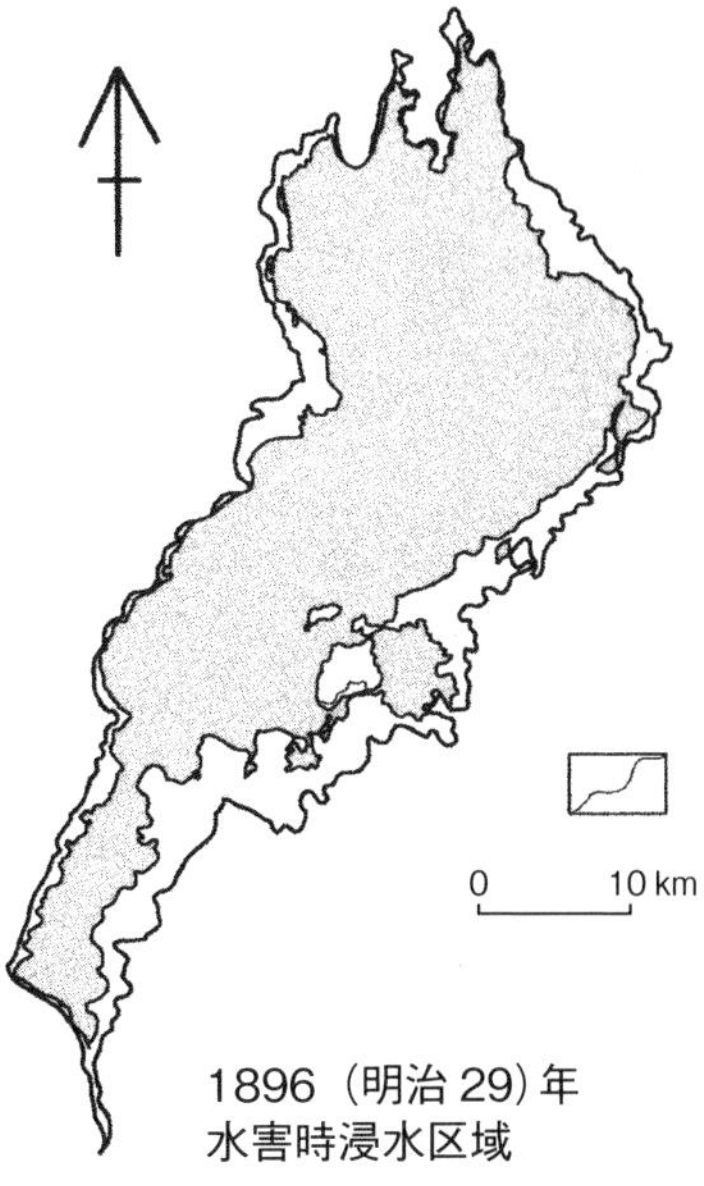

1896（明治29）年
水害時浸水区域

86 琵琶湖の水利用

中川元男

現在、琵琶湖は近畿一四〇〇万人の重要な水源といわれています。なぜ、こんなに多くの人々が琵琶湖の水を利用するようになったのでしょうか。

一八九五(明治二八)年に大阪では、淀川を水源とする近代的な水道の給水が始まりました。これ以前の大阪では地下水に塩分が含まれていたため、庶民は近くの川の表流水を使うか、淀川でくまれた水を水屋から買っていました。

京都では、地下水が主に使われていましたが、井戸の水がしばしば枯れるなどの現象がみられました。そこで豊富で良質な生活用水を得るため、一九一二(明治四五)年には琵琶湖第二疏水を完成させて、琵琶湖にその水源を求めました。

このように、大阪や京都の大都市域を中心に琵琶湖・淀川の水が利用され、その利水人口は一九一三(大正二)年には約一四〇万人となりました。その後、琵琶湖周辺地域や兵庫県域、大阪郊外地域などが琵琶湖・淀川を水源とする水道の給水を始め、現在の一四〇〇万人の利水人口を数えるまでになりました。

琵琶湖の水面の高さを言いあらわすのに、「大阪城の天守閣の屋根の高さと同じ」という言葉がよく使われます。この高低差を利用したのが水力による発電です。京都市は琵琶湖(第一)疏水による発電を成功させ、電灯への電気供給を行い、京都駅—伏見間に日本で最初の市街電車を一八九五(明治二八)年に走らせました。その後、宇治川には

＊ 水位低下補償だけでなく、琵琶湖周辺域の発展のため、琵琶湖の水質や自然環境の「保全対策」、淀川および琵琶湖周辺の「治水対策」、琵琶湖の水を有効に利用する「利水対策」の三本柱からなる事業として、一九七二(昭和四七)年度から一九九六(平成八)年度にかけて実施されました。

宇治発電所が一九一三（大正二）年につくられ、京阪地域へ電気を供給しました。

淀川が早くから生活用水、工業用水や発電用水の水源として多く利用されたのは、上流に琵琶湖があり、渇水時でも水量が比較的豊富なためでした。戦後の産業の発展は、水源を琵琶湖へますます依存することとなり、下流の淀川で一秒間に四〇立方メートルの安定した取水が必要となったため、渇水時には琵琶湖水位マイナス一・五メートルまで利用できるようにする琵*琶湖総合開発事業が実施されました。

このように、琵琶湖は近畿圏の人々の生活用水だけでなく、発電用水、工業用水などの水源として、重要な役割を担うこととなりました。しかし、高度経済成長による都市化、工業化は琵琶湖・淀川への使用水量を増加させただけでなく、水質汚濁という大きな問題をもたらしました。

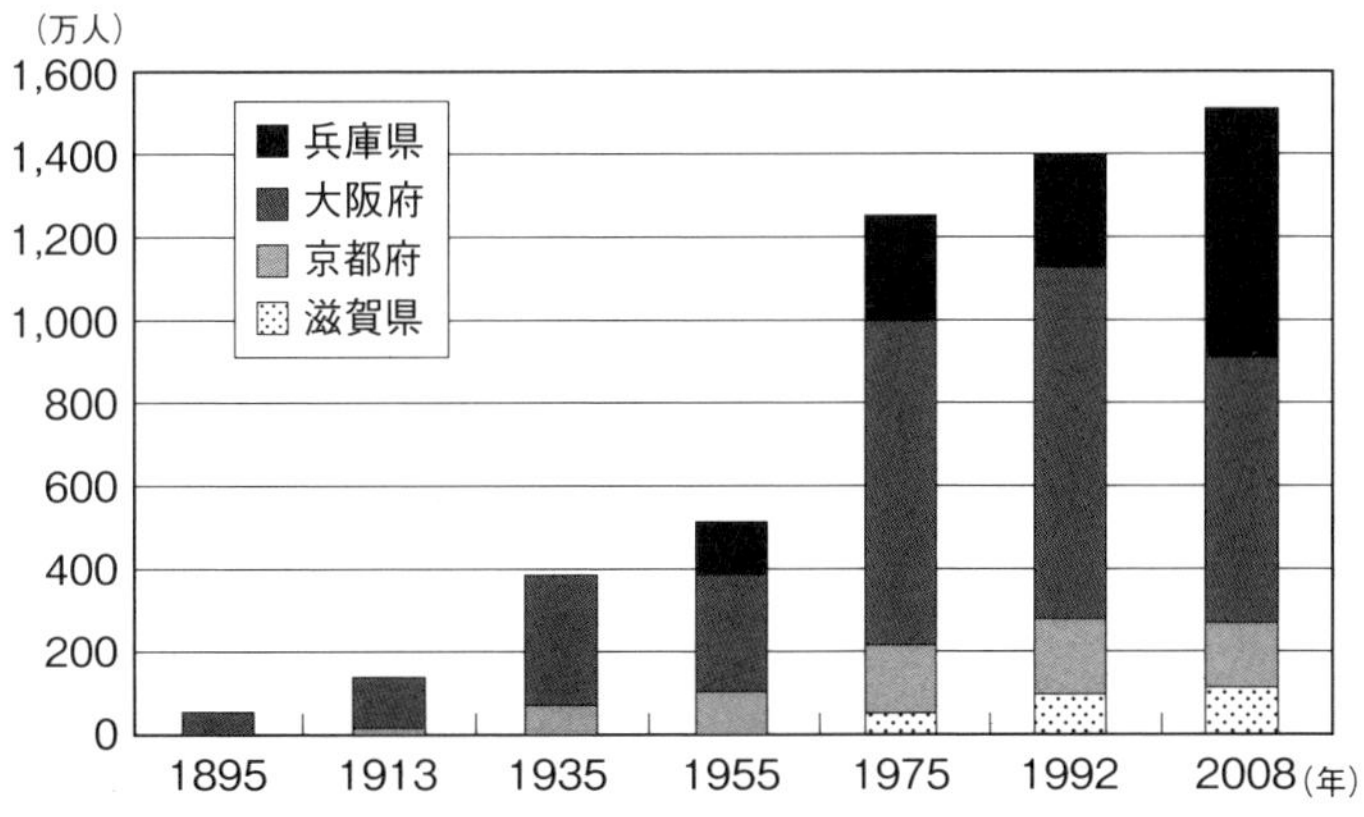

琵琶湖・淀川を水源とする人口

87　琵琶湖の水位管理

中川元男

琵琶湖の水位は、一八七四（明治七）年に瀬田《せた》川唐橋の右岸上流側に鳥居《とりい》川量水標を設置した時から今日まで一日も休むことなく記録されています。この約一三〇年間にわたって記録された水位を水位管理の仕方によって五つの期間に分け、期間毎の年間変動を平均水位でみてみましょう。

●観測初年の一八七四（明治七）〜一九〇四（明治三七）年

琵琶湖の水位が自然に近い状態で推移した時期です。水位上昇は、五月の雪解け水、七月の梅雨、九月の秋雨や台風によって三つの山となってあらわれ、冬期には下がっていきます。年間で平均すると七五センチメートルあまりの水位となります。

●一九〇五（明治三八）〜一九四二（昭和一七）年

水位の変動パターンとあまり変化していませんが、南郷洗堰《なんごうあらいぜき》が設置され、水位が全体に低下し、洗堰の設置や瀬田川の掘削効果を見ることができます。

●一九四三（昭和一八）〜一九六〇（昭和三五）年

琵琶湖の水を積極的に利用するため、冬期の放流が始まり、水位の変動パターンが変化しました。渇水期にあたる冬季に放流することにより、下流にある水力発電所の発電量を増やして、戦時中の電力需要に対処するのが目的でした。その後も、産業の発展にともなう用水需要の増大に対処するため、積極的に琵琶湖の水が利用されました。

●一九六一（昭和三六）〜一九九一（平成三）年

新瀬田川洗堰が築造され、機械式の堰操作となり、台風などの豪雨時に瀬田川の流量を瞬時に増加させることにより、急激な琵琶湖水位の上昇を抑制できるようになった効果が九月の水位上昇の山が低くなったことからうかがえます。

●一九九二（平成四）年〜現在

琵琶湖総合開発事業（一九〇頁参照）の水位低下補償事業が完了し、水位の管理方法について、国（堰管理者）、滋賀県、下流府県の間で初めて合意し、瀬田川洗堰の操作規則が定められました。規則では、洪水期はあらかじめ水位をマイナス二〇センチメートルまたはマイナス三〇センチメートルに下げて洪水に対処し、それ以外の非洪水期は、三〇センチメートルを上限として、なるべく高い水位を保って渇水に備えることを基本としています。しかしながら、非洪水期の三〇センチメートルから洪水期のマイナス二〇センチメートルへの移行時の急激な水位の低下は、在来魚類の繁殖域を消失させるなどの問題も指摘されており、洪水対策や利水を主眼とした水位管理に新たに自然環境保全の視点を取り入れることが重要となっています。

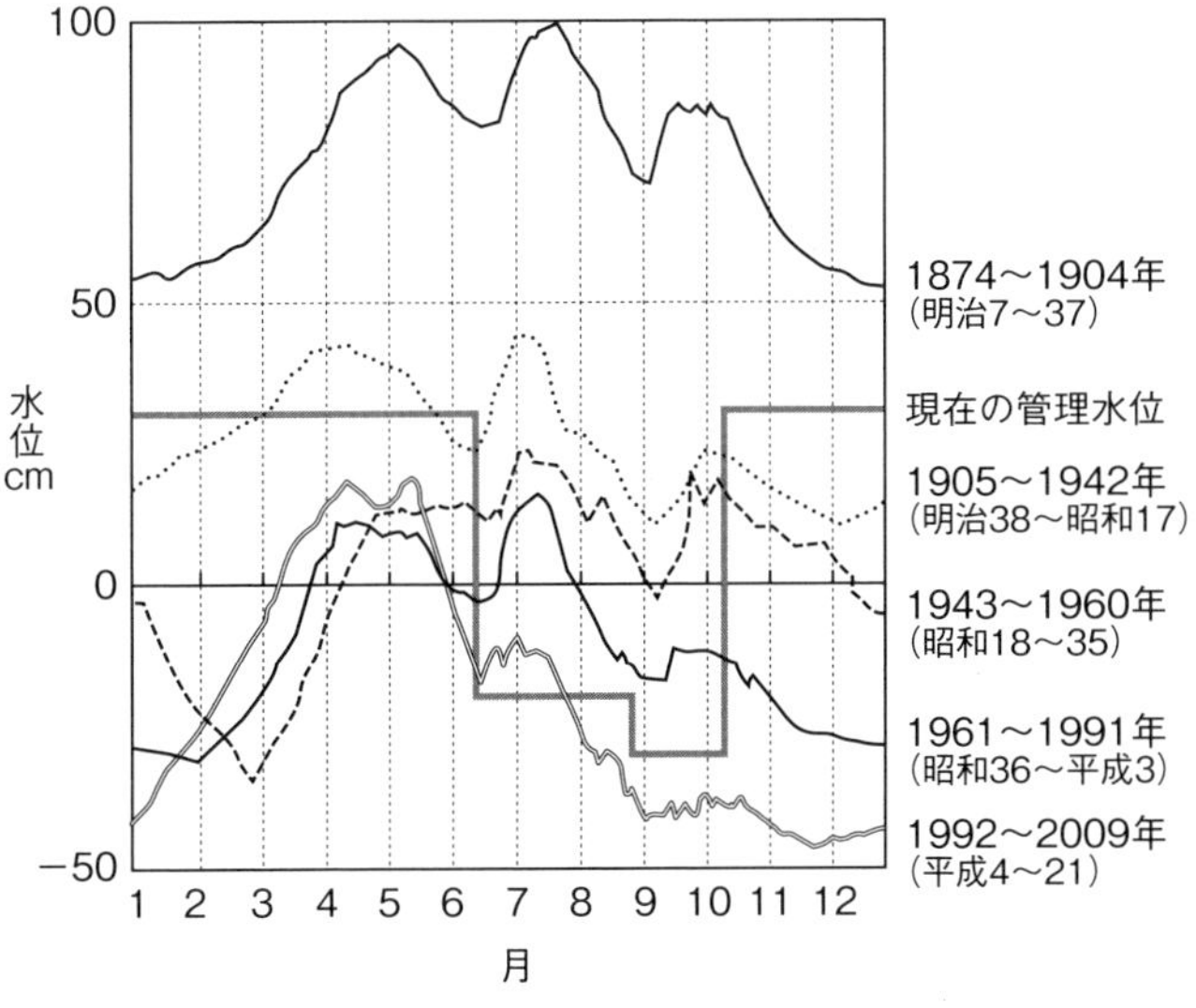

琵琶湖の水位

88 環境問題からみた農村の昭和三〇年代

牧野厚史

農村の環境問題では昭和三〇年代が変わり目として説明されることがあります。それは、経済的な高度成長が本格化したこの時期を境に、問題の様相が変わってきたからです。農業改善事業による珊瑚礁死滅や乱獲による魚類の減少、生活排水による湖や河川の水質汚濁などの「農林漁業・生活型」と呼ばれる問題の出現です。それまでの鉱害や産業公害では農民や漁民は被害者だったのですが、この変わり目以降は被害者にも加害者にもなることが注目されるようになってきたのです。

その背景には、農村における日常生活の変化があります。お互いの行動への関心が薄らぎ、不注意な水の流し方をしたとしても、とがめられなくなってきました。そのために、水を流す加害者が同時に汚濁の被害者にもなるような複雑な問題が生じてきたのです。そのこともあって、「農林漁業・生活型」の問題では、短期的成果の出にくい人間どうしの調整よりも、成果の見えやすい排水路の暗渠《あんきょ》化や下水道の整備などの技術的解決が先行しがちでした。ただ、技術的な解決策は個別的課題には有効でも、対処できる問題の範囲はそれほど広くありません。結局、総合的な問題の解決には普段の人間同士の関係を見直すことも必要になります。

農村地帯の湖、琵琶湖での環境問題の経験は、そのことを物語っています。琵琶湖では昭和三〇年代を境として湖の水質に関心が高まり、汚濁を防ぐための排水規制や下水

＊ 一九七〇年代後半に琵琶湖で赤潮が発生したり、異臭が出たりしたことをきっかけに、プランクトンの栄養源となるリンを使った洗剤ではなく、無リンの粉石けんを使って、琵琶湖の環境を守ろうと行った住民運動。

道普及が進みました。しかし、総合的な問題への対処には、農民、漁民だけではなく都市の人々をも巻き込んだ石けん運動*のような住民の活動が必要でした。活動の中には、近江八幡市の八幡堀の保存運動のように、荒廃した堀の環境改善からまちづくりへと広がった活動もあります。被害と加害の複雑な連鎖が、お互い疎遠になってしまった様々な立場の住民による協力の必要性を実感させたためでしょう。

このように農村の昭和三〇年代は、現在の琵琶湖の環境問題の登場と政策や活動の変化を考える場合にも重要な転換点となっているのです。

今でも伝統的な水の使い方が見られるカバタ
水路の水を使い続けるためには近隣との協力が欠かせません（滋賀県高島市針江）。

89 住民たちが望む住みよい環境とは？

牧野厚史

地域の環境をよくするための住民の話し合いでは、過去にあった環境についての体験談をよく耳にします。印象的だったのは、湖に面した木浜《このはま》という農村での地域づくりです。無数の水路と内湖《ないこ》を抱えた農村木浜の景観は、一九六〇年代から進められた沿岸域の埋め立てや圃場整備によって大きく変わりました。湖の増水による「ミズゴミ（洪水）」に悩まされてきたこの村の住民にとって、それは望ましい変化の方向だったことはいうまでもありません。ところが、意外なことに、地域づくりの会合では、住民によって過去の体験が盛んに語られていたのです。

過去の体験へのこだわりから未来の住みよい環境が果たして展望できるのか、そのような疑問を抱く方もいるでしょう。それはもっともなことです。というのも、住民たちは、未来のあるべき環境については語っていないからです。実際、住民たちが語るのは、例えば、低湿な水田でかつて行っていた作業のつらさや魚取りの楽しさ、さらには数十年前まで湖岸域に広がるヨシ帯の様子などです。外からやってきて話を聞く人にとっては、主観を交えた個人の苦労話か懐古趣味のようにも聞こえます。ところが、その地域に長く住み続けてきた住民たちにとっては、住民どうしで体験を語り合うことが地域づくりの計画を立てていくうえで不可欠なプロセスとして理解されているようなのです。

では、なぜそのようなプロセスが必要なのでしょうか。この点で参考になるのが、歴史的な町並みの保全などで指摘されている「定点」という考え方です。江戸時代の宿場町の町並みのような歴史的な環境の保全活動では、いつの時代のものを保存するのかという「歴史の定点」を住民自身が体験に基づいて定めることの重要性が指摘されています。自分たちの今の暮らしにとって何を価値ある存在とするかを共有しうる物差しが必要だからです。そのために、町並みの保全などでは、この「定点」をどこに定めるのかが住民たちにとっての関心事になります。

この「歴史の定点」を自分たちで定めるという考え方は、歴史的な建造物や町並みの保存だけではなく、人間がかかわり続けてきた里山や田んぼ、水辺などの身近な自然を含む生活環境の評価にも当てはまるようです。そこに住み環境とかかわり続けてきた人々が、自分たち自身で望ましい生活環境への指針をつくるためには、この定点について十分に話し合って定めておくことが必要なのだといえるでしょう。

このように、人間が深くかかわってきた環境を住みよくするためには、未来への提案の前提として、やや昔の体験をもとに現在の生活を振り返ることも必要なのです。

かつての木浜に見られた集落、田、水路の景観
現在では形状は大きく変わっています（国土地理院撮影空中写真[1961]に加筆）。

90 田んぼからは米も魚も

牧野厚史

田んぼという言葉からはどのようなイメージを浮かべるでしょうか。稲を育てて米を収穫する農地というイメージが強いのではないでしょうか。たしかに、秋の黄金色に色づく豊かな稲の実りは多くの農家の願いです。ただ、昭和三〇年代ごろまでの田んぼは、稲を育てるだけの場所ではありませんでした。

滋賀県の農家の方からは「五月から六月にかけての大雨の後に田んぼに上ってきたフナやコイをつかんで食べた」という話をよく聞きます。これは琵琶湖に面した農村での話ですが、琵琶湖から離れた甲良《こうら》町のような地域でも、戦前は水田でコイを飼っていたというお話を聞きました。水田養鯉《すいでんようり》というコイの養殖です。このように、かつての田んぼは、水稲栽培以外の役割ももっていたのです。そのため、田んぼの値打ちは、単純に稲のとれ具合の良し悪しだけでは決められないものでもありました。

もっとも、数十年の間に田んぼの様子は大きく変わりました。まず、魚類が上れる水田の数そのものが減ってしまいました。魚類の上れる田んぼは洪水に遭いやすい低湿な田が多かったのですが、乾田化のために用水路が深く掘り下げられた結果、田んぼには魚が上りにくくなりました。田んぼの生物相の変化は、土地形状というフィジカルな改変の積み重ねによって生じたものです。ただ、改変を決め実行したのは人間たちです。つまり、人間たちの価値観と社会の変化の結果、そのような水田の改変が生じてきたという点が重要です。まず、昭和三〇年代以降、農業をする人が急激に減少したことがあります。また、兼業化によって、稲作農家の作業時間も短くなりました。担い手の数の減少や作業時間短縮を補ったのは農業の機械化や水管理の省力化です。大型機械の導入は田んぼでの作業を手作業に比べてはるかに楽なものにしました。特に、田植えの機械化は稲作農家をたいへん驚かせ、喜ばせたといいます。

また、逆水灌漑などの水利方式の変化は水管理の手間を省くことに貢献しました。その一方で、機械化や水利の省力化には、水路や田んぼの形状を変更したり、湿田の乾田化を進めたりすることが必要でした。それらの生活の変化は、農業を便利にした反面、魚類のような生物にはあまり適していない田んぼをつくり出したといえるでしょう。

このように、今では、米も魚も田んぼでとれた時代は終わったようにも見えます。ところがそうではなさそうです。例えば、田んぼに魚が上らないことを心配する農家の方に出会うことがあります。また、最近の自然再生と呼ばれる施策では、田んぼを魚のいる場所にしようという取り組みがあちこちで見られるようにもなっています。もちろん、ニゴロブナの稚魚を田んぼで育てる「ゆりかご水田」という滋賀県の施策も全国的な注目を集めています。米も魚も田んぼでとれた時代は過去のものと簡単にいうことはできないのです。

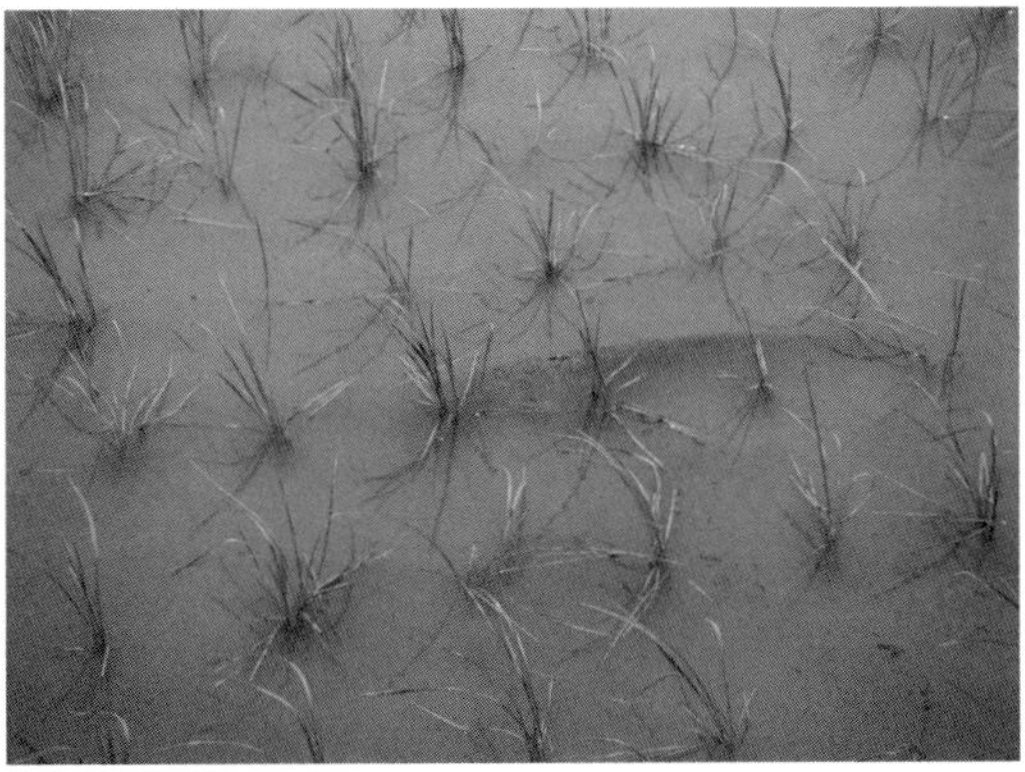

琵琶湖に近い田に上ってきたナマズ
(撮影:小川雅広 2007年5月)

91 湖国の桶風呂《おけぶろ》

老　文子

滋賀県は、琵琶湖を中心に大きく四つの地域(湖北・湖東・湖南・湖西)に分けられ、それぞれ地域色豊かな生活文化を育んできました。桶風呂もまた、それぞれの地域で育まれてきた生活文化の一つです。

桶風呂とは、主に、湖北から湖東、湖南にかけて使われていた風呂で、一般にゴエモンブロやオケブロと呼ばれていました。桶風呂は、かまどの上に平皿をひっくり返したような平らな釜をのせ、底のない桶を重ねた構造をしています。かまどで少量の湯を沸かして体を浸けるだけでなく、上から竹笠や板などでふたをして、蒸気で桶内を温めて入浴を行う半蒸半温浴《はんじょうはんおんよく》の風呂です。特に、湖北・湖東で使われてきた桶風呂は、横につけられた扉を開けて出入りするもので、全国的にみても特異な形をしています。その湖東で使われた桶風呂が、琵琶湖博物館のC展示室にある冨江家の展示で、公開されています。

ところで、桶風呂に関する古い記述を探してみると、明治時代中ごろに日本を旅したイギリス人旅行家ディクソンが発表した旅行記『GLEANINGS FROM JAPAN』があります。旅行記には、彦根で使われていた桶風呂のスケッチが掲載されています。そこでは、桶風呂のことを、「彦根の寂れた町中の通りに置かれ、女性たちによって使われていた斬新な風呂」と紹介しています。また、「女性たちは、桶風呂の扉を開けて談笑し

ながら風呂に入ってい
た」と記述するなど、
入浴風景がユーモラス
に描かれています。

明治時代に描かれた彦根の桶風呂
（'Ladies bathing out in the streets of Hikone' Dickson W. G. [1889] より）

琵琶湖博物館のC展示室で公開している冨江家の桶風呂

92 農家の循環型の暮らし方

老 文子

昭和二〇〜三〇年代ごろまでの農家では、民家や敷地内に様々な施設をつくることで、入浴や炊事などに使った後の水を、肥料として無駄なく利用していました。滋賀県彦根市肥田《ひだ》町の鹿島《かしま》家では、農家の循環型の暮らしを支えた風呂場やスイモンと呼ばれる施設を、実際に見ることができます。鹿島家には、主屋《しゅおく》を入ってすぐの土間の一角に、畳一畳分ほどの風呂場があります。そこに据えられている桶風呂は、ビア樽のような形をした木桶の風呂で、上には天井が張られており、横につけられた扉から出入りします。少量の湯を沸かし、桶内を蒸気で温めて入浴を行うだけでなく、風呂の残り湯は、小便と一緒に便槽に溜めて、肥料として利用しました。

また、土間奥には井戸とスイモンがあります。肥田町は宇曽川沿いに位置するため地下水が豊富で、鹿島家の井戸は石製の丸い井戸枠を地面に埋め込むだけの簡易な湧水井戸です。井戸の隣にはスイモンと呼ばれる石製の方形の枠が地面にはまっています。鹿島家では、炊事などに使った水はスイモンに流し入れ、洗いカスを沈殿させた後、土ごと掻き出し肥料としました。

現代の私たちからみれば、昔の農家の生活は快適性や便利さに欠けているように思われるかもしれませんが、農家が実践していたこうした循環型の暮らし方から、よりよく暮らしていくための様々な魅力的な考え方を学ぶことができるのではないでしょうか。

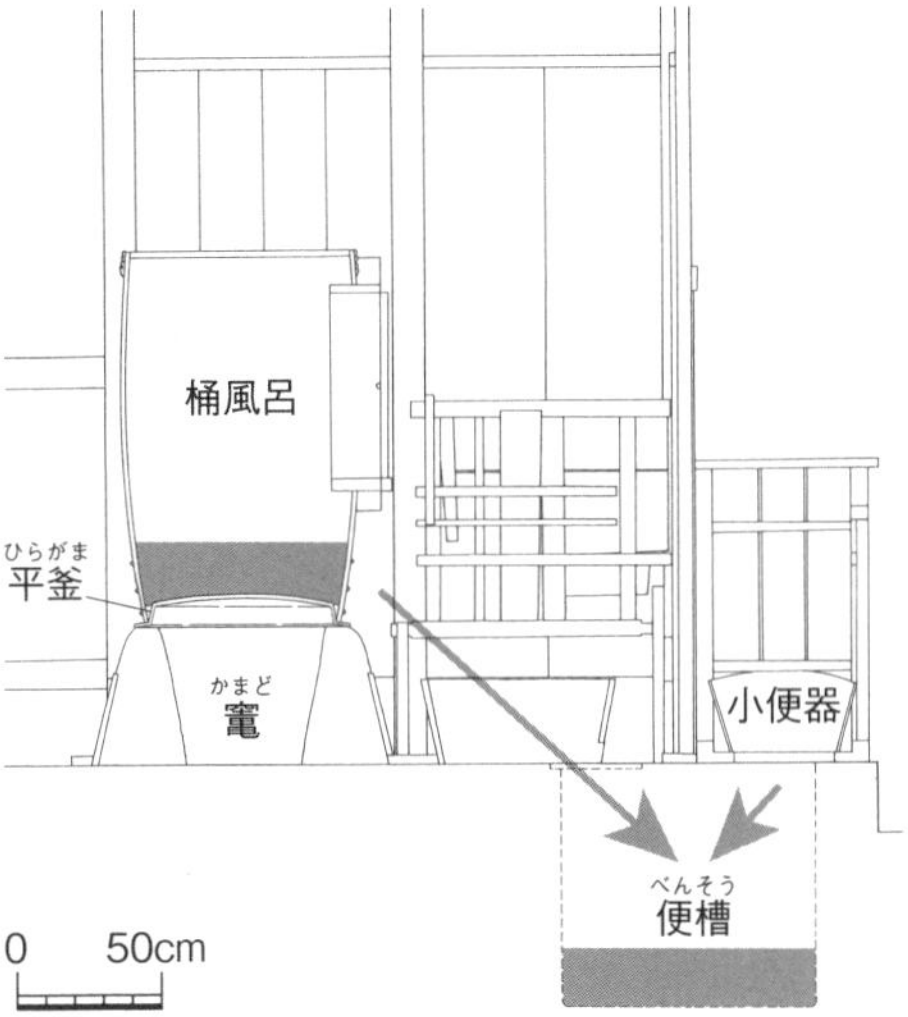

鹿島家の風呂場と小便所の断面図
（彦根市史編さん室提供）

鹿島家と同じ形の桶風呂
（彦根市教育委員会蔵）

カワトと呼ばれる石段から見た鹿島家，カワトの奥の建物は外便所

93 琵琶湖のまわりは日本一の若者の街？

矢野晋吾

日本の人口は、これから減っていって、お年寄りの割合が今より多くなる（高齢化する）といわれています。全国的にみるとそのようになっていくのですが、四七都道府県の中には高齢化の進み方が速いところと遅いところがでてきます。滋賀県はどうでしょうか？

じつは一番遅い県となると推測されています。反対にいえば、若い人の割合が一番高い県、それが滋賀県の近い未来なのです。

日本の人口は戦後からずっと増えて、一九八〇年前後からは伸びが緩やかになりました。ところが滋賀県の場合は人口が増え始めるのが一九七〇（昭和四五）年になってからでした。つまり、人口の急な増加が全国より二〇年ほど遅れて始まって、今も増えています。一九九五〜二〇〇〇年の間に人口がどれだけ増えたかをみると、滋賀県は全国第二位の沖縄県（三・五パーセント）を大きくしのいで四・三パーセントで第一位でした。

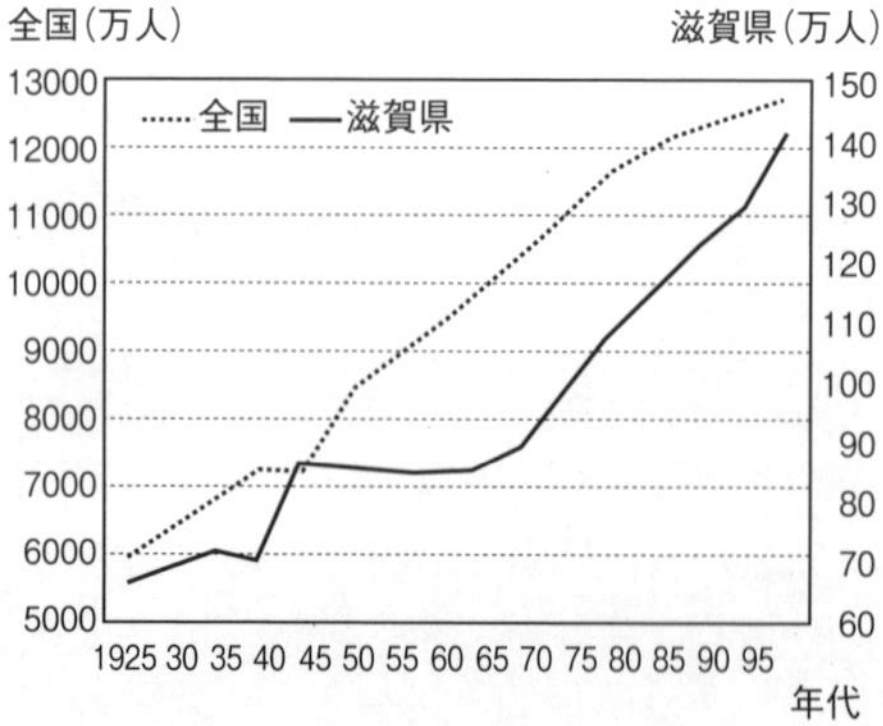

人口の推移
国立社会保障・人口問題研究所
「都道府県別将来推計人口」より作成

六五歳以上の人が人口に占める割合の低さをみると、二〇一五年の予想では沖縄（一九・四パーセント）に次いで、滋賀県が第二位の二二・四パーセント、二〇三〇年では二五・一パーセントにとどまって全国第一位になる見込みです。その時、一番高齢化が進むとみられる秋田県では三六・二パーセントですから、その低さがよくわかると思います。

では、住んでいる人は滋賀県をどう思っているのでしょうか？　県広報課が行った二〇〇一年の世論調査では、「滋賀県に住んでいてよいと思うこと」という質問に「琵琶湖や川など水環境が豊かである」と答えた人が全体で六〇・六パーセント（複数の選択肢を回答可）とトップでした。他から移転してきた人の方が昔から滋賀に住む人より三ポイント高くなっています。

反対に「住んでいて不満に思うこと」では、「交通が不便」が三一・九パーセント（複数回答可）でトップです。こちらは、昔から住んでいる人は二七・一パーセントですが、移転してきた人は三九・三パーセントに上っています。

若い人々は交通が不便と思いながらも、滋賀県に移転し、琵琶湖や川がある滋賀県の自然を楽しんでいる様子の一端がうかがわれます。

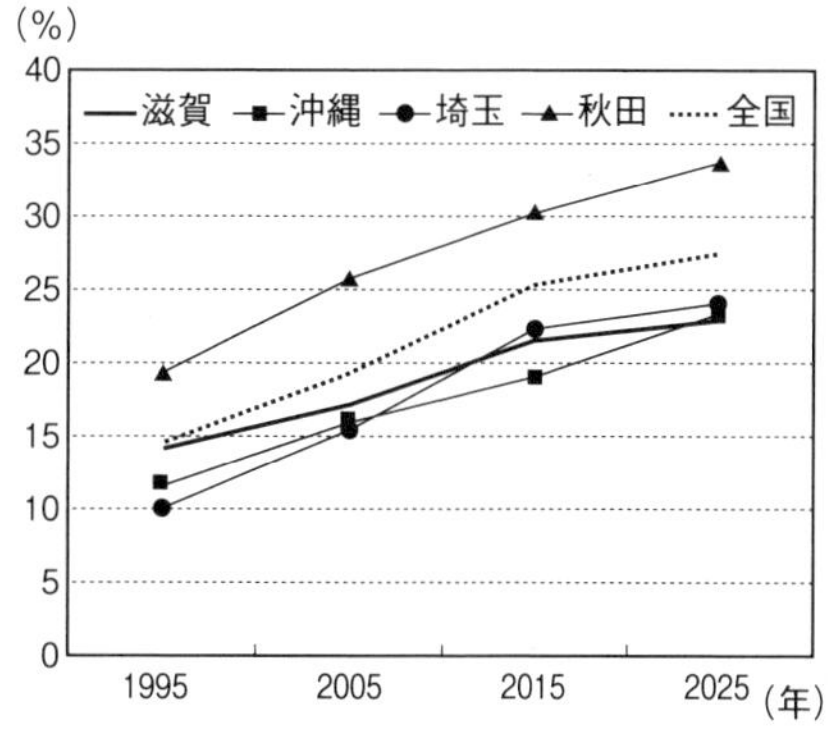

高齢化率の推移
国立社会保障・人口問題研究所
「都道府県別将来推計人口」より作成

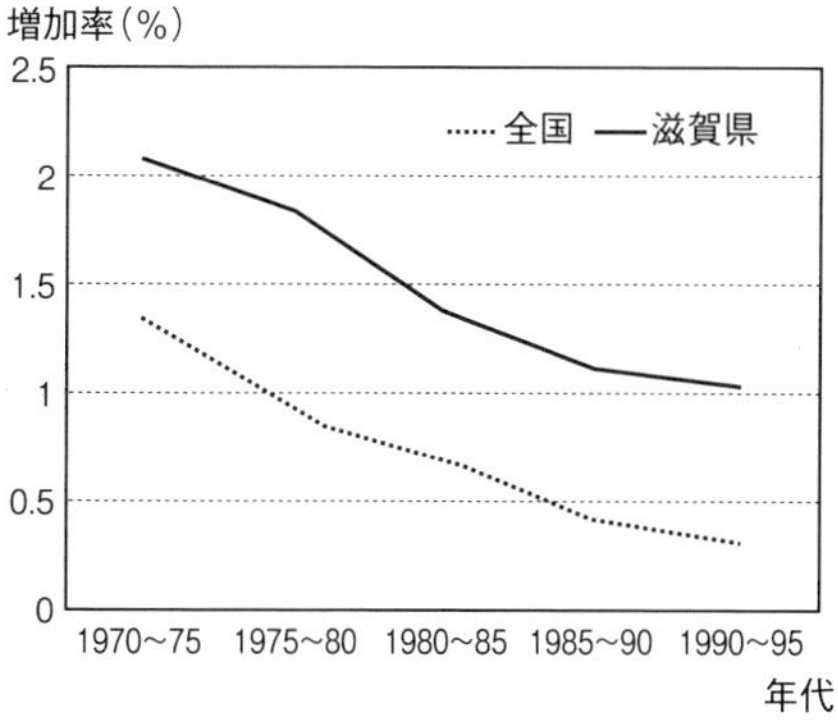

年平均人口増加率の推移

94 汚した水を飲むのは誰？

矢野晋吾

私たちは普段の生活の中で、たくさんの水を使っています。汚れた水はどこにいくのでしょうか？　最近は、下水に流している地域が多くなっています。

自分が汚した水、例えばお皿を洗った水やトイレで流した水が再び目の前にあらわれるとは、ふつう思わないでしょう？

確かにそうです。そこで、東京都を例に考えてみましょう。使う前の上水道の水は川の上流のダムなどから引いてきています。群馬県や埼玉県などのきれいな川や、少し中流に下ったあたりのダムから水をとって、浄水場で消毒してから家に流れてきます。使った後の台所やトイレから流れ出た水は、下水道を通って汚水処理場できれいにしてから、川の下流に流し、そこから東京湾に流れていきます。このように、一度汚した水を自分がもう一度使うことは、ほとんどありません。

では、滋賀県の場合はどうでしょうか？　使う前の水は、湖岸に近い地域の場合、多くが琵琶湖から水をくみ上げています。それを浄水場で消毒してから、家に流れてきます。使った後の水は、下水道を通って、浄水場できれいにしてから、琵琶湖に流れていきます。つまり、滋賀県では自分の汚した水が最後に流れていく場所は、自分の飲み水を引いてくる場所なのです。そのため、自分の汚した水を再び口にする可能性があり、ここが東京都と滋賀県の水の流れが大きく違う点です。

琵琶湖の場合は、そこに流れ込む川の多くが滋賀県内から流れ出た川です。ですから、琵琶湖に流れ込む川をはぐくむ山や森は滋賀県民自身で守らなければいけませんし、使い終わった水も自分たちの口に入る可能性があるので、自分たちで守らなければなりません。

東京都の場合、きれいな水を確保するために、周辺他県の山間地域の山村を湖底に沈めてダムをつくってきました。また、近県の漁師が生活の場にしている東京湾に、汚した後の水を流していました。最近こそ、東京都でも水に対する意識が高くなっていますが、滋賀県との大きな違いが根底にあったのです。

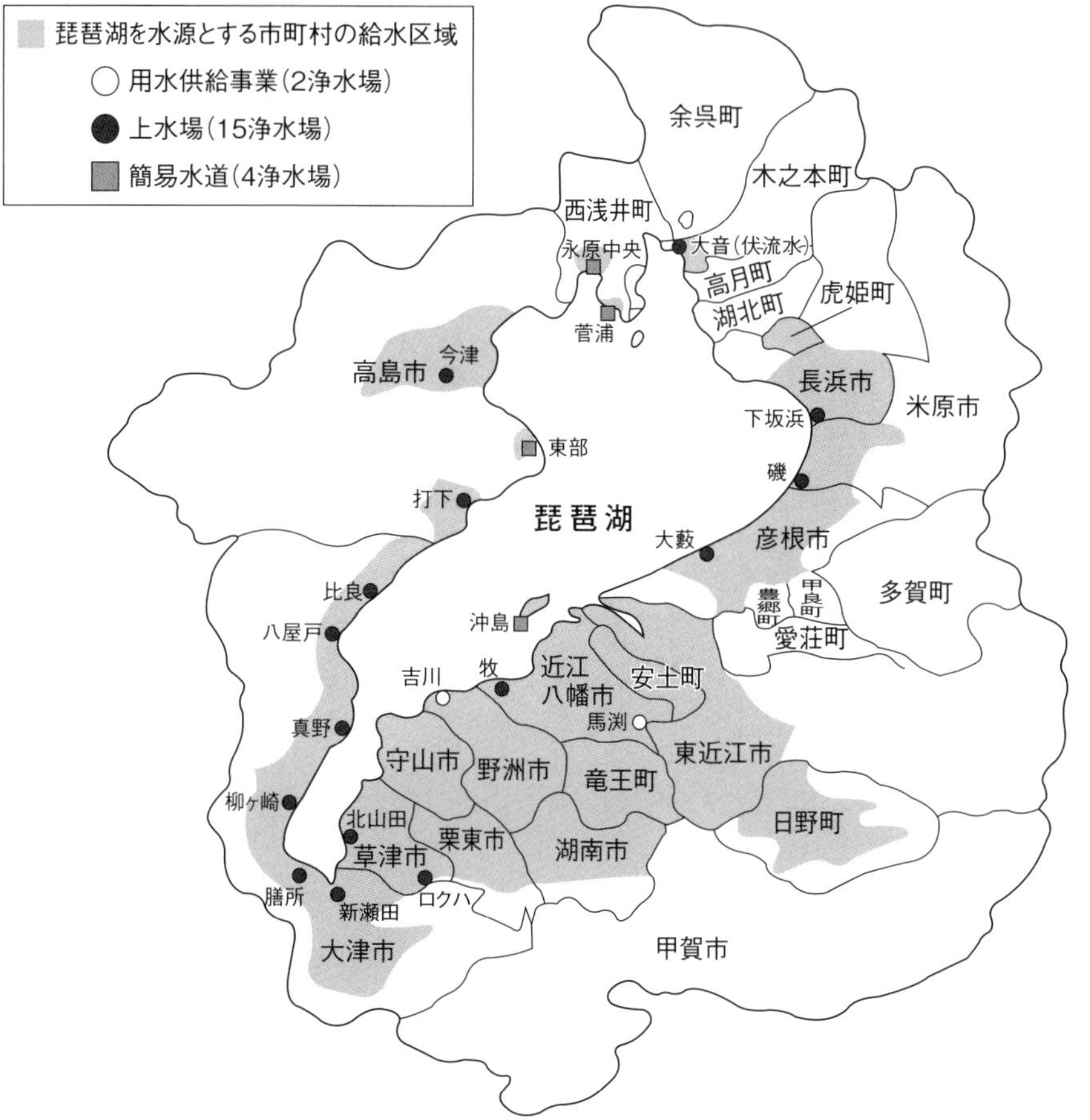

水道における琵琶湖水の利用状況図 「平成20年度滋賀県の水道」滋賀県ホームページより改変

95 琵琶湖を取り巻く田んぼは誰が守る

矢野晋吾

滋賀県は、第二次産業で働く人が日本でトップクラスの県となっています。製造業に絞ると、二〇〇五(平成一七)年では二七・〇パーセントと全国で第一位でした。

かつて、滋賀県は農業県として知られていました。一九五五(昭和三〇)年の時点では、農林水産業など第一次産業で働く人は五一パーセントを占め、当時の全国平均四一パーセントに比べて高かったことがわかります。そのころ、第二次産業は、二一パーセントと全国の二三パーセントをわずかに下回っていました。ところが、一九七〇(昭和四五)年になると第二次産業就業者の比率は三五パーセントと一ポイントながら全国平均を上回ります。その後、全国が三二～三四パーセントで推移するのに対し、滋賀県では一九八〇(昭和五五)年以降トップレベルの四〇パーセント前後で安定しています。

これに対し、古くから定評のあった農業だけで生計を立てる専業農家は、一九六〇(昭和三五)年時点では全国平均の三四パーセントに対して三一パーセントとあまり変わりませんでしたが、一九六五(昭和四〇)年には全国二二パーセントに対して半分以下の一〇パーセント、一九五五年には五パーセントにまで減っています。

ただ、みんなが農業を辞めてしまったわけではなく、会社に勤めながら休みの日などに農業を続ける兼業農家、それも、農業の収入がほかの勤めの収入より低い第二種兼業農家が急速に広がったのが滋賀県の特徴です。これが一九七五年の段階で全国では六二パーセントだったにもかかわらず、すでに八〇パーセントにまで達していました。その後、一九九〇（平成二）年には九二パーセントにまで増えて、全国の七一パーセントに大きく水をあけています。全国的に農業から第二次・第三次産業へと人が流れているのですが、滋賀県の場合はそれがいち早く急速に進んだのです。

その理由は、農業の中心だった「近江米」づくり、つまり稲作は機械化しやすく、ほかの勤めをしながら農業を続けられたことが挙げられます。全国平均では農業の生産額のうち稲作は二六パーセントにすぎないのですが、滋賀県ではじつに六四パーセントが稲作（二〇〇三年）なのです。

こうして会社勤めなどをする人によって続いている稲作ですが、将来

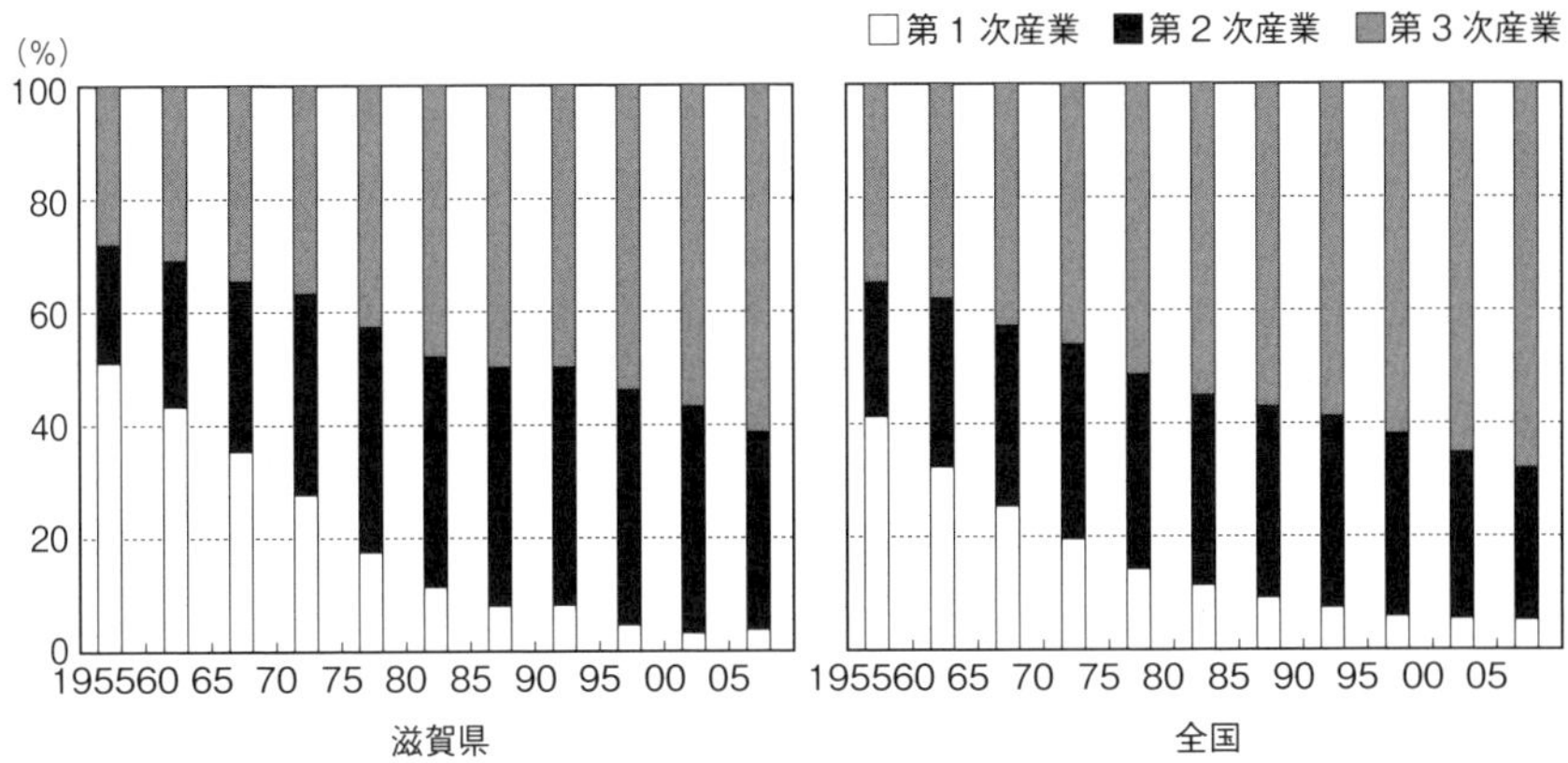

産業別就業者数の推移

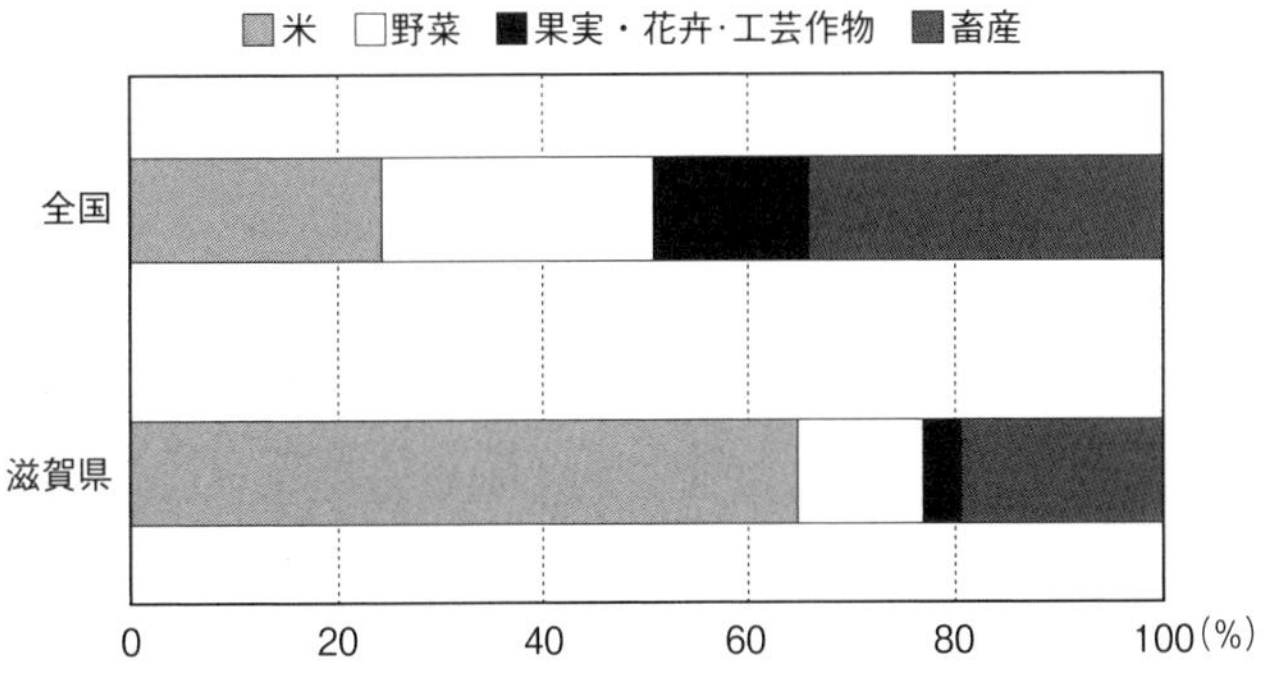

農業総生産額の構成
2006年農林水産省「生産農業所得統計」より

はどうなるのでしょうか？

　食料ならば買えばいい、という声もあるかもしれませんが、じつは、稲作の舞台である田んぼは琵琶湖と水で深く結びついています。山から流れた水は田んぼでダムのようにためられ、琵琶湖に少しずつ流れていきます。その間には様々な生きものをはぐくんでいます。例えば、鯰《なまず》などの魚類やトンボなど、多くの生きものが田んぼで生まれているのです。

　今のところ、農業を辞めて田んぼをつぶしてしまうケースは少ないようですが、これから田んぼを守る後継ぎが育つかどうかは、琵琶湖の将来に大きな影響を与えることになるのです。


滋賀県農業を数字で見てみると…

第1位	○動力田植機普及率 ……82.9%（全国平均 62.7%） ○自脱型コンバイン普及率 ……81.5%（全国平均 49.5%）
第2位	○水田率 ……92.1%（第1位富山 96.0%、全国平均 54.4%） ○ 肉用牛農家1戸あたり飼育数 ……154.9 頭（全国平均 37.8 頭）
第4位	○副業農家率 ……71.2%（第1位岐阜 74.5%、全国平均 55.5%）
第8位	○基幹的農業従事者1人あたり生産農業所得 ……172 万円（全国平均 142 万 9,000 円）
第47位	○農家1戸あたり生産農業所得 ……31 万 8,000 円（全国平均 107 万 7,000 円） ○耕地面積 10 aあたり生産農業所得 ……2 万 6,000 円（全国平均 6 万 6,000 円） ○基幹的農業従事者数 ……1 万 175 人（全国平均 4 万 7,674 人） ○農業所得 ……43 万 2,000 円（全国平均 108 万 2,000 円）

（データは 2005 年）

C 展示室　昭和 30 年代の農家のカワヤ（洗い場）

C 展示室　昭和 30 年代の農家の食卓

引用・参考文献

8　古琵琶湖の時代の植物（山川千代美）

琵琶湖自然史研究会（1983）大津市仰木町の堅田累層産化石群集．瑞浪市化石博物館研究報告 **10**: 117-142.

琵琶湖自然史研究会（1987）琵琶湖南西岸の古琵琶湖層群の淡水生化石群集．瑞浪市化石博物館研究報告 **13**: 57-103.

林隆夫（1974）堅田丘陵の古琵琶湖層群．地質学雑誌 **80**: 261-276.

川邊孝幸（1981）琵琶湖東方，阿山・甲賀丘陵付近の古琵琶湖層群．地質学雑誌 **81**: 457-473.

木田千代美（1994）多賀町四手の古琵琶湖層群より産出した大型植物化石．多賀町文化財・自然誌調査報告書 **4**: 51-56.

古琵琶湖団体研究グループ（1983）水口丘陵・瀬田～石部地域の古琵琶湖層群．日本の鮮新・更新統．地団研専報 **25**(1): 67-77.

此松昌彦（2004）第4節古琵琶湖層群の古生物．上野市史第1章地形地質，上野市史編纂室：131-136.

Miki, S.（1938）On the change of flora of Japan since the Upper Pliocene and the floral composition at the present. *Japanese Journal of Botany* **9**: 213-251.

Miki, S.（1941）On the change of flora in Eastern Asia since Tertiary Period（I）, The clay or lignite beds flora in Japan with special reference to the *Pinus trifolia* beds in Central Hondo. *Japanese Journal of Botany* **11**: 237-303.

Miki, S.（1948）Floral remains in Kinki and adjacent districts since the Pliocene with description of 8 new species. *Mineralogy and Geology*（Kobutsu to Chishitsu）**9**: 105-144.

Miki, S.（1950）Taxodiaceae in Japan, with Special Reference to Remains. *Journal of Institute of Polytechnics, Osaka City University*, Ser. D, **1**: 63-77.

Miki, S.（1952）Trapa of Japan, with Special Reference to its Remains. *Journal of Institute of Polytechnics, Osaka City University*, Ser. D **3**: 1-30.

Miki, S.（1955）Nut Remains of Juglandaceae in Japan. *Journal of Institute of Polytechnics, Osaka City University*, Ser. D **6**: 131-144

Miki, S.（1956）Endocarp Remains of Alangiaceae, Cornaceae and Nyssaceae. *Journal of Institute of Polytechnics, Osaka City University*, Ser. D **7**: 275-295.

Miki, S.（1957）Pinaceae of Japan, with Special Reference to Remains. *Journal of Institute of Polytechnics, Osaka City University*, Ser. D **8**: 221-272.

Miki, S.（1958）Gymnosperms in Japan, with Special Reference to Remains. *Journal of Institute of Polytechnics, Osaka City University*, Ser. D **9**: 125-150.

百原　新・齊藤　毅・山川千代美・布谷知夫（2001）滋賀県野洲川河床化石林から復元した後期鮮新世（約260万年前）の古植生の空間分布．日本生態学会熊本大会講演要旨集：110.

南澤　修・松本みどり・百原　新・山川千代美（2008）古琵琶湖層群畑層から産出した前期更新世末の大型植物化石．植生史研究 **16**: 49-55.

南澤　修・松本みどり・山川千代美・布谷知夫・寺田和雄（2010）鮮新統古琵琶湖層群上野層および伊賀層の材化石群集．化石研究会誌 **43**: 40-52.

奥山茂美（1981）伊賀盆地化石集 No.1.

奥山茂美（1982）伊賀盆地化石集 No.2.

奥山茂美（1983）伊賀盆地化石集 No.3.
奥山茂美（1984）伊賀盆地化石集 No.4.
奥山茂美（1985）伊賀盆地化石集 No.5.
奥山茂美（1986）伊賀盆地化石集 No.6.
奥山茂美（1987）伊賀盆地化石集 No.7.
奥山茂美（1988）伊賀盆地化石集 No.8.
奥山茂美（1989）伊賀盆地化石集 No.9.
奥山茂美（1990）伊賀盆地化石集 No.10.
Takaya, Y.（1963）Stratigraphy of the Paleo-Biwa Group and paleogeography of Lake Biwa with special reference to the origin of the endemic species in Lake Biwa. *Memoirs of the College of Science, University of Kyoto*, Ser. B, Geology and Mineralogy, **30**(2): 81-118.
塚腰　実（1996）古琵琶湖層群上野累層の足跡化石―植物化石．服部川足跡化石調査団編 : 53-54.
山川千代美（2000）鮮新―更新統古琵琶湖層群産のイチョウ葉化石．植生史研究，**8**(1): 33-38.
Yamakawa, C., Momohara,A., Nunotani, T., Matsumoto, M., and Watano, Y.（2008）Paleovegetation reconstruction of fossil forest dominated by *Metasequoia* and *Glyptostrobus* from the late Pliocene Kobiwako Group, central Japan. *Paleontological Research* **12**(2): 167-180.

11　森の変化とヒト（宮本真二）

宮本真二・安田喜憲・北川浩之・竹村恵二（1999）福井県蛇ヶ上池湿原における過去 14000 年間の環境変遷．日本花粉学会誌 **45**: 1-12.

12　土地とヒトの変化（宮本真二）

宮本真二・河角龍典・小野映介・畑本政美（2003）野洲川下流域平野，播磨田城遺跡における地形環境の変遷と遺跡立地．播磨田城遺跡発掘調査報告書，守山市教育委員会 : 75-82.

14　真夜中の大産卵（前畑政善）

前畑政善・長田芳和・松田征也・秋山廣光・友田淑郎（1990）ビワコオオナマズの産卵行動魚類学雑誌．**37**(3): 308-313

15　岩場のヌシ（前畑政善）

Maehata, M（2001）The physical factor inducing spawning of the Biwa catfish,. *Silurus biwaensis*. *Ichthyol* **48**: 137-141.

42　正体不明の侵入者（松田征也）

大蔵省（1989）日本貿易月表，輸入品別国別表．日本関税協会.
大蔵省（1990）日本貿易月表，輸入品別国別表．日本関税協会.
大蔵省（1991）日本貿易月表，輸入品別国別表．日本関税協会.
大蔵省（1992）日本貿易月表，輸入品別国別表．日本関税協会.
大蔵省（1993）日本貿易月表，輸入品別国別表．日本関税協会.
大蔵省（1994）日本貿易月表，輸入品別国別表．日本関税協会.
大蔵省（1995）日本貿易月表，輸入品別国別表．日本関税協会.

大蔵省（1996）日本貿易月表，輸入品別国別表．日本関税協会．

大蔵省（1997）日本貿易月表，輸入品別国別表．日本関税協会．

大蔵省（1998）日本貿易月表，輸入品別国別表．日本関税協会．

大蔵省（1999）日本貿易月表，輸入品別国別表．日本関税協会．

大蔵省（2000）日本貿易月表，輸入品別国別表．日本関税協会．

中村幹雄（2000）日本のシジミ漁業．たたら書房．

紀平肇・松田征也・内山りゅう（2009）日本産淡水貝類図鑑，①琵琶湖・淀川産の淡水貝類改訂版．ピーシーズ．

59　森林伐採研究の方法とわかってきたこと（草加伸吾）

草加伸吾・濱端悦治（1999）朽木実験小流域における皆伐の初期影響―土壌に関する解析データ―，滋賀県琵琶湖研究所所報 **16**: 19-27.
Kusaka, S. and Hamabata, E.（2001）The influence of forest clear-cutting on nitrate-nitrogen load downstream in a Lake Biwa watershed. "Toward sustainable management of lake-watershed ecosystems, Proceedings of the Shiga-Michigan Joint Symposium 2001", S46-49.
宗宮　功（2000）琵琶湖―その環境と水質形成，技報堂出版．

60　森林と琵琶湖（長崎泰則）

滋賀県大津林業事務所（1996）先人の築いた歴史資産を訪ねて№.2・大津市田上地先「オランダ堰堤」と「鎧ダム」．

61　樹木と樹病（長崎泰則）

島根県農林水産部（1995）松くい虫はどのように究明され防除されたか―島根県における研究・普及・防除．島根県林業改良普及協会．

62　林業と動物（長崎泰則）

滋賀県琵琶湖環境部森林政策課（2007）滋賀県森林・林業統計要覧平成18年度版．

91　湖国の桶風呂（老　文子）

Dickson W. G.（1889）Gleanings from Japan, William Blackwood & Sons, Edinburgh and London.

あとがき

琵琶湖博物館が琵琶湖のほとりに開館したのは、一九九六年のことです。それからおよそ一五年が経ち、この間に琵琶湖博物館の来館者は七五〇万人ほどになりました。このように多くの方に楽しんでもらっている琵琶湖博物館ですが、その活動には三つの基本理念があります。一つは、「湖と人間」の関係性を館のテーマとして展示や研究をすることです。二つめには琵琶湖地域こそが博物館であり、琵琶湖博物館はそのフィールドへの誘いとなるということです。三つめには、展示を見学するためだけの場でなく、人、物、情報の交流の場になることです。

この理念を進めるために、三〇名以上いる博物館の学芸員は、地域や他の研究機関の人々と日常的に研究や調査を行っています。研究や調査こそが琵琶湖博物館の活動の基礎になると考えているからです。この本では、その研究・調査をもとにして、琵琶湖や琵琶湖の周辺地域について様々な角度から語られています。

そもそもこの本は、博物館の開館五周年を記念するために企画されましたが、それは実現することはできませんでした。その後も本づくりはなかなか進まず、ついに一五周年を目前とする今日に至ってしまいました。執筆は最初に本づくりを企画したころにいた学芸員が担当しましたが、そのなかには一〇年の月日が経つ間に館外の職場に出た人も少なくありません。今回の本づくりには、そのような方々にも最後までお手伝いいただきました。一方で、現在博物館にいる学芸員の中でこの本の執筆に携わることができなかった人たちもいます。その意味においても、この本では琵琶湖博物館で扱っている研究領域の一端の紹介にとどまり、琵琶湖地域の面白さを十分に語ることができていないかもしれません。

ですから、本書を読んで琵琶湖に興味を感じた方がいらっしゃれば、ぜひ、琵琶湖博物館に一度お越しいただきたいと思います。この本で触れられなかった琵琶湖の面白さや不思議さがたくさん展示されています。そして、さらに、読者の皆さんが琵琶湖や身の回りの自然や暮らしに興味を持っていただければ幸いです。

最後になりましたが、日ごろ私たちが調査や研究を進めるうえで援助していただいている地域の方々にこの場を借りてお礼申し上げたいと思います。皆さんがいらしたからこそ調査や研究ができ、さらに本書を完成されることができました。そして私たちを励まし、本の完成まで導いてくれた文一総合出版編集部の中根阿沙子さん、菊地千尋さんにお礼を申し上げます。

琵琶湖博物館「生命の湖　琵琶湖をさぐる」出版編集担当

中島　経夫
高橋　啓一

執筆者一覧（アイウエオ順　2011年2月現在）

秋山 廣光（Akiyama Hiromitsu）
滋賀県立琵琶湖博物館　博物館学研究領域　担当：資料保存学

老　文子（Oi Fumiko）
滋賀県立琵琶湖博物館　環境史研究領域　担当：民俗学

大塚 泰介（Otsuka Taisuke）
滋賀県立琵琶湖博物館　生態系研究領域　担当：微生物学

亀田 佳代子（Kameda Kayoko）
滋賀県立琵琶湖博物館　生態系研究領域　担当：動物生態学

草加 伸吾（Kusaka Shingo）
滋賀県立琵琶湖博物館　生態系研究領域　担当：植物学

楠岡　泰（Kusuoka Yasushi）
滋賀県立琵琶湖博物館　博物館学研究領域　担当：地域連携学

桑原 雅之（Kuwahara Masayuki）
滋賀県立琵琶湖博物館　生態系研究領域　担当：魚類生態学

マーク.J.グライガー（Mark J. Grygier）
滋賀県立琵琶湖博物館　生態系研究領域　担当：国際湖沼学

里口 保文（Satoguchi Yasufumi）
滋賀県立琵琶湖博物館　環境史研究領域　担当：地質学

高橋 啓一（Takahashi Keiichi）
滋賀県立琵琶湖博物館　環境史研究領域　担当：古脊椎動物学

戸田　孝（Toda Takashi）
滋賀県立琵琶湖博物館　博物館学研究領域　担当：博物館情報学

内藤 又一郎（Naito Mataichiro）
滋賀県湖北農業農村振興事務所　田園振興課　専門：農業工学

中川 元男（Nakagawa Motoo）
滋賀県南部土木事務所　次長　専門：河川工学

長﨑 泰則（Nagasaki Yasunori）
滋賀県甲賀森林整備事務所　林業振興担当　専門：林学

中島 経夫（Nakajima Tsuneo）
滋賀県立琵琶湖博物館　名誉学芸員　専門：古魚類学

中藤 容子（Nakatou Yoko）
滋賀県立琵琶湖博物館　博物館学研究領域　担当：資料活用学

布谷 知夫（Nunotani Tomoo）
滋賀県立琵琶湖博物館　名誉学芸員　専門：博物館学

橋本 道範（Hashimoto Michinori）
滋賀県立琵琶湖博物館　環境史研究領域　担当：歴史学

前畑 政善（Maehata Masayoshi）
滋賀県立琵琶湖博物館　生態系研究領域　担当：水族繁殖学

牧野 厚史（Makino Atsushi）
滋賀県立琵琶湖博物館　生態系研究領域　担当：地域社会学

牧野 久実（Makino Kumi）
鎌倉女子大学　教育学部教育学科　専門：文化人類学

桝永 一宏（Masunaga Kazuhiro）
滋賀県立琵琶湖博物館　生態系研究領域　担当：水生昆虫学

松田 征也（Matsuda Masanari）
滋賀県立琵琶湖博物館　生態系研究領域　担当：底生生物学

宮本 真二（Miyamoto Shinji）
滋賀県立琵琶湖博物館　環境史研究領域　担当：古微生物学

森田 光治（Morita Mitsuji）
滋賀県立水口東高校　教諭　専門：理科教育

矢野 晋吾（Yano Singo）
青山学院大学　総合文化政策学部総合文化政策学科　専門：社会学

八尋 克郎（Yahiro Katsuro）
滋賀県立琵琶湖博物館　生態系研究領域　担当：陸上昆虫学

山川 千代美（Yamakawa Chiyomi）
滋賀県立琵琶湖博物館　環境史研究領域　担当：古植物学

楊　平（Yang Ping）
滋賀県立琵琶湖博物館　環境史研究領域　担当：環境社会学

用田 政晴（Yoda Masaharu）
滋賀県立琵琶湖博物館　博物館学研究領域　担当：考古学

アンドリュー・ロシター（Andrew Rossiter）
ハワイ大学ワイキキ水族館　館長　専門：魚類生態学

滋賀県立琵琶湖博物館
交通のご案内

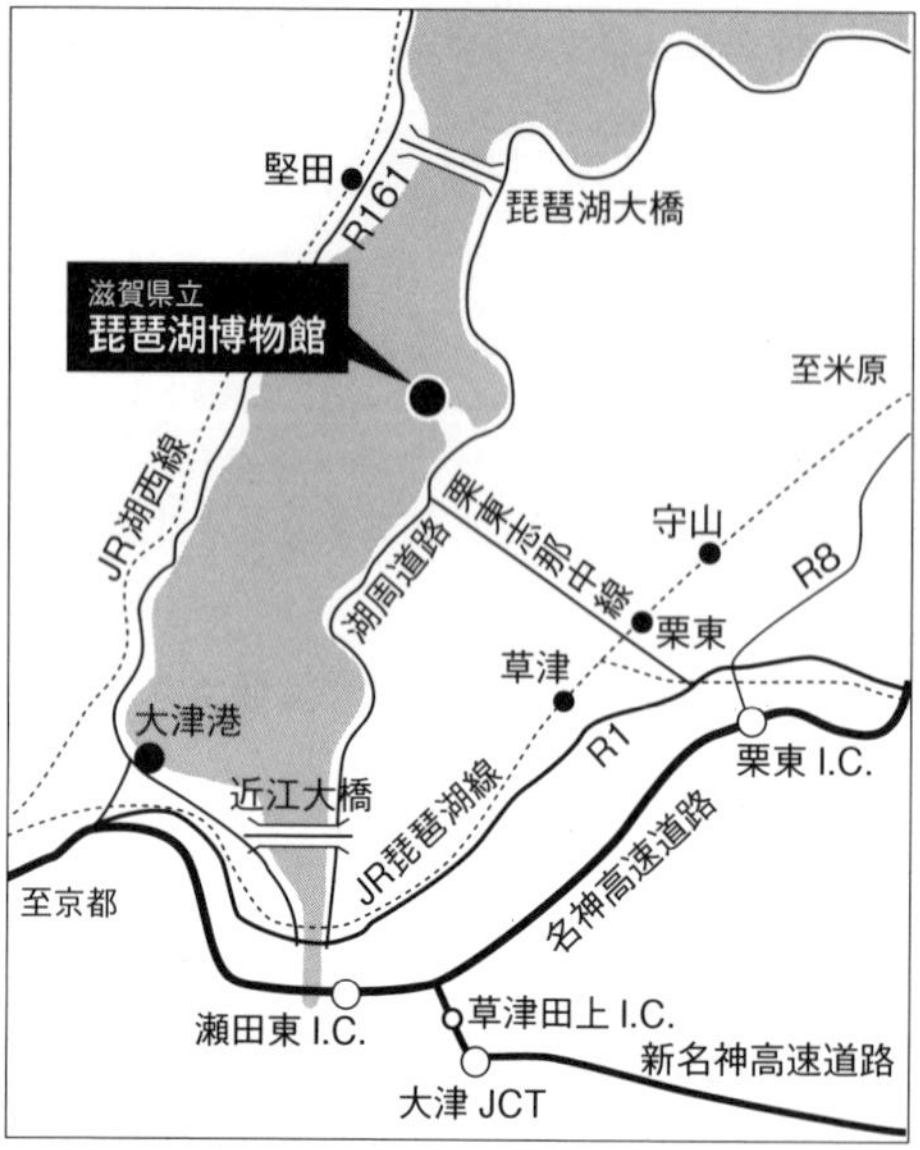

滋賀県立琵琶湖博物館
〒 525-0001
滋賀県草津市下物町《おろしもちょう》 1091
TEL●077-568-4811（代）
FAX●077-568-4850
HP●http://www.lbm.go.jp/

●鉄道（JR）とバス（近江鉄道バス）

・JR 琵琶湖線草津駅下車（JR 琵琶湖線新快速、京都から約 20 分、米原から約 35 分）。駅西口から、近江鉄道バス、烏丸下物線烏丸《からすま》半島行き乗車、琵琶湖博物館前下車（バス所要時間約 25 分）

※ 路線図・時刻表については、近江鉄道バスの HP（http://www.ohmitetudo.co.jp/bus/）をご覧ください。

●航路（琵琶湖汽船）

・大津港（京阪浜大津駅下車 徒歩 3 分）から約 45 分
・おごと温泉港から約 15 分
・琵琶湖大橋港（琵琶湖大橋西詰 道の駅「びわ湖大橋米プラザ」前）から約 40 分
・ピエリ守山港（琵琶湖大橋東詰）から約 25 分

※ 船の発着時刻や烏丸半島港を発着する便については、琵琶湖汽船の HP（http://www.biwakokisen.co.jp/）をご覧ください。

※ 時期や天候などにより運航していない場合があります。琵琶湖汽船の HP もしくは琵琶湖汽船予約センター（TEL：077-524-5000）にてご確認ください。

●タクシー

・JR 草津駅西口から約 20 分
・JR 守山駅西口から約 20 分
・JR 湖西線堅田駅から約 20 分

●車

草津市の琵琶湖岸にある「烏丸半島」を目指す。半島の入口付近に、半島の他の施設（草津市立水生植物公園など）との共通駐車場あり

生命《いのち》の湖《みずうみ》　琵琶《びわ》湖《こ》をさぐる

2011年4月5日　初版第1刷発行

編●滋賀《しが》県立《けんりつ》琵琶《びわ》湖《こ》博物館《はくぶつかん》

デザイン●大町裕子　鈴木宏美

発行者●斉藤　博
発行所●株式会社　文一総合出版
〒162-0812　東京都新宿区西五軒町2-5
電話●03-3235-7341
FAX●03-3269-1402
URL●http://www.bun-ichi.co.jp
郵便振替●00120-5-42149
印刷・製本●奥村印刷株式会社

乱丁・落丁本はお取り替え致します。
定価は表紙に表示してあります。
ISBN978-4-8299-1191-4　Printed in Japan